全国技工院校公共课教材

U0874954

计算机基础与应用实习指导

（Windows 7 及 Office 2010 版）

人力资源社会保障部教材办公室 组织编写

JISUANJI JICHU YU YINGYONG
SHIXI ZHIDAO

中国劳动社会保障出版社

内容简介

本书作为《计算机基础与应用（Windows 7 及 Office 2010 版）》的配套用书，采用模块式实训方式，共包含六个模块，一个模块为一个完整的实训项目，每个模块对接一个完整的工作任务，全方面锻炼学生的职业能力。为了方便教师教学，相关的数字资源可在中国技工教育网 http://jg.class.com.cn 下载。

本书由侯敏主编，陈东、陈怡、杨柳、王春梅、贾晓婉参加编写。

图书在版编目（CIP）数据

计算机基础与应用实习指导：Windows 7 及 Office 2010 版/人力资源社会保障部教材办公室组织编写. --北京：中国劳动社会保障出版社，2021

全国技工院校公共课教材

ISBN 978-7-5167-3647-0

Ⅰ.①计… Ⅱ.①人… Ⅲ.①Windows 操作系统-技工学校-教材②办公自动化-应用软件-技工学校-教材 Ⅳ.①TP3

中国版本图书馆 CIP 数据核字（2021）第 109655 号

中国劳动社会保障出版社出版发行

（北京市惠新东街 1 号　邮政编码：100029）

*

北京市白帆印务有限公司印刷装订　　新华书店经销

787 毫米×1092 毫米　16 开本　11 印张　219 千字

2021 年 8 月第 1 版　　2023 年 5 月第 5 次印刷

定价：24.00 元

营销中心电话：400-606-6496

出版社网址：http://www.class.com.cn

http://jg.class.com.cn

目　录

模块一
搭建寝室无线网络

实训介绍

王浩所在的寝室接入了通信运营商的100 M宽带，该寝室共有4台笔记本电脑和4部手机需要接入互联网。室友们购买了合适的无线路由器之后，一起学习怎样接入互联网，实现笔记本电脑和手机共享运营商宽带。下面我们就来看看王浩是怎么做的。

王浩通过自己的笔记本电脑连接无线路由器，然后根据运营商提供的账号和密码配置无线路由器上网参数，设置好的参数如图1-0-1所示。

图1-0-1　无线路由器运行状态窗口

实训分析

王浩同学对计算机网络搭建比较熟悉，他先跟室友们分析几大运营商的优劣，推荐了性价比最高的运营商。根据学校规定，布网不能影响寝室的美观，同时又要能满足大家的网络使用需求，王浩就推荐使用无线路由器。为了确保室友们的网络使用速度，还需要为寝室无线网络设置网络密钥。王浩的寝室网络搭建思路如图 1-0-2 所示。

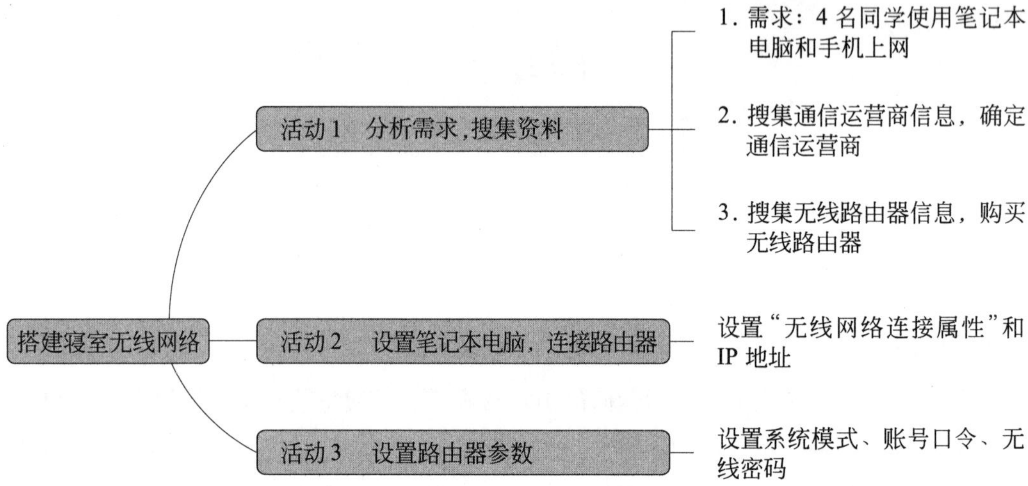

图 1-0-2　搭建寝室无线网络思路

活动 1　分析需求，搜集资料

1. 分析寝室网络需求

（1）明确寝室网络搭建目的。满足全寝室 4 名同学使用笔记本电脑和手机上网学习、娱乐的需要。

（2）选定一家通信运营商。根据宽带速率、价格和网络质量确定运营商，办理入网手续。

（3）明确实现方式。既不影响寝室美观，又要有较高的性价比，最好使用无线路由器搭建无线网络。选择一台优质无线路由器，实现组网需要。

本实训通过表 1-1-1 所述操作来实现。

表 1-1-1　网络设置操作一览表

序号	操作	实现功能
1	设置笔记本电脑	设置笔记本电脑 IP 地址，为设置无线路由器做准备
2	登录无线路由器	为设置路由器进行用户验证
3	设置无线路由器上网方式	使无线路由器能通过用户选择的运营商连接互联网
4	设置无线密码	使其他人未经授权不能上网，保护网络安全

2. 搜集资料

综合考虑品牌、价格、速率、兼容性、多用户支持能力等条件，到太平洋电脑网等网站浏览有关信息，筛选出 TP-LINK、D-link、小米等品牌无线路由器作为备选。

到学校信息中心了解通信运营商提供的宽带服务，比较各运营商的价格、服务水平、信号覆盖、网络速度、网络质量、赠送业务等方面条件，选择最合适的运营商办理入网手续。

活动 2　设置笔记本电脑，连接路由器

王浩的笔记本电脑使用的是 Windows 7 操作系统，我们就以 Windows 7 操作系统为例来设置笔记本电脑的无线网络，连接无线路由器，操作流程如图 1-2-1 所示。

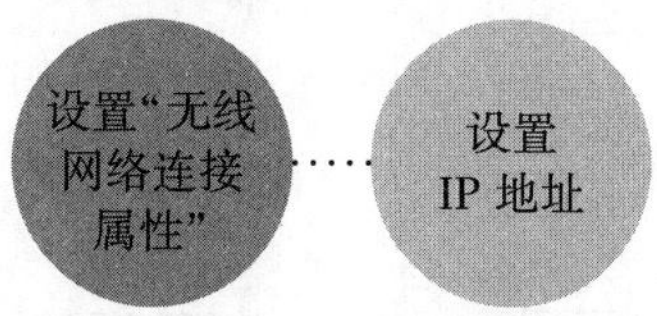

图 1-2-1　网络设置流程

1. 设置"无线网络连接属性"

打开"无线网络连接属性"对话框。在任务栏通知区域右击"无线网络"图标，从弹出的快捷菜单中单击"打开网络和共享中心"命令，打开"网络和共享中心"窗口，如图 1-2-2 所示。

操作演示

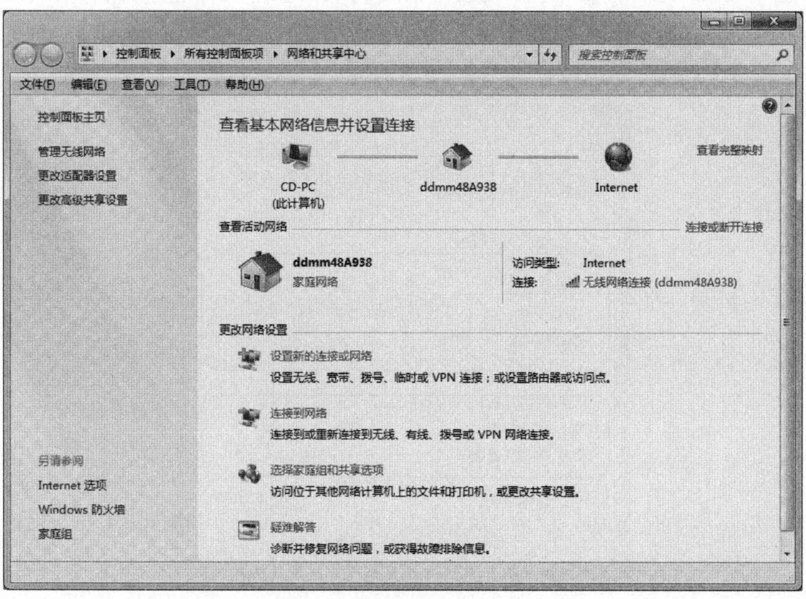

图 1-2-2　"网络和共享中心"窗口

单击“无线网络连接”，打开“无线网络连接 状态”对话框，如图 1-2-3 所示。单击“属性”按钮，打开“无线网络连接 属性”对话框，如图 1-2-4 所示。

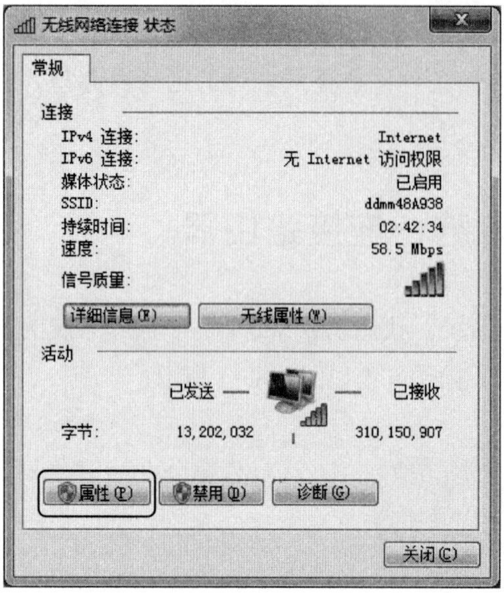

图 1-2-3 “无线网络连接 状态”对话框

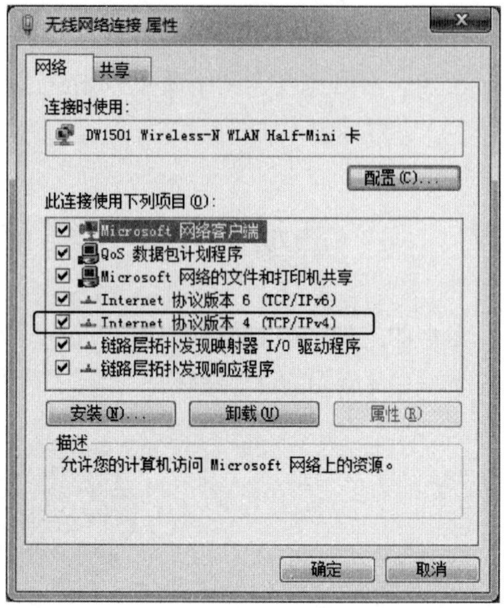

图 1-2-4 “无线网络连接 属性”对话框

2. 设置 IP 地址

①单击“网络”选项卡上“此连接使用下列项目”列表框中的“Internet 协议版本 4（TCP/IPv4）”，然后单击“属性”按钮，打开“Internet 协议版本 4（TCP/IPv4）属性”对话框，如图 1-2-5 所示。②单击“使用下面的 IP 地址”单选按钮，在上面的方框内输入 IP 地址：192. 168. 1. 2；子网掩码：255. 255. 255. 0；默认网关：192. 168. 1. 1。在下

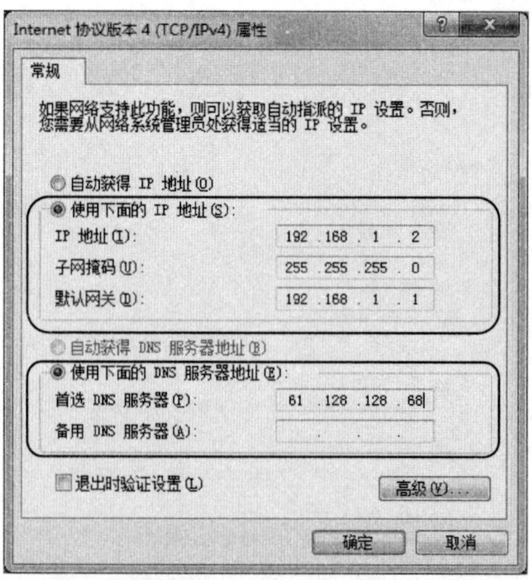

图 1-2-5 “Internet 协议版本 4（TCP/IPv4）属性”对话框

面的方框里面输入“首选 DNS 服务器”的地址，如不清楚可咨询当地的运营商。设置完成之后，单击“确定”按钮即可。

如果不想指定 IP 地址也可让主机自动获得 IP 地址。在“Internet 协议版本 4（TCP/IPv4）属性”对话框中单击“自动获得 IP 地址”单选按钮，然后单击“自动获得 DNS 服务器地址”单选按钮，如图 1-2-6 所示。设置完成之后，单击“确定”按钮即可。

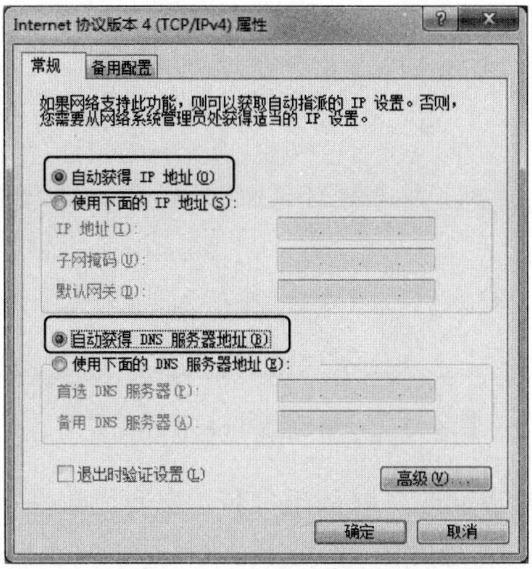

图 1-2-6　设置自动获得 IP 地址

活动 3　设置路由器参数

王浩的笔记本电脑已经与无线路由器连接，我们就以 TP-LINK 无线路由器为例，登录无线路由器并设置无线密码，操作流程如图 1-3-1 所示。

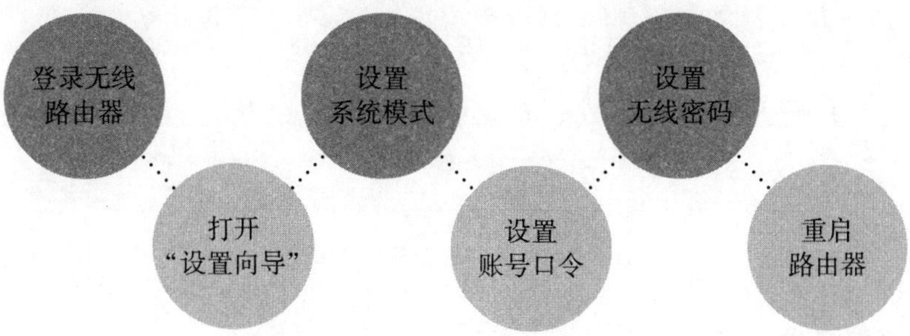

图 1-3-1　设置路由器参数流程

1. 登录无线路由器

设置好笔记本电脑上的网络参数后，在浏览器地址栏中输入 http://192.168.1.1，打开路由器的 WEB 管理界面，输入用户名 admin，密码 admin，单击确定，进入管理主界面，如图 1-3-2 所示。

操作演示

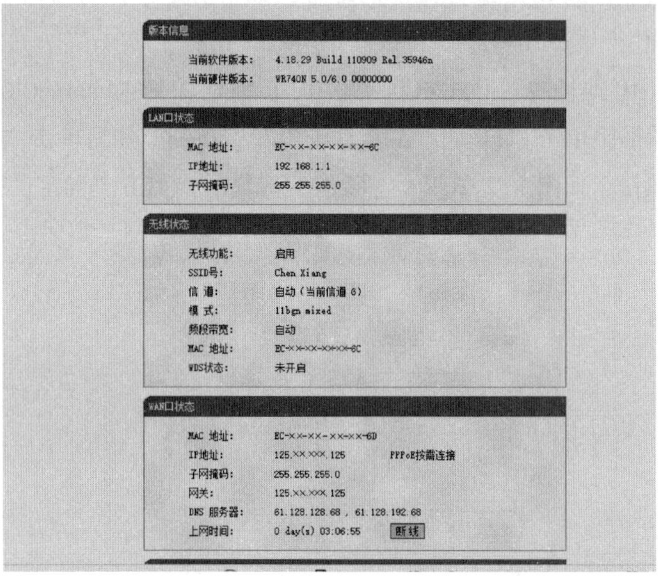

图 1-3-2　路由器 WEB 管理主界面

注意：如果打不开管理界面或者默认用户名、密码无法登录，请将路由器手动复位。复位方法是在带电状态下按住 RESET 键 5 秒，SYS 灯快闪 3 次表明路由器已恢复到出厂设置。

2. 打开“设置向导”

单击管理界面左侧菜单栏里的“设置向导”，打开“设置向导”对话框，如图 1-3-3 所示。

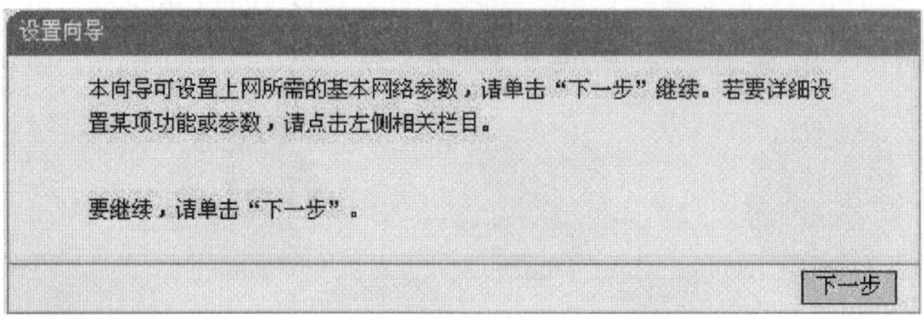

图 1-3-3　“设置向导”对话框

3. 设置系统模式

单击“下一步”按钮，打开路由器系统模式对话框，如图 1-3-4 所示。

4. 设置账号口令

单击“无线 ADSL 路由”单选按钮，再单击“下一步”按钮，打开账号口令设置对话框，如图 1-3-5 所示。

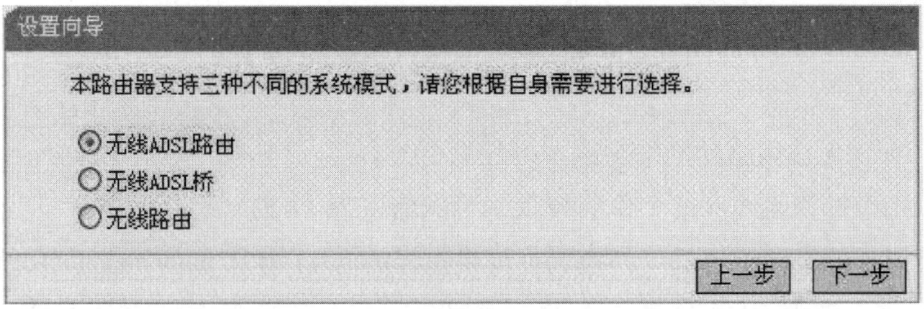

图 1-3-4　路由器系统模式对话框

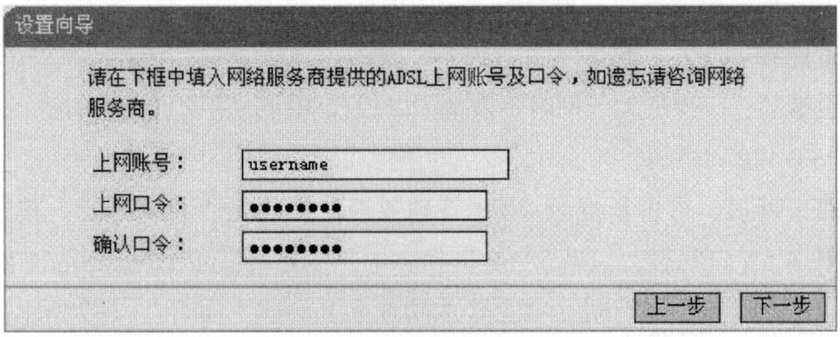

图 1-3-5　账号口令设置对话框

5. 设置无线密码

在账号口令设置对话框中正确输入申请的 ADSL 上网账号和口令，再单击“下一步”按钮，打开“设置向导-无线设置”对话框，如图 1-3-6 所示。

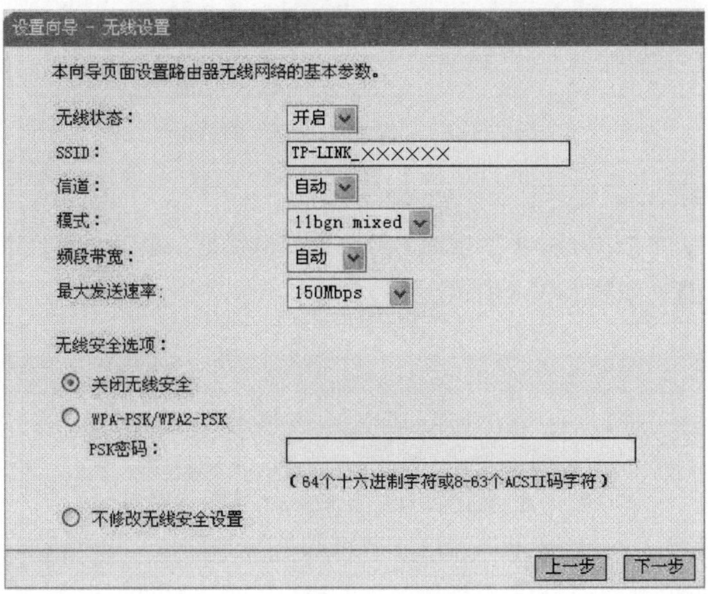

图 1-3-6　“设置向导-无线设置”对话框

在“设置向导-无线设置”对话框中可以根据需要进行下列设置。

无线状态：必须选择开启使用路由器的无线功能，无线网络内的主机才可以接入并访问网络。

SSID：标识无线网络的网络名称，可任意更改。

信道：用于选择无线网络工作的频段（可选信道为1~13）。

模式：用于选择路由器的工作模式，可供选择的有11 M带宽的802.11 b模式、54 M带宽的802.11 g模式、150 M的802.11 n模式、802.11 b/g混合模式和802.11 b/g/n混合模式。

频段带宽：可设置为自动、20 MHz和40 MHz。

最大发送速率：设置为默认即可。

无线安全选项：为保证无线网络不被他人非授权访问，须设置无线加密，推荐加密方式为WPA-PSK/WPA2-PSK。

在重启路由器后，可重新登录WEB管理界面，检测是否设置成功。单击“运行状态”可以查看WAN口状态，如果WAN口状态中显示已经获取到了IP地址、子网掩码、网关和DNS服务器地址，说明路由器已经成功连上Internet，如图1-3-7所示。

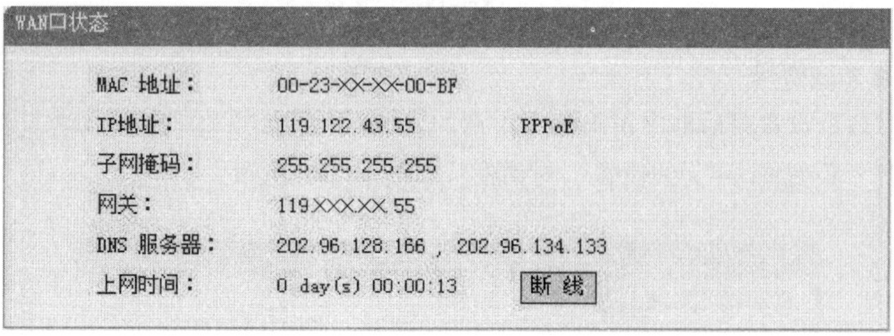

图1-3-7　“WAN口状态”对话框

6. 重启路由器

设置完成后，单击“下一步”按钮，打开重启对话框，单击“重启”按钮即可完成路由器的基本设置，如图1-3-8所示。

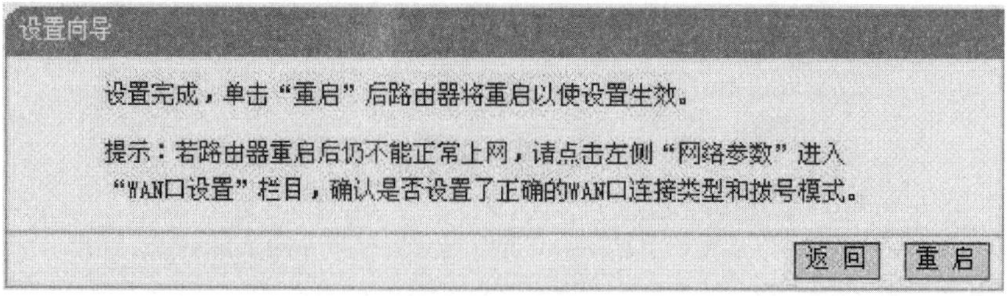

图1-3-8　重启对话框

模块二
制作宣传手册

实训介绍

熊浩想参加学校的计算机协会，计算机协会会长要求他制作一份产品宣传手册作为入会作品。熊浩对手机很感兴趣，所以决定做一份华为手机的宣传手册。

熊浩充分利用 Word 的文、图、表功能，制作了华为手机宣传手册。做好后的效果如图 2-0-1 所示。

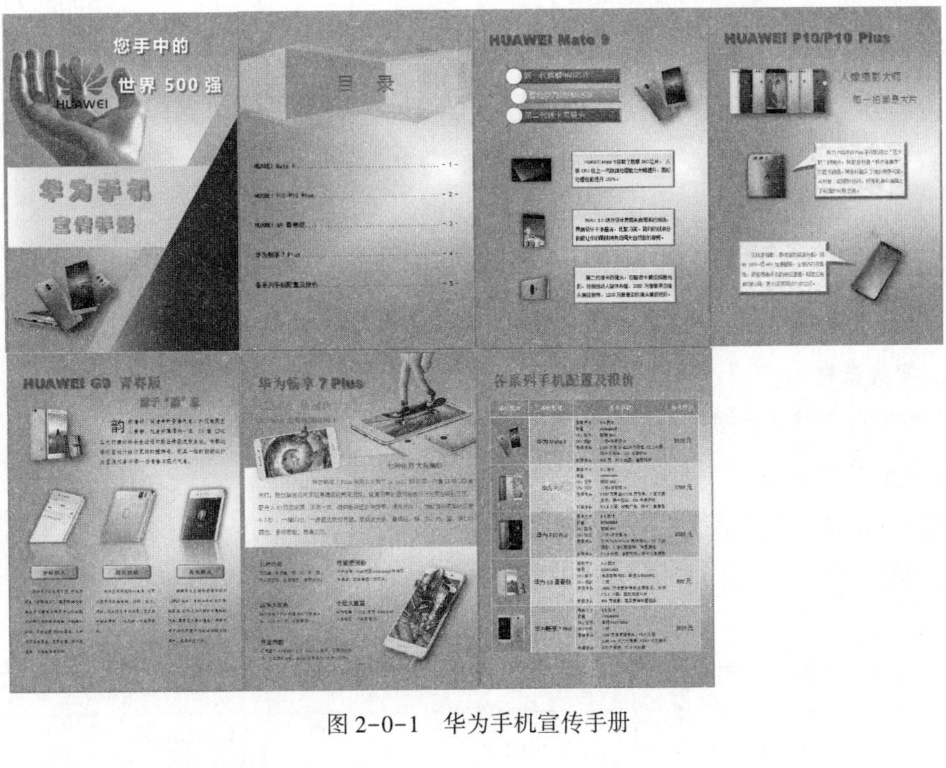

图 2-0-1　华为手机宣传手册

实训分析

熊浩在网上查找相关资料后，经过进一步分析，认为还需做到以下几个方面，才能使宣传手册达到预想的效果。

（1）设计整体方案。

（2）制作封面、目录。

（3）正文文字按版面设计要求设置字体、字号，版面符合宣传手册的一般形式。

（4）在宣传手册中根据需要插入文、图、表及相关素材，美化版式。

熊浩制作宣传手册的思路如图 2-0-2 所示。

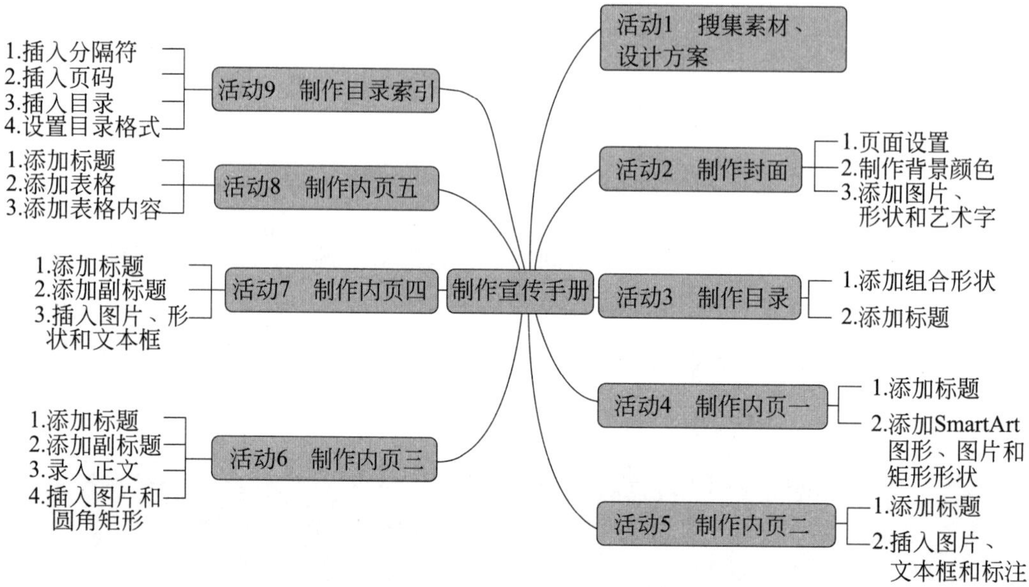

图 2-0-2　制作宣传手册思路

活动 1　搜集素材，设计方案

1. 搜集素材

在华为官方网站上搜集资料，并整理出所需要的图片和文字资料。

2. 设计宣传手册

文字的字体、字号、颜色变化不宜过多，整体要协调。

本宣传手册一共有 7 页，内容见表 2-1-1。

表 2-1-1　宣传手册内容

序号	内容	操　作	效果图
1	封面	①【页面布局】/【纸张大小】【页边距】 ②【页面布局】/【页面颜色】 ③【插入】/【形状】 ④【插入】/【图片】 ⑤【插入】/【文本框】 ⑥【插入】/【艺术字】	

续表

序号	内容	操　作	效果图
2	目录	①【插入】/【形状】 ②【插入】/【艺术字】 ③【插入】/【页码】 ④【引用】/【目录】/【插入目录】	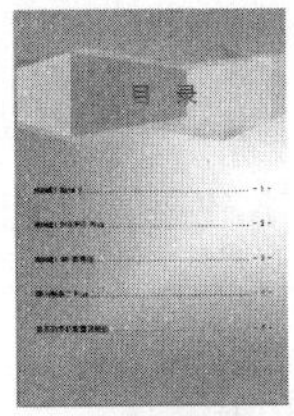
3	内页一	①【插入】/【SmartArt】 ②【插入】/【图片】 ③【插入】/【形状】	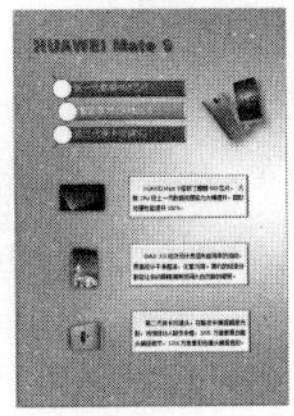
4	内页二	①【插入】/【图片】 ②【插入】/【文本框】 ③【插入】/【形状】	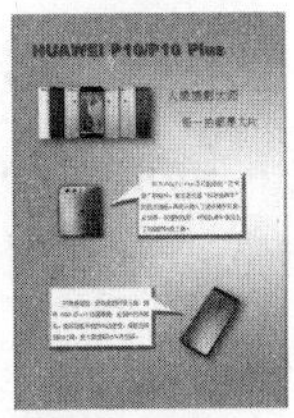
5	内页三	①【插入】/【首字下沉】 ②【插入】/【图片】 ③【插入】/【形状】 ④【页面布局】/【分栏】	
6	内页四	①【插入】/【图片】 ②【插入】/【形状】 ③【插入】/【文本框】	
7	内页五	①【插入】/【表格】 ②【插入】/【图片】	

活动 2　制作封面

熊浩完成封面设计构想后，开始制作封面。他需要将文字、图片结合在一起，并在适当的位置添加一些图形，以增加设计感，操作流程如图 2-2-1 所示。

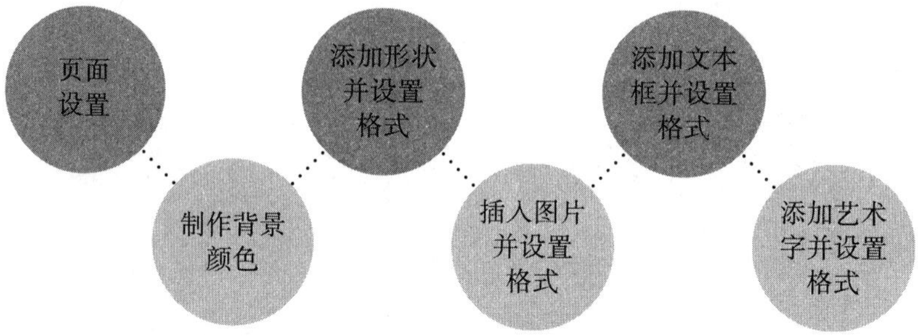

图 2-2-1　制作封面流程

操作演示

1. 页面设置

纸张大小设置为 A4，页边距设置为窄。

2. 制作背景颜色

将页面背景设置为“渐变”填充效果，渐变颜色为双色，颜色 1 为白色，颜色 2 为浅蓝色，底纹样式为中心辐射。①单击“页面布局”。②单击“页面颜色”。③单击“填充效果”，调出下级对话框。④在弹出的“填充效果”对话框中单击“渐变”。⑤单击“双色”。⑥将颜色 1 设置为白色，颜色 2 设置为浅蓝色。⑦将底纹样式设置为“中心辐射”。⑧单击“确定”。操作步骤如图 2-2-2 所示。

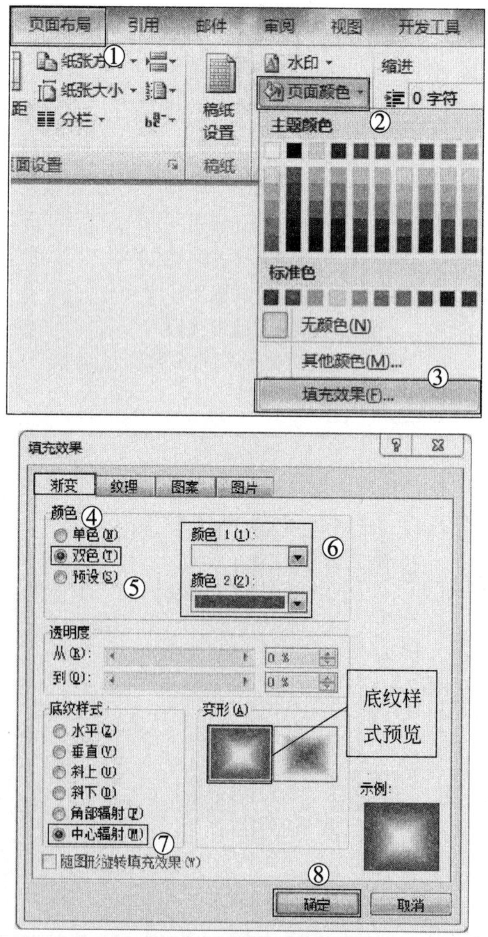

图 2-2-2　制作背景颜色

制作完成后效果如图 2-2-3 所示。

3. 添加形状并设置格式

宣传手册封面需要添加一些形状来增加设计感，添加形状后还需要进行一定的格式设置。①单击“插入”。②单击“形状”。③在下拉列表框中选择矩形。④单击“形状填充”。⑤单击“渐变”。⑥单击“其他渐变”。

⑦在弹出的“设置形状格式”对话框中单击“填充”。⑧单击“渐变填充”。⑨单击光标设置渐变色。⑩选择渐变变体。操作步骤如图 2-2-4 所示。

用同样的方式添加两个三角形形状，一个三角形形状置于底层，形状填充颜色为黄色；另一个三角形形状置于顶层，形状填充颜色为从浅蓝色到蓝色渐变。设置完成后的效果如图 2-2-5 所示。

图 2-2-3　制作背景颜色效果

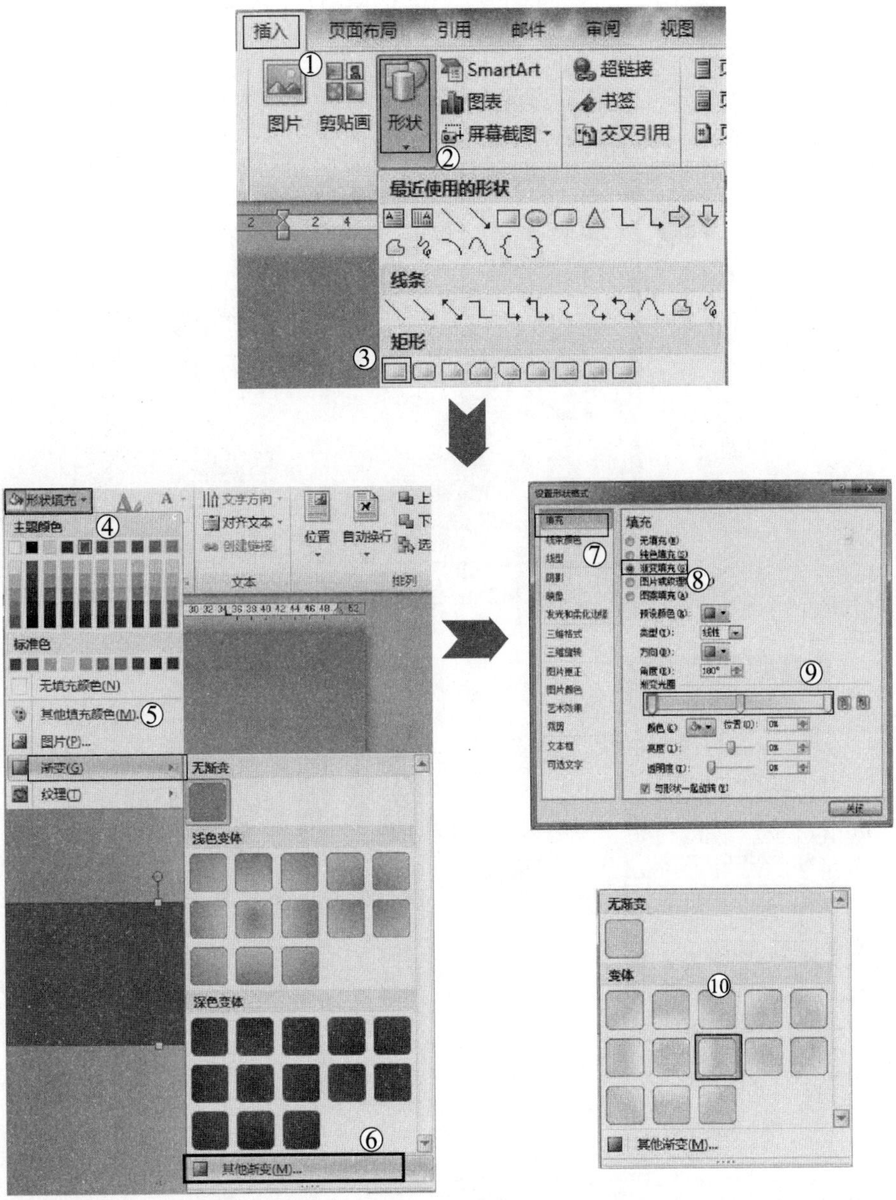

图 2-2-4　添加形状并设置格式

4. 插入图片并设置格式

（1）插入图片。插入图片“手中的华为”和“手机图片”（资料库/模块二/活动2/素材/手中的华为、手机图片）。①单击“插入”。②单击“图片”。③在弹出的“插入图片”对话框中选择图片存储路径。④选择图片“手中的华为”。⑤单击“插入”。操作步骤如图2-2-6所示。

操作演示

图2-2-5 设置形状后的效果

（2）调整图片。插入图片后，需调整图片的环绕方式及大小。①单击“自动换行”。②单击“紧密型环绕”。③拖动图片四周圆点，调整图片大小。操作步骤如图2-2-7所示。

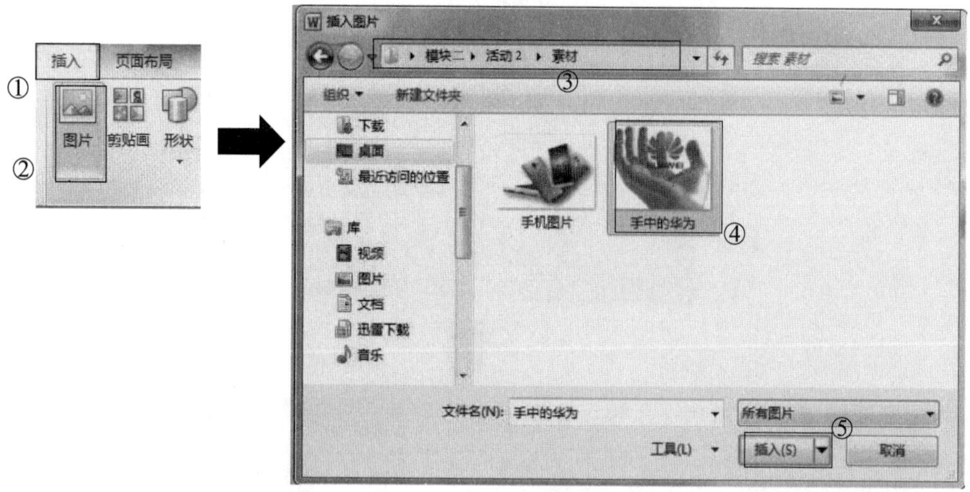

图2-2-6 插入图片

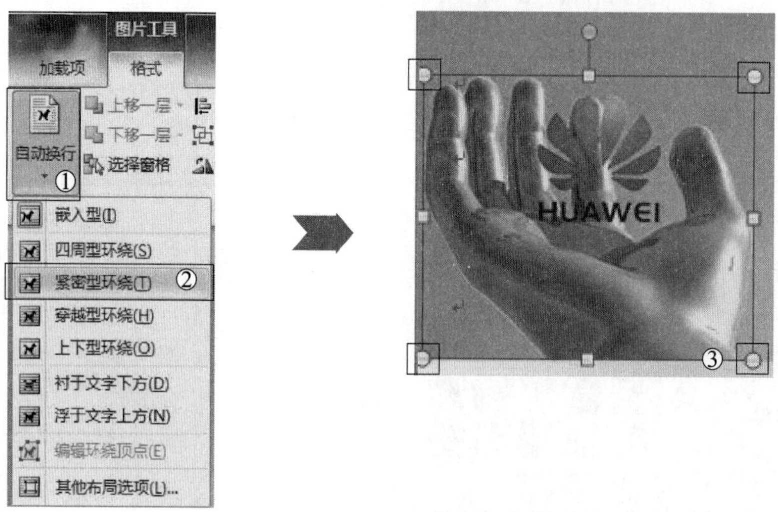

图2-2-7 调整图片环绕方式及大小

（3）设置图片背景透明色。调整图片大小后，还需将图片背景设置为透明色。①单击

“图片工具”/“格式”。②在【调整】命令组中单击“颜色”。③在下拉列表中选择“设置透明色”，鼠标变为“✎”时，单击图片背景。操作步骤如图 2-2-8 所示。

用同样的方法插入并处理“手机图片”图片。处理完成后的效果如图 2-2-9 所示。

图 2-2-8 设置图片透明色

图 2-2-9 插入图片后的效果

5. 添加文本框并设置格式

(1) 添加文本框。添加文本框并录入文字：“您手中的”。①单击“插入”。②单击“文本框”按钮。③在下拉列表中选择文本框样式。④输入“您手中的”。操作步骤如图 2-2-10 所示。

(2) 设置文本框格式。文本框添加后，需将此处的文本框设置为无填充颜色。①单击

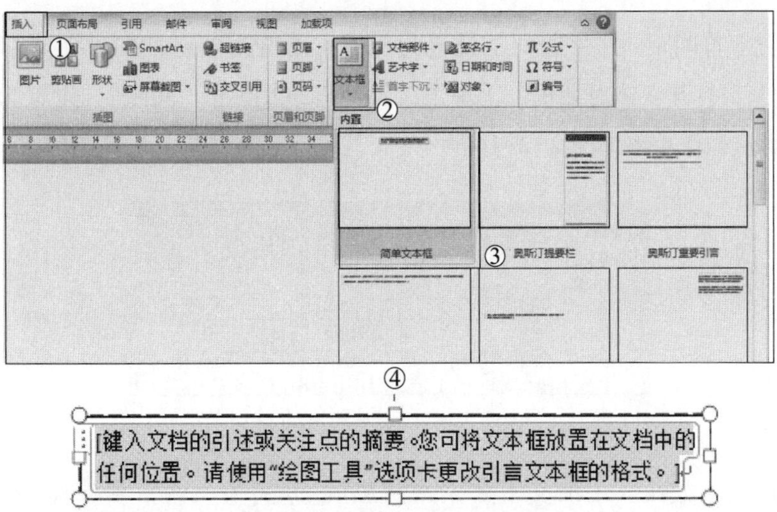

图 2-2-10 添加文本框

“绘图工具”/“格式”。②单击“形状填充”按钮。③选择“无填充颜色”。设置方法如图 2-2-11 所示。

设置文本框为无轮廓。①单击“形状轮廓”按钮。②选择“无轮廓”。操作步骤如图 2-2-12 所示。

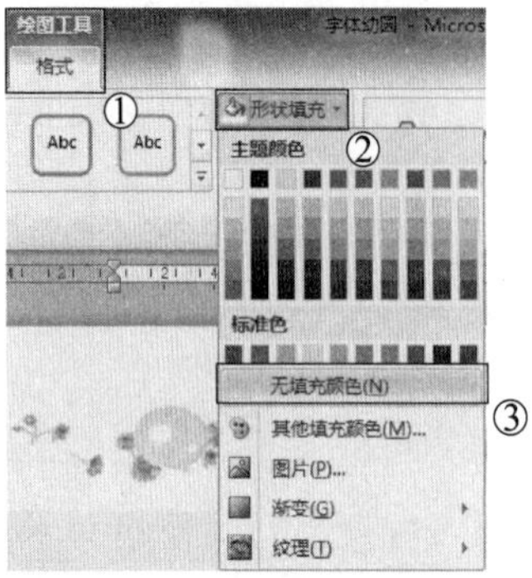

图 2-2-11　设置文本框无填充颜色

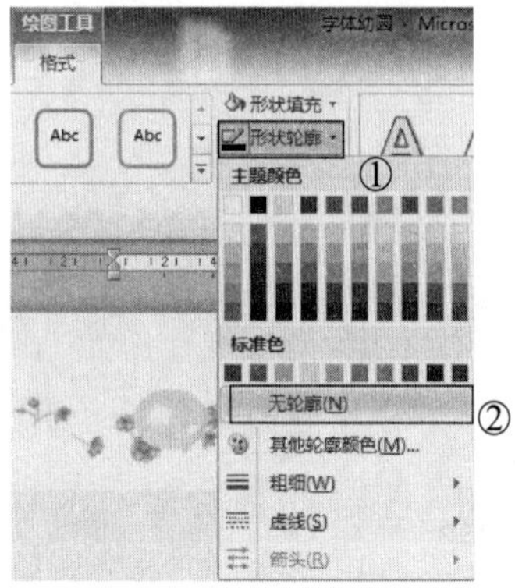

图 2-2-12　设置文本框边框无轮廓

（3）设置文本格式。设置文本框中的文字格式：字体设置为微软雅黑，字号设置为初号，加粗，字体颜色为白色。在“字体”组中即可完成这些设置，如图 2-2-13 所示。

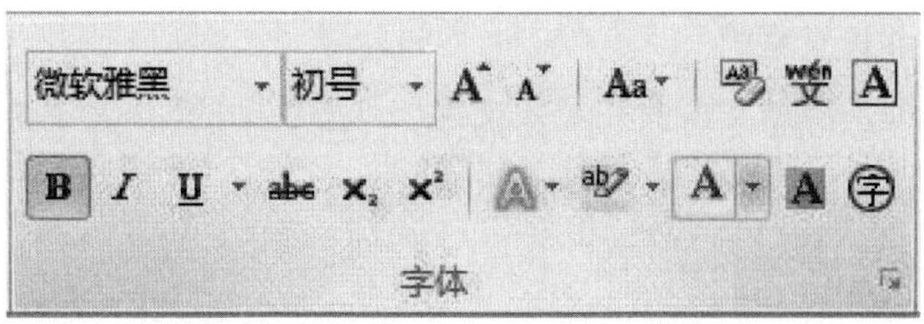

图 2-2-13　“字体”组设置字符格式

（4）设置字符间距。将字符间距设置为加宽，磅值为 4 磅，在“字体”组中单击功能扩展按钮 ，打开字体对话框。①单击“高级”。②单击“间距”，设置为加宽。③设置磅值为 4 磅。操作步骤如图 2-2-14 所示。

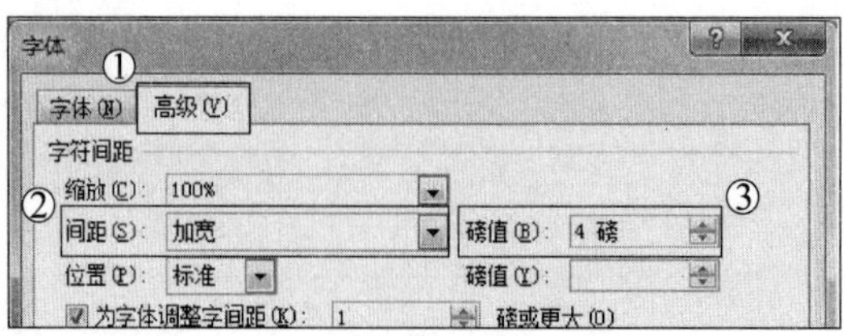

图 2-2-14　设置字符间距

（5）添加文本效果。添加文本效果“阴影”，方式为“右下斜偏移”，设置距离为 11 磅。①单击“文本效果”按钮。②单击“阴影”。③选择阴影样式。④选择“阴影”/“阴影选项”，弹出对话框。⑤设置阴影的距离为 11 磅。操作步骤如图 2-2-15 所示。

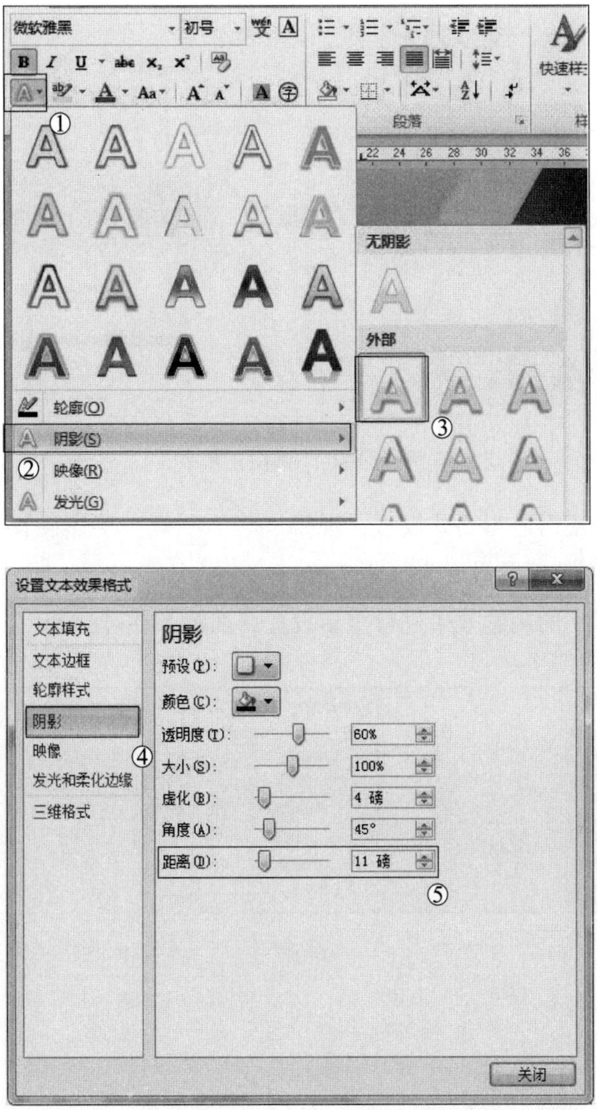

图 2-2-15　设置阴影效果

图 2-2-16　设置字符格式后的效果

设置完成后的效果如图 2-2-16 所示。

用相同的方法添加另一个文本框，并输入文字“世界 500 强”（其中字符间距设置为加宽 5 磅，其他设置同上）。

6. 添加艺术字并设置格式

“华为手机”和“宣传手册”用添加艺术字来完成，以“华为手机”为例。①单击“插入”/“艺术字”。②选择需要的艺术字类型。③输入“华为手机”。操作步骤如图 2-2-17 所示。

操作演示

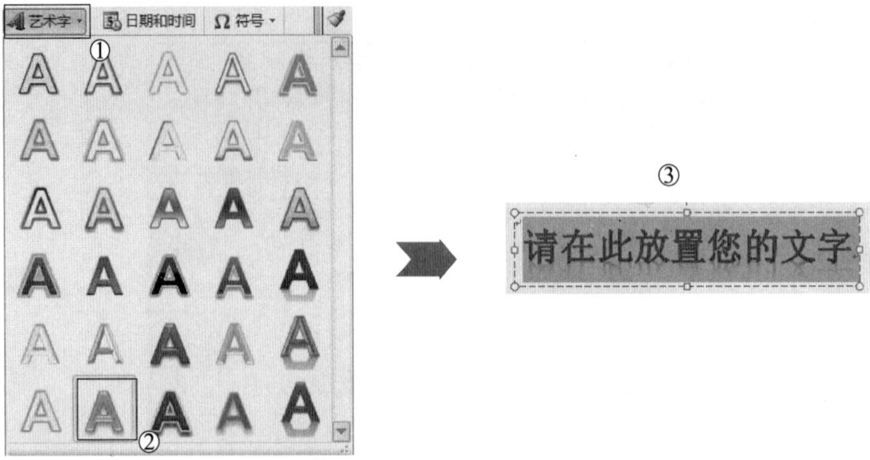

图 2-2-17　添加艺术字

添加艺术字后，还需进行格式设置，现将“华为手机”字体设置为“华文琥珀”，字号为 60 磅，加粗，字符间距设置为加宽 7 磅。

另外，需对艺术字的阴影效果进行重新设置，如图 2-2-18 所示。

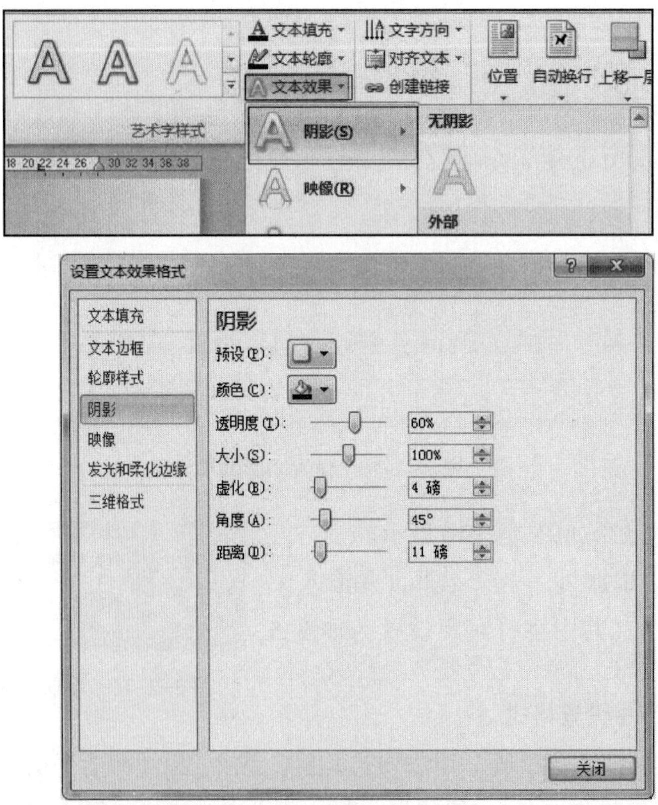

图 2-2-18　设置艺术字阴影效果

设置完成后的效果如图 2-2-19 所示。

图 2-2-19　“华为手机”艺术字效果

“宣传手册”同样用添加艺术字完成，字号设置为 45 磅，字符间距设置为加宽 4 磅，其余设置同上。

封面制作完成后，效果如图 2-2-20 所示。

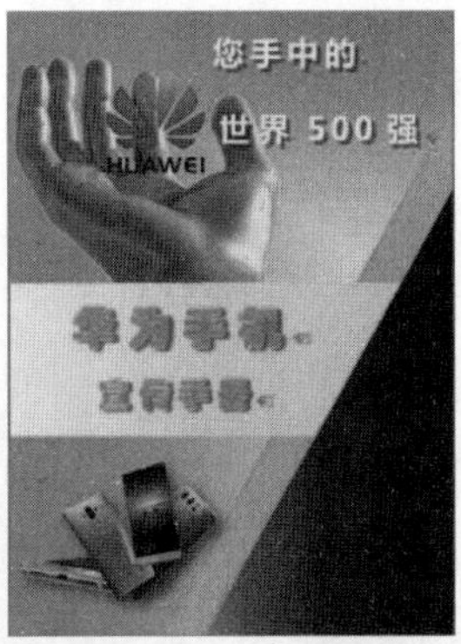

图 2-2-20　封面效果

活动 3　制作目录

熊浩认为在宣传手册内页开始前，应有一页目录，这样可以让读者阅读起来更加方便，并且可在目录上直接链接到想看的内页，操作流程如图 2-3-1 所示。

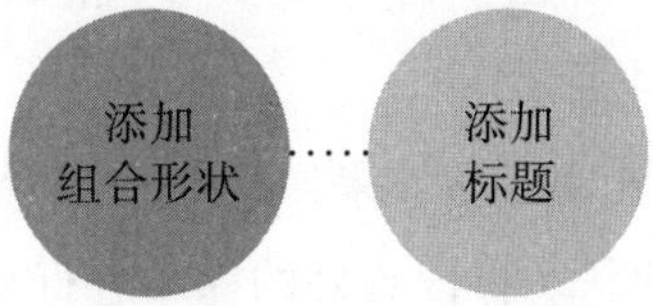

图 2-3-1　制作目录流程

1. 添加组合形状

目录页需添加一个组合形状，该组合形状是用梯形构成的，分别由三层组成，每一层的颜色和透明度都不一样，先添加最下面一层形状并进行设置。

操作演示

(1) 添加梯形形状。①单击“插入”。②单击“形状”。③在“基本形状”中选择“梯形”。操作步骤如图 2-3-2 所示。

（2）设置形状的填充颜色。添加梯形形状后，还需设置梯形形状的填充颜色。①在“形状样式”中单击“形状填充”。②在下拉列表中选择“其他填充颜色”。③在弹出的“颜色”对话框中输入颜色的 RGB 值。④在此处设置颜色的透明度为 70%。⑤单击“确定”。操作步骤如图 2-3-3 所示。

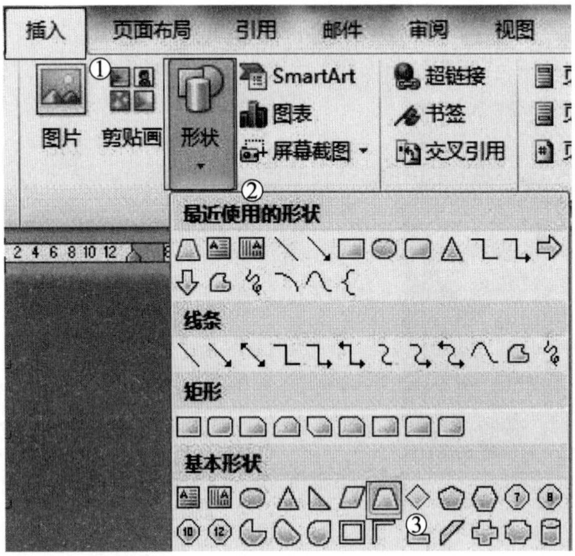

图 2-3-2　添加梯形形状

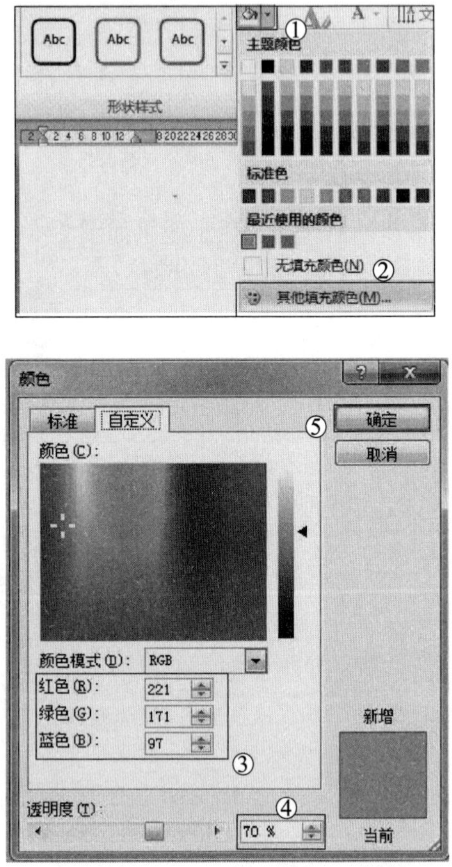

图 2-3-3　设置形状的填充颜色

（3）设置梯形的无轮廓。①单击“绘图工具”/“格式”下的“形状轮廓”。②单击“无轮廓”。操作步骤如图 2-3-4 所示。

再将梯形向左旋转 90°，设置完成后效果如图 2-3-5 所示。

（4）复制并设置其他梯形形状。将设置好的梯形进行复制，并进行水平翻转。①单击“绘图工具”/“格式”中的“旋转”。②在下拉列表中选择“水平翻转”。操作步骤如图 2-3-6 所示。

翻转后，还需调整梯形的形状，如图 2-3-7 所示，拖动图中的黄色菱形块和四条边上的控制点。

再将调整后的梯形形状颜色设置为（R220，G105，B10），透明度仍为 70%，调整完成后如图 2-3-8 所示。

用同样的方法将第一个梯形形状进行水平翻转并调整大小形状，颜色与左边梯形形状相同，底层梯形全部设置完成后，进行组合，效果如图 2-3-9 所示。

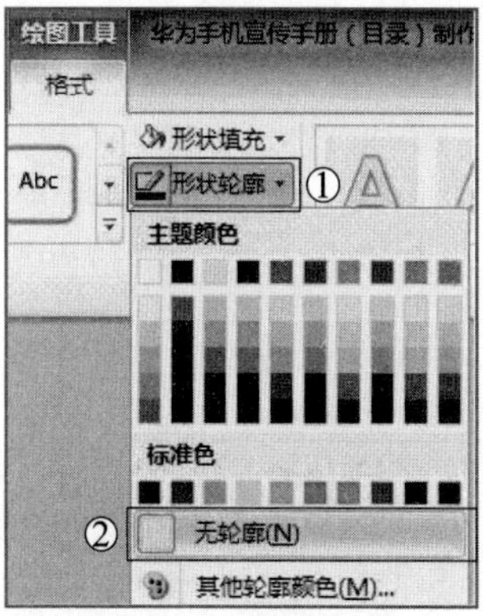

图 2-3-4　设置梯形的无轮廓

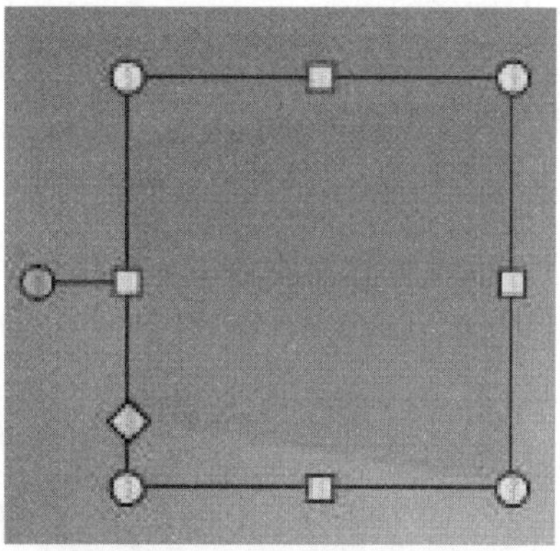

图 2-3-5　梯形设置完成后效果

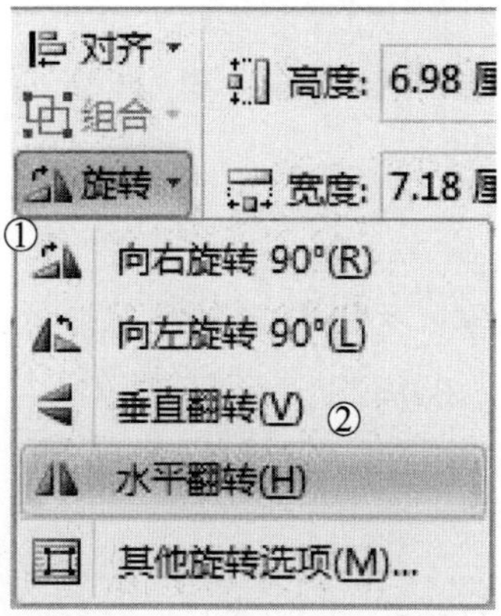

图 2-3-6　梯形水平翻转方法

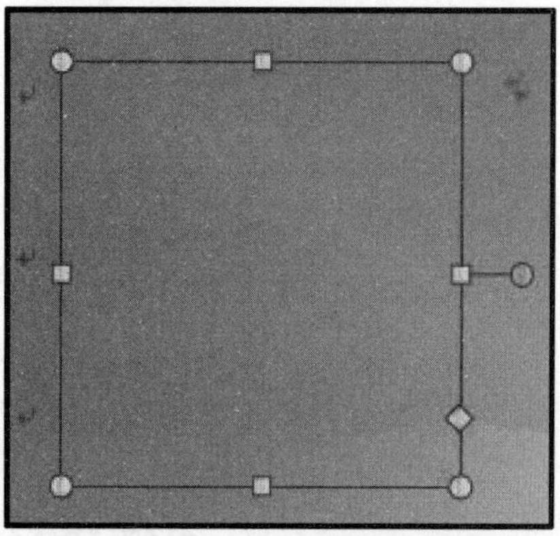

图 2-3-7　梯形形状调整框

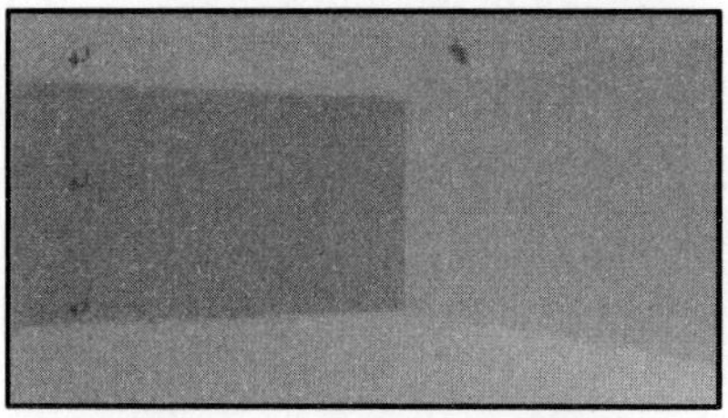

图 2-3-8　底层两梯形效果

图 2-3-9　底层梯形组合效果

用同样的方法制作中间层和最上层的梯形组合形状。其中中间层三个梯形形状的颜色分别为：左边形状（R214，G214，B250），中间形状（R236，G236 ，B254），右边形状（R225，G225，B251），透明度均为 50%。中间层梯形形状组合效果如图 2-3-10 所示。

最上层梯形形状的颜色分别为：左边形状（R244，G246，B152），中间形状（R178，G155，B14），右边形状与左边形状颜色相同，透明度均为 50%。最上层梯形形状组合效果如图 2-3-11 所示。

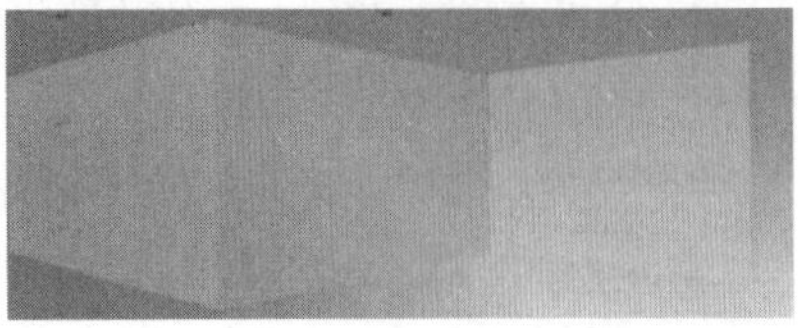

图 2-3-10　中间层梯形组合效果

图 2-3-11　最上层梯形组合效果

三层梯形组合叠加后，效果如图 2-3-12 所示。

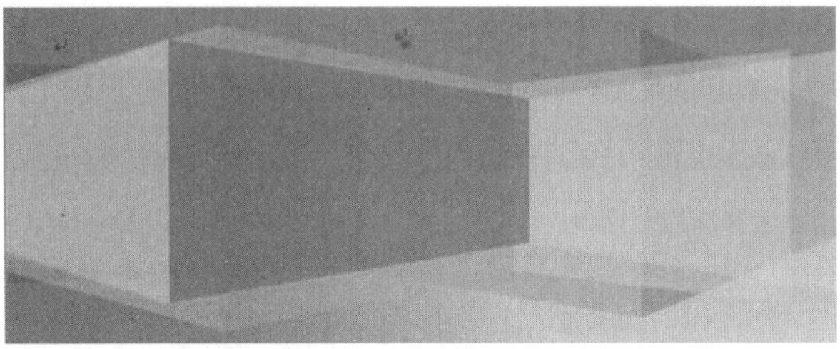

图 2-3-12　三层梯形组合效果

2. 添加标题

在制作的组合形状上输入标题“目录”。创建艺术字，艺术字字体为“渐变填充—橙色，强调文字颜色 6，内部阴影”，字体为黑体，字号为 48 磅。

目录索引的制作需将内页制作完成后才能生成，在内页制作完成后再行介绍。

活动 4　制作内页一

熊浩开始进行内页的设计和制作，操作流程如图 2-4-1 所示。

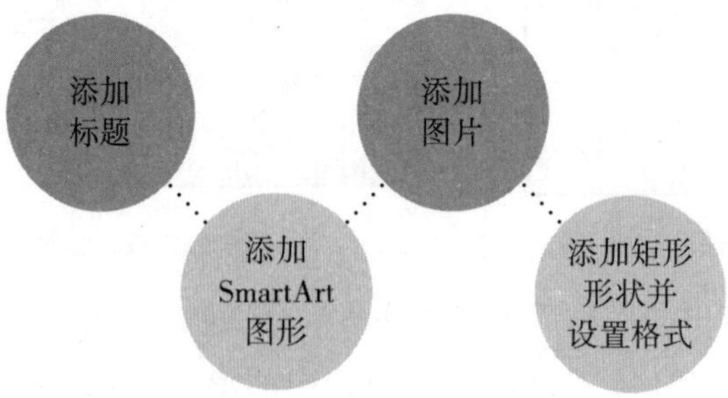

图 2-4-1　制作内页一流程

1. 添加标题

添加标题“HUAWEI Mate 9”，字体为 Arial Black，字号为小初，加粗，字体颜色为深红色，为标题添加阴影样式。标题添加后效果如图 2-4-2 所示。

图 2-4-2　内页一标题效果

2. 添加 SmartArt 图形

（1）插入 SmartArt 图形。在页面左上部插入 SmartArt 图形。①单击“插入”。②单击“SmartArt”。③选择图形样式。④单击“确定”。操作步骤如图 2-4-3 所示。

操作演示

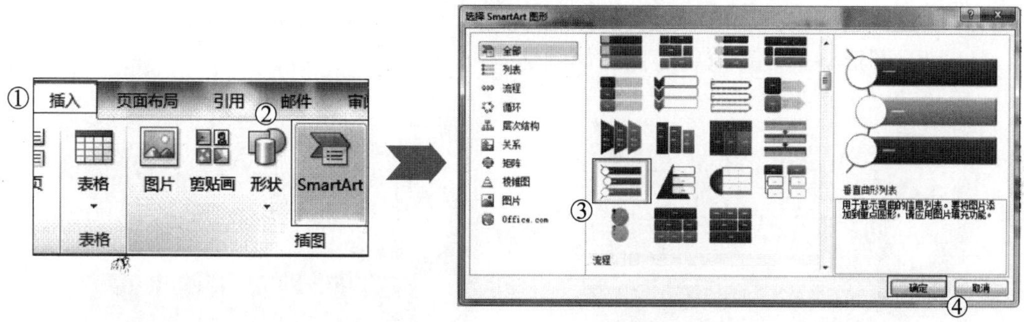

图 2-4-3　添加 SmartArt 图形

（2）设置颜色和三维样式。选中 SmartArt 图形，再进行如下操作。①单击“SmartArt 工具”/“设计”。②单击“更改颜色”。③在“彩色”下选择颜色。④选择三维样式。⑤选定本例所需三维样式。操作步骤如图 2-4-4 所示。

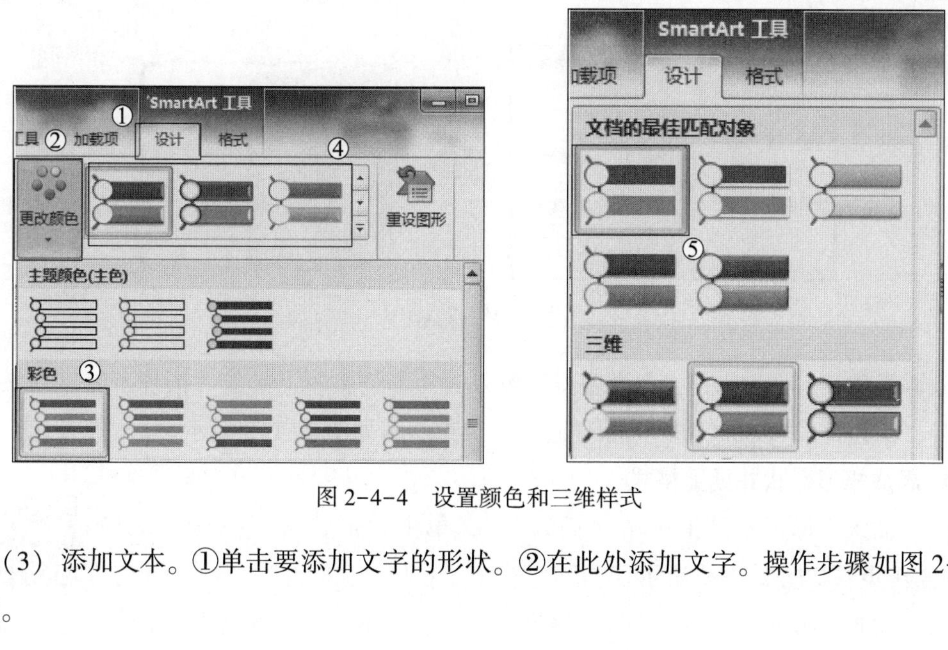

图 2-4-4　设置颜色和三维样式

（3）添加文本。①单击要添加文字的形状。②在此处添加文字。操作步骤如图 2-4-5 所示。

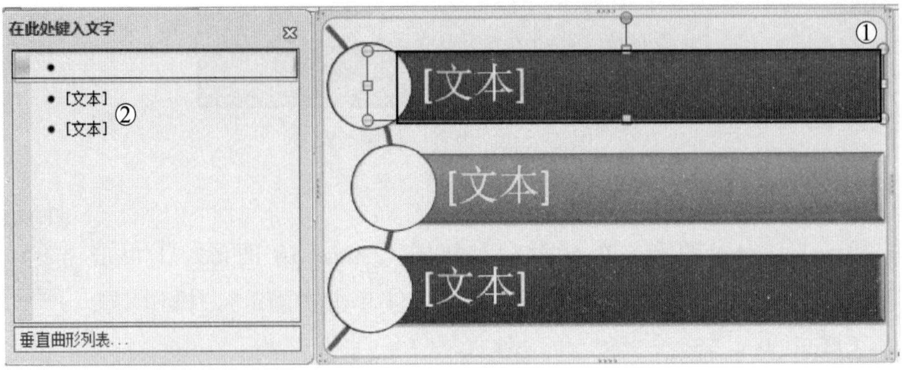

图 2-4-5　添加文本

SmartArt 图形格式设置前后对比图如图 2-4-6 所示。

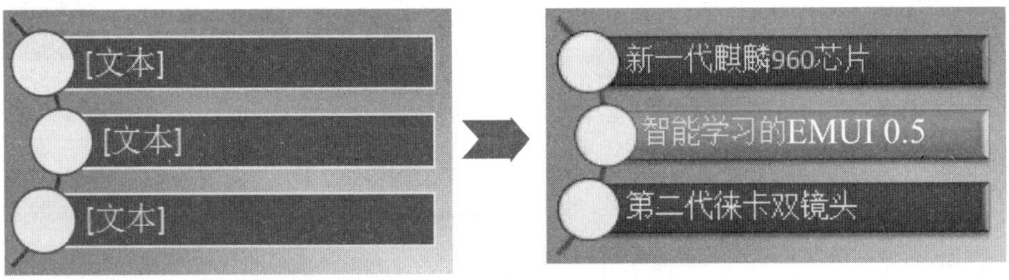

图 2-4-6　SmartArt 图形设置格式前后对比图

3. 添加图片

插入图片（资料库/模块二/活动 4/素材/图片 1、2、3、4），将其进行裁剪，操作步骤如图 2-4-7 所示。

操作演示

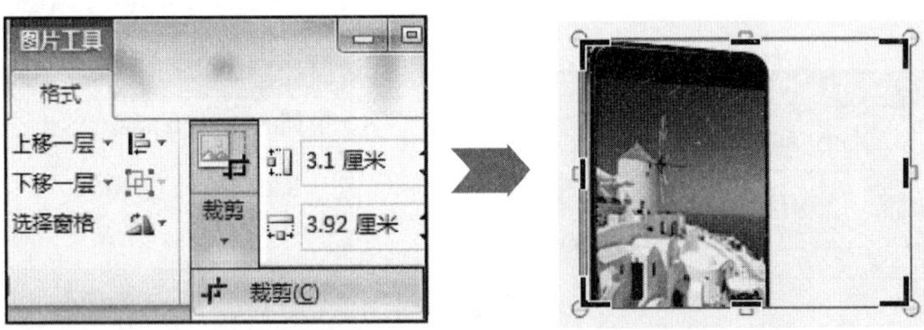

图 2-4-7　剪裁图片

分别调整其大小和位置，再设置图片效果为矩形投影。①单击“图片工具”/“格式”。②单击“快速样式”。③单击“矩形投影”。操作步骤如图 2-4-8 所示。

4. 添加矩形形状并设置格式

（1）插入矩形形状。①单击“插入”。②单击“形状”。③单击“矩形”。操作步骤如图 2-4-9 所示。

操作演示

（2）设置矩形形状轮廓。①选中矩形形状后，单击“形状轮廓”。②在下拉列表框中选择“水绿色，强调文字颜色 5，深色 25%”。③单击“粗细”。④在列表框中选择“1. 5 磅”。操作步骤如图 2-4-10 所示。

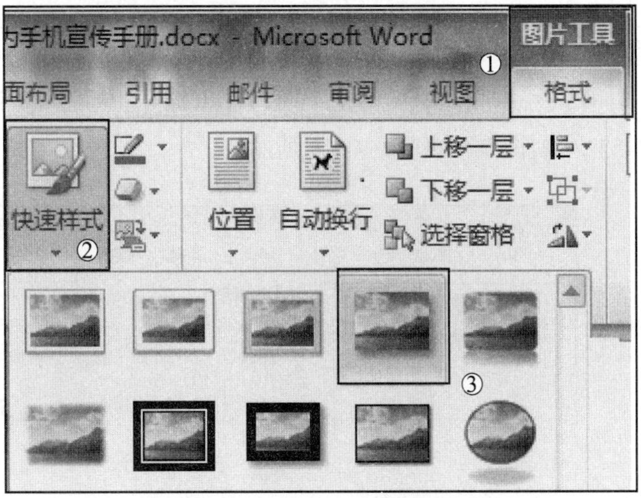

图 2-4-8　设置矩形投影

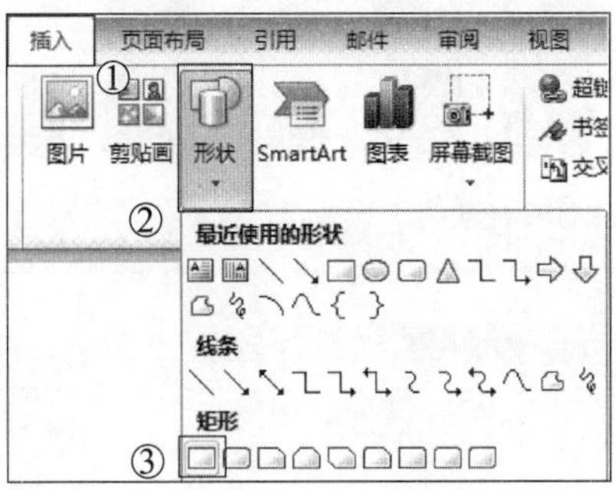

图 2-4-9　插入矩形形状

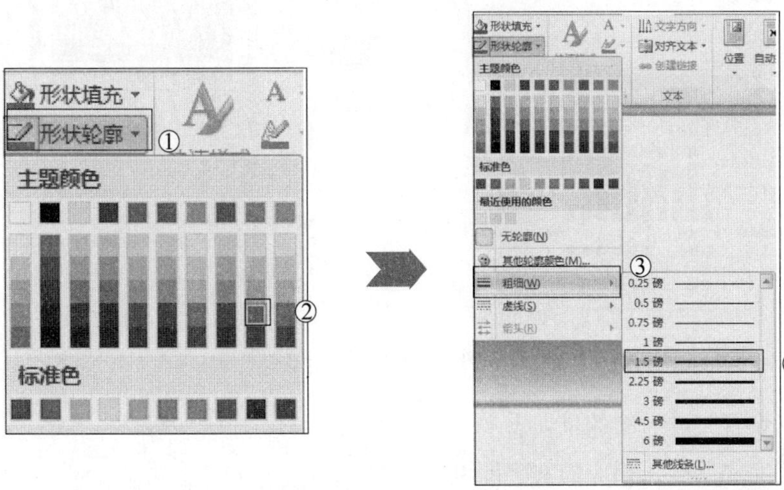

图 2-4-10　设置矩形形状轮廓

（3）设置矩形形状效果。①单击“绘图工具”/“格式”。②单击“形状样式”右下角的下拉箭头。③单击效果样式为“强烈效果—蓝色，强调颜色 1”。④在矩形形状上单击右键，在弹出的快捷菜单中单击“设置形状格式”，选择“填充”。⑤在“渐变光圈”处分别单击三个色标。⑥单击颜色，在下拉列表框中单击“其他颜色”。⑦在弹出的“颜色”对话框中设置 RGB 值，从左至右分别为（R230，G244，B250）（R232，G238，B248）（R225，G232，B245）。操作步骤如图 2-4-11 所示。

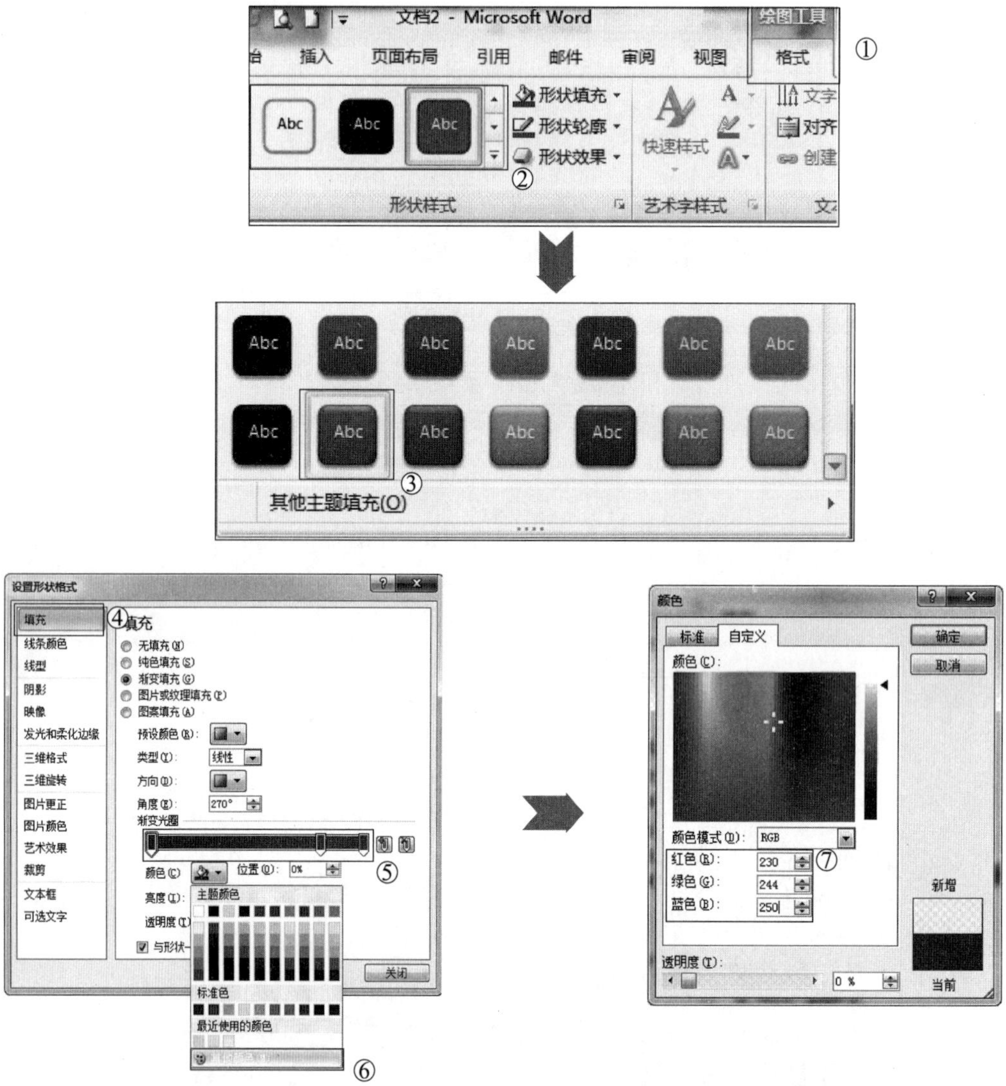

图 2-4-11　设置矩形形状效果

矩形形状设置完成后的效果如图 2-4-12 所示。

矩形设置完成后插入相应的文字即可。

用同样的方法再插入两个矩形，即可完成内页一的制作。

图 2-4-12　设置矩形形状后的效果

活动 5　制作内页二

制作内页二流程如图 2-5-1 所示。

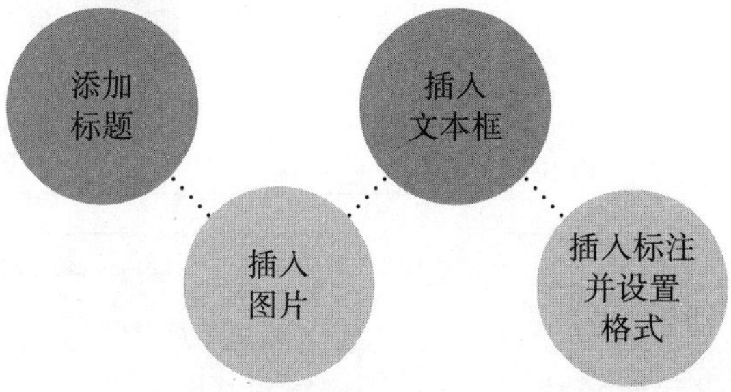

图 2-5-1　制作内页二流程

1. 添加标题

添加标题“HUAWEI P10/P10 Plus”，字体为 Arial Black，字号为小初，加粗，字体颜色为深红色，为标题添加阴影样式（其格式与上一页标题格式相同）。

2. 插入图片

插入图片（资料库/模块二/活动 5/素材/图片）。

3. 插入文本框

插入两个文本框，分别输入文字“人像摄影大师”“每一拍都是大片”，字体为幼圆，字号为一号，加粗，文本效果设置为“渐变填充—橙色，强调文字颜色 6，内部阴影”。

4. 插入标注并设置格式

用活动 4 中插入矩形的方法插入两个标注，并对其进行格式设置。①拖动黄色菱形块，调整标注箭头形状。②单击“形状填充”。③单击“纹理”。④在下拉列表中选择“羊皮纸”。⑤单击“形状效果”。⑥单击“棱台”。⑦在下拉列表中选择“角度”。⑧单击“阴影”。⑨在下拉列表中单击“外部—右下斜偏移”。操作步骤如图 2-5-2 所示。

操作演示

用设置矩形形状轮廓的方法设置标注轮廓，轮廓颜色为（R233，G216，B155），粗细为 3 磅。标注设置完成后的效果如图 2-5-3 所示。

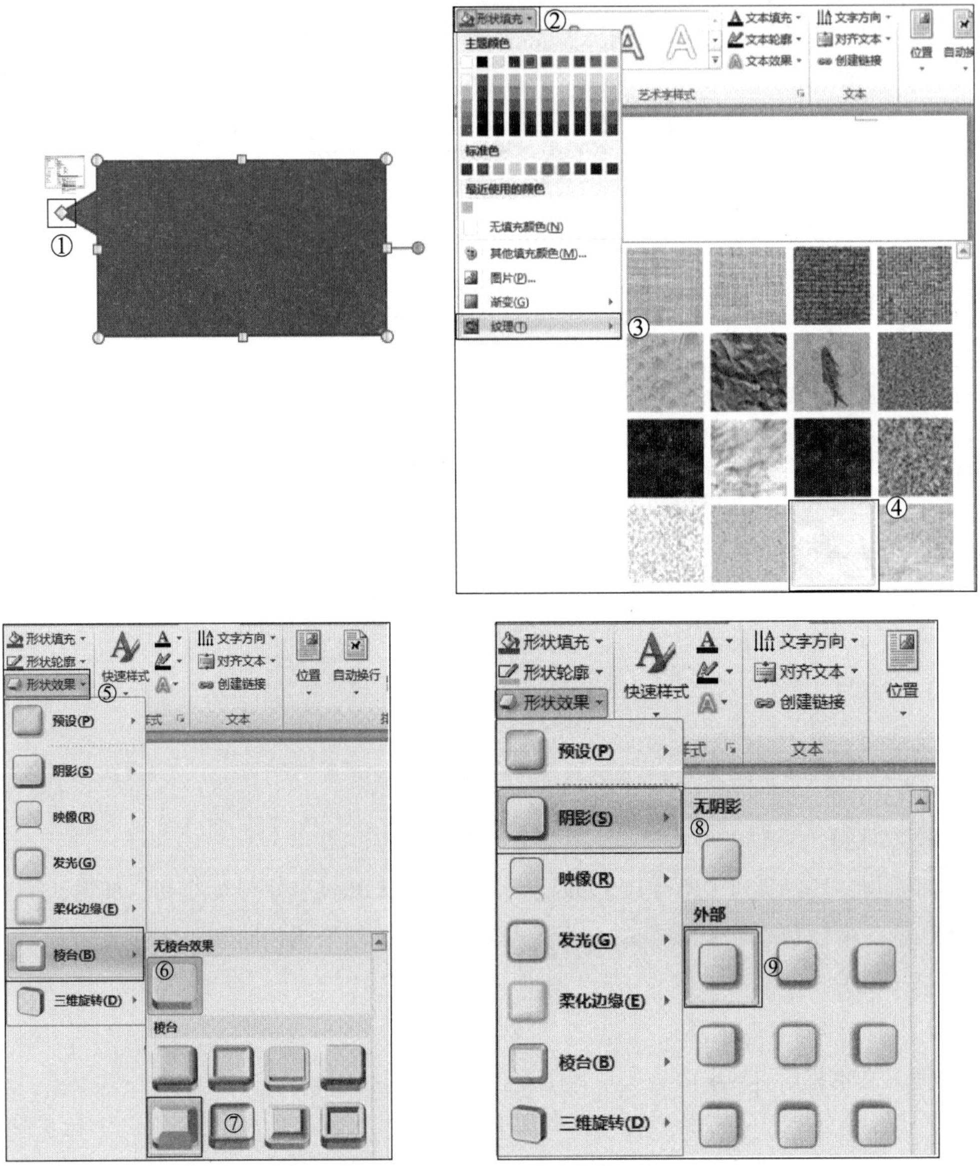

图 2-5-2 设置标注框格式

图 2-5-3 标注设置后效果

活动 6　制作内页三

制作内页三流程如图 2-6-1 所示。

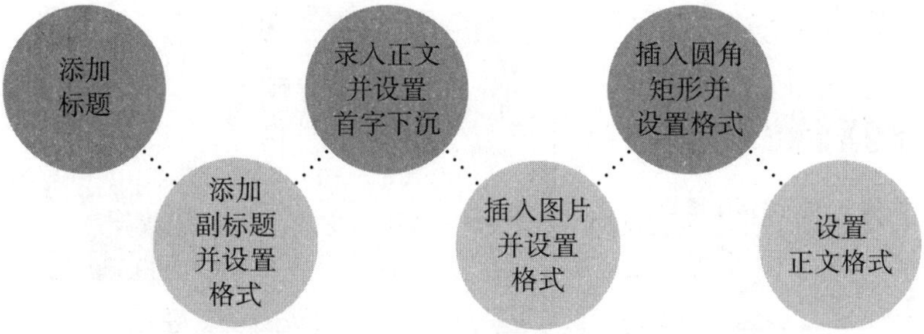

图 2-6-1　制作内页三流程

1. 添加标题

添加标题“HUAWEI G9 青春版”，字体为 Arial Black，“青春版”字体为宋体，字号均为小初，加粗，字体颜色为深红色，为标题添加阴影样式（其格式与上一页标题格式相同）。

2. 添加副标题并设置格式

添加文字“溢于‘颜’表”，设置字体为宋体，字号为一号，加粗，再对文字填充、轮廓及效果进行设置。①单击字体颜色按钮。②单击“其他颜色”。③在弹出的对话框中设置颜色的 RGB 值（R255，G0，B0）。④单击“文本效果”按钮。⑤单击“轮廓”。⑥单击“最近使用的颜色”。⑦单击“文本效果”/“映像”。⑧选择映像变体“紧密映像—接触”。操作步骤如图 2-6-2 所示。

3. 录入正文并设置首字下沉

录入文字“韵纹律动，简洁中的青春气息。……青春与现代气息。”，并将该段文字的格式设置为首字下沉。①单击“插入”。②单击“首字下沉”。③单击“首字下沉选项”。④在弹出的对话框中单击“下沉”。⑤在选项中设置字体为“黑体”，下沉行数为 2 行，距正文 0.2 厘米。操作步骤如图 2-6-3 所示。

操作演示

4. 插入图片并设置格式

插入图片（资料库/模块二/活动 6/素材/图片）。副标题左边图片效果设置为矩形投影，正文中 3 张并排图片需进行剪裁，其操作方法上文中有介绍，效果设置为“映像—半映像，4pt 偏移量”，其中中间一张图片需进行水平翻转。①单击“图片工具”/“旋转”。②单击“水平翻转”。③单击“图片工具”/“图片效果”。④单击“映像”。⑤在下拉列表框中选择“半映像，4pt 偏移量”。操作步骤如图 2-6-4 所示。

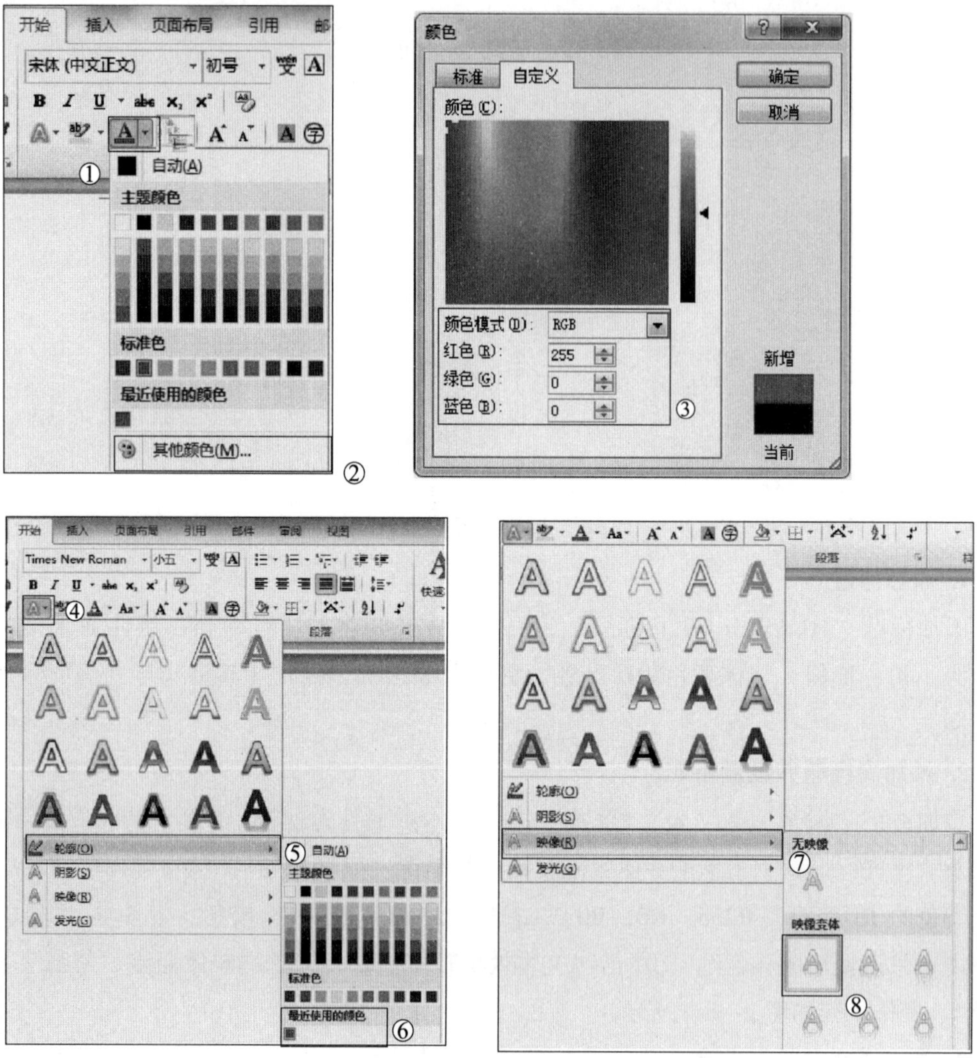

图 2-6-2 设置文本格式

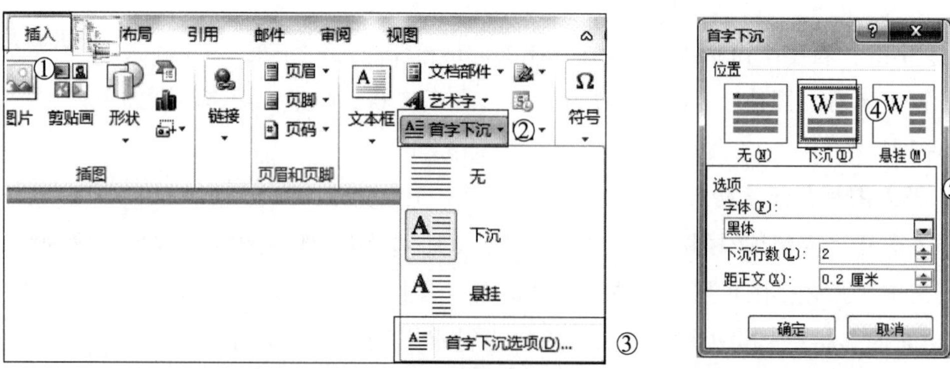

图 2-6-3 设置首字下沉

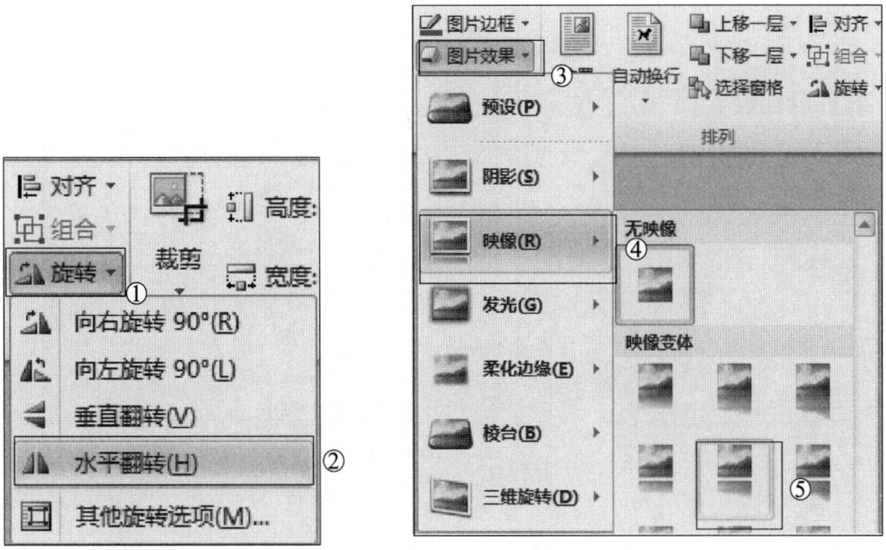

图 2-6-4　设置图片格式

设置完成后效果如图 2-6-5 所示。

图 2-6-5　图片设置后效果

5. 插入圆角矩形并设置格式

插入圆角矩形，并对圆角矩形进行格式设置。①单击“形状填充”。②在下拉列表框中选择“渐变”。③选择渐变样式“从右上角”。④单击“其他渐变”。⑤在弹出的“设置形状格式”对话框中分别设置三个渐变色标的颜色，其 RGB 值从左至右分别为（R221，G105，B9）（R245，G155，B55）（R253，G222，B181）。⑥单击“形状轮廓”。⑦单击“其他轮廓颜色”。⑧在弹出的“颜色”对话框中设置 RGB 值为（R228，G108，B10），设置轮廓粗细为 2.25 磅。⑨单击“形状效果”。⑩单击“棱台”。⑪选择棱台的样式为“圆”。操作步骤如图 2-6-6 所示。

操作演示

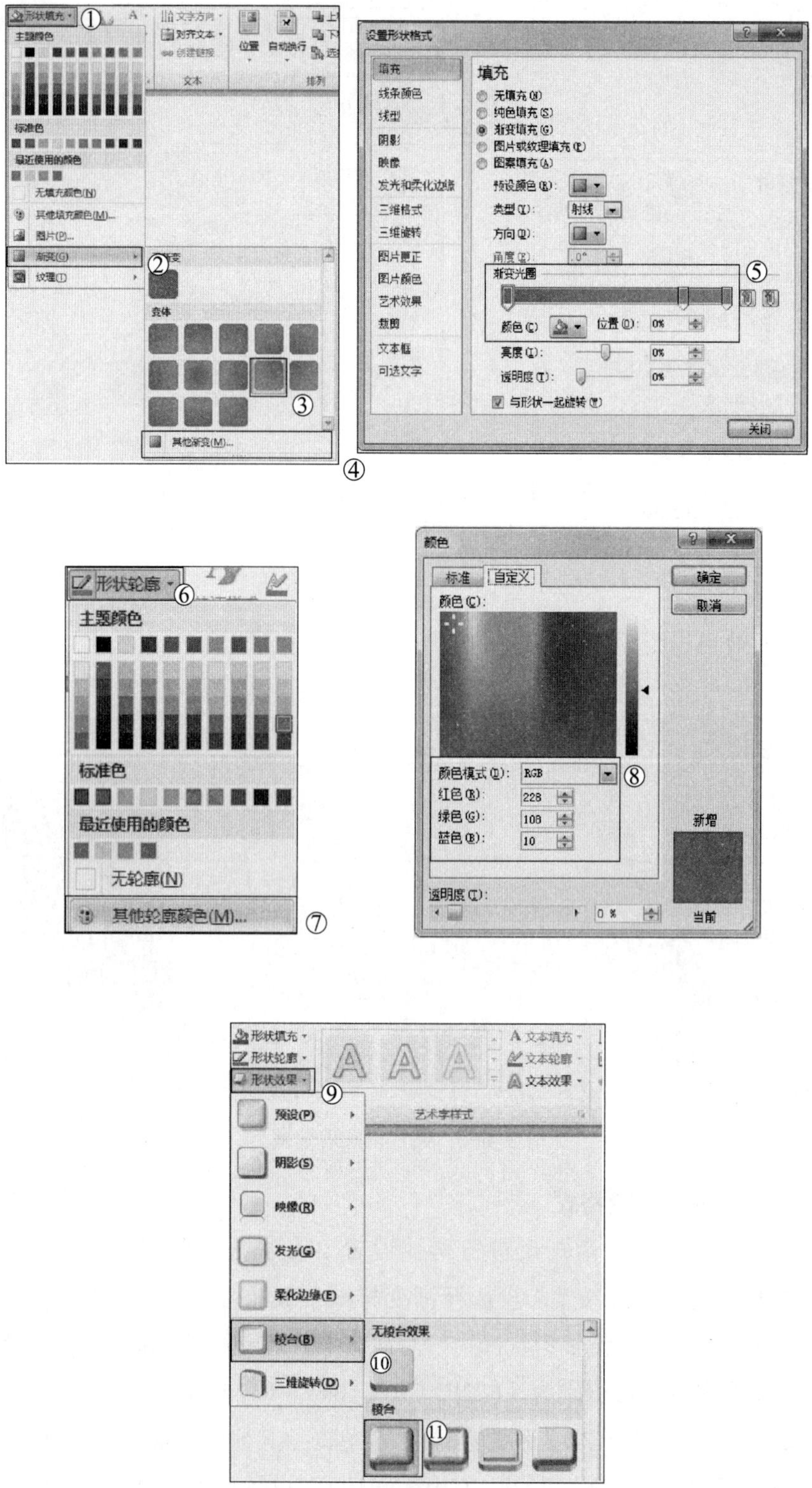

图 2-6-6　设置圆角矩形格式

圆角矩形格式设置好后，分别在三个圆角矩形中录入文字，并排列好位置，效果如图 2-6-7 所示。

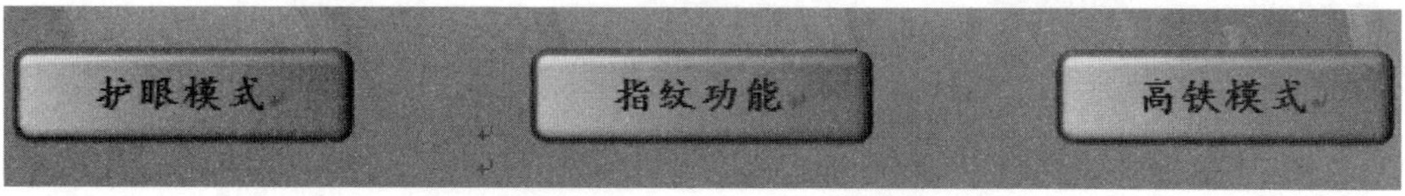

图 2-6-7　圆角矩形排列效果

6. 设置正文格式

录入正文中的文字“针对用户的使用习惯，……更清晰更畅快。”将每段格式设置为首行缩进 2 字符，行间距设置为固定值 25 磅，字体为楷体，字号为五号，并将其分为三栏。①单击“页面布局”。②单击“分栏”。③单击“三栏”。④单击“更多分栏”。⑤在弹出的“分栏”对话框中将间距设置为“3 字符”。操作步骤如图 2-6-8 所示。

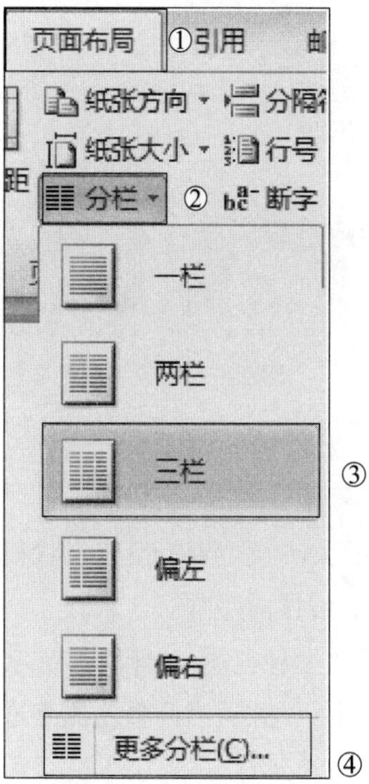

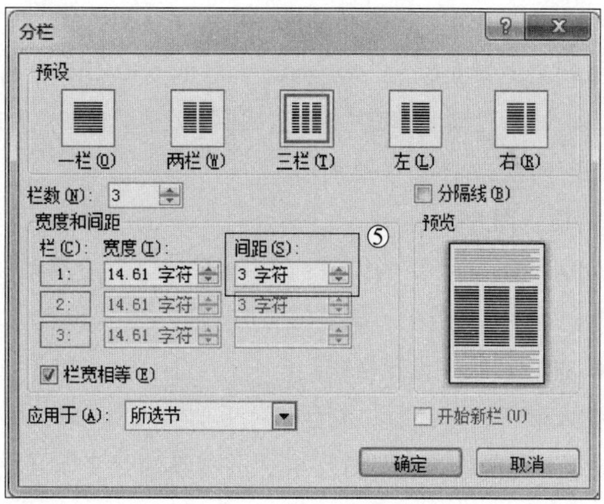

图 2-6-8　设置分栏

活动 7　制作内页四

制作内页四流程如图 2-7-1 所示。

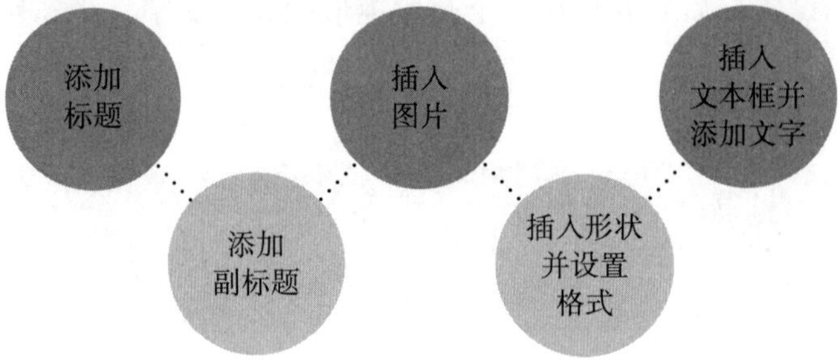

图 2-7-1　制作内页四流程

1. 添加标题

添加标题“华为畅享”，字体为宋体，“7 Plus”字体为 Arial Black，字号均为小初，加粗，字体颜色为深红色，为标题添加阴影样式（其格式与上一页标题格式相同）。

2. 添加副标题

添加文本框，将填充和轮廓设为无，“玩到爽 快到爽”字体为宋体，字号一号，“400 mAh 大电池 | EMUI5. 1”字体为 Arial，字号为三号，所有文字均加粗。“玩到爽 快到爽”的文本效果设置为“填充—橙色，强调文字颜色 6，渐变轮廓—强调文字颜色 6”。“400 mAh 大电池 | EMUI5. 1”的文本效果设置为“渐变填充—橙色，强调文字颜色 6，内部阴影”。操作方法如图 2-7-2 所示。

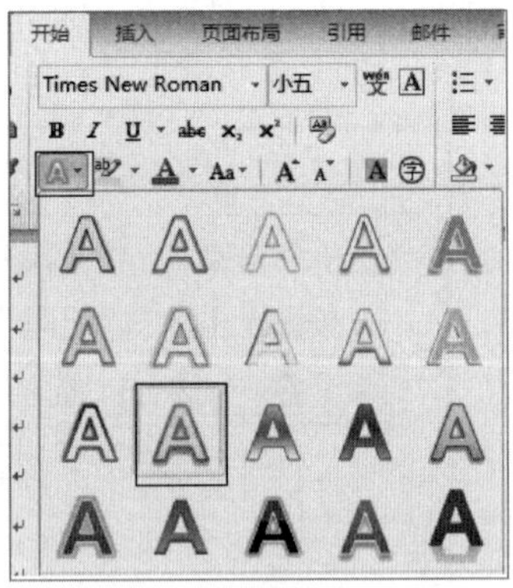

图 2-7-2　设置副标题的文本效果

3. 插入图片

分别将所有需要的图片（资料库/模块二/活动 7/素材/图片）插入文档中，调整每张图片的大小及位置。

4. 插入形状并设置格式

插入形状，形状为“流程图：手动输入”，调整形状的大小及位置，设置形状样式为“细微效果—橙色，强调颜色 6”，并将其渐变变体设置为“线性向左”。

形状格式设置好后再录入相应的文字，其中文字标题“七种色彩 大有精彩”字体为幼圆，字号为三号，加粗。文字正文字体为幼圆，字号为四号，并适当调整左侧缩进和首行缩进。

5. 插入文本框并添加文字

插入 5 个文本框，分别录入相应的文字，其中文字标题字体为幼圆，字号为四号，加粗；文字正文为宋体，五号。标题的行距设置为固定值 20 磅，正文行距为固定值 18 磅。字体颜色设置为蓝色。

活动 8　制作内页五

制作内页五流程如图 2-8-1 所示。

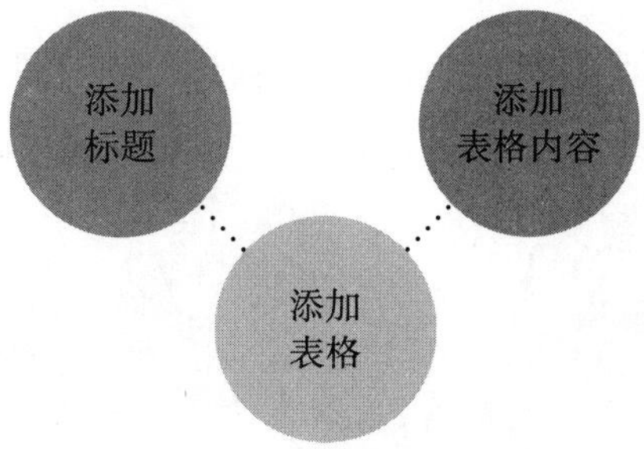

图 2-8-1　制作内页五流程

1. 添加标题

添加标题“各系列手机配置及报价”，字体为宋体，字号为小初，加粗，字体颜色为深红色，为标题添加阴影样式（其格式与上一页标题格式相同）。

2. 添加表格

添加一个 6 行 4 列的表格，并完成表格样式快速设置。①单击“插入”。②单击“表格”。③在下拉列表框中拖动鼠标至 6 行 4 列，再释放鼠标。④选中建立的表格，单击“表格工具”/“设计”。⑤在表格样式列表框中选择“中等深浅网格 3—强调文字颜色 5”。操作步骤如图 2-8-2 所示。

操作演示

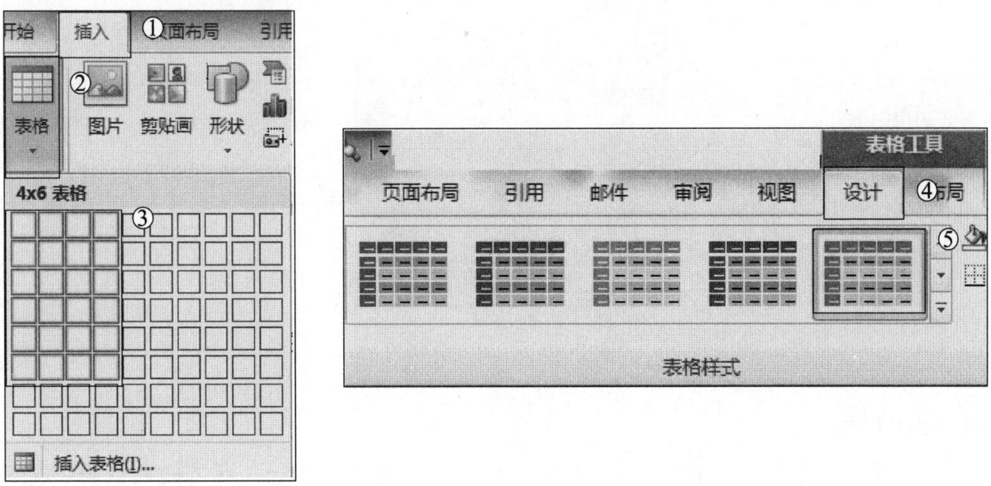

图 2-8-2　建立表格

3. 添加表格内容

在表格相应列中插入图片或输入文字，并将表格第三列文字字号为五号，其他两列为四号，调整文字格式，调整图片环绕方式，全部设置为“嵌入式”，根据单元格大小调整图片大小。

活动 9　制作目录索引

内页全部制作完成后，即可制作目录索引，操作流程如图 2-9-1 所示。

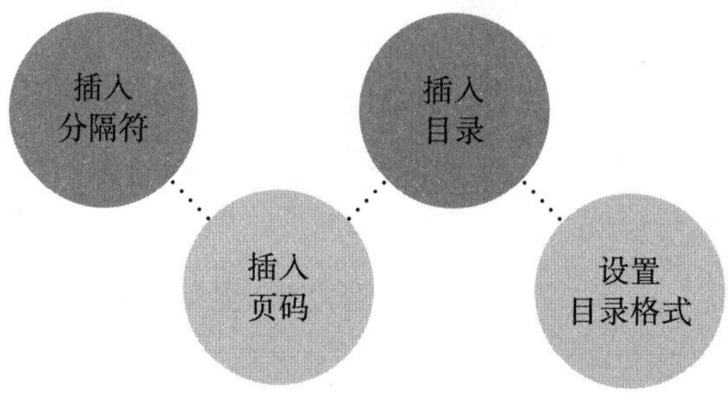

图 2-9-1　制作目录索引流程

1. 插入分隔符

本手册正文是从第三页开始的，第一页是封面，第二页是目录，故目录应从第三页开始，要完成这一操作，首先应插入分隔符。①将光标定位到第二页最后，单击“页面布局”。②单击“分隔符”。③在分节符下选择“下一页”。操作步骤如图 2-9-2 所示。

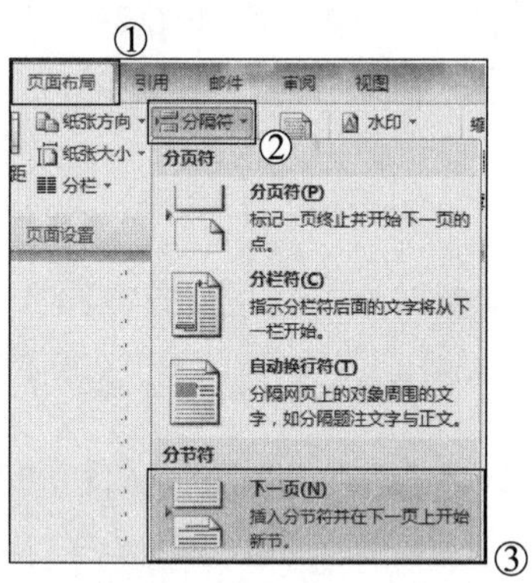

图 2-9-2　插入分隔符

2. 插入页码

分隔符插入完毕后，双击第三页（正文第一页）的页脚部分，即可插入页码。①单击“插入”。②单击“页码”。③在下拉列表框中选择“页面底端”。④在下拉列表框中选择“普通数字 2”。⑤单击“链接到前一条页眉”，取消链接到前一条页眉的状态。⑥单击“页码”。⑦在下拉列表中单击“设置页码格式”。⑧在弹出的“页码格式”对话框中单击

“编号格式”旁的下拉箭头，选择需要的编号格式。⑨在“起始页码”中将起始页码设置为“-1-”。操作步骤如图 2-9-3 所示。若前两页出现页码，直接删除即可。

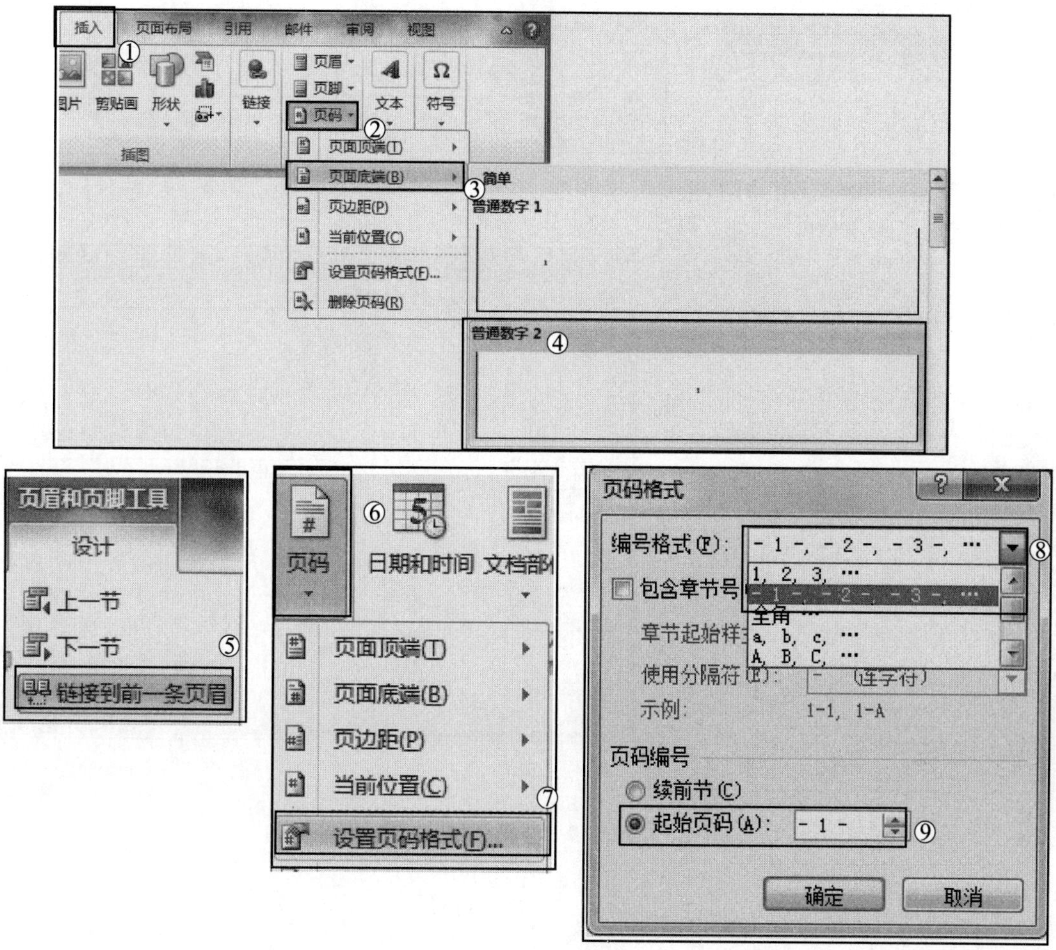

图 2-9-3　插入页码

3. 插入目录

页码设置好后，即可插入目录。①在页面右下角单击按钮，使视图模式变为“大纲视图”。②在大纲视图下，将光标定位在每一页内页标题处，在下拉列表中选择“1 级”。③单击“关闭大纲视图”按钮，回到“页面视图”模式下。④单击“引用”。⑤单击“目录”。⑥在下拉列表中选择“插入目录”。⑦在弹出的目录对话框中单击“显示级别”旁的箭头将数值调整为“1”，单击“确定”。操作步骤如图 2-9-4 所示。

4. 设置目录格式

目录插入后，还需进行格式设置，将所有目录文字的字体设置为黑体，字号设置为三号，行距根据页面排版设置，推荐设置为“多倍行距—4.75”。

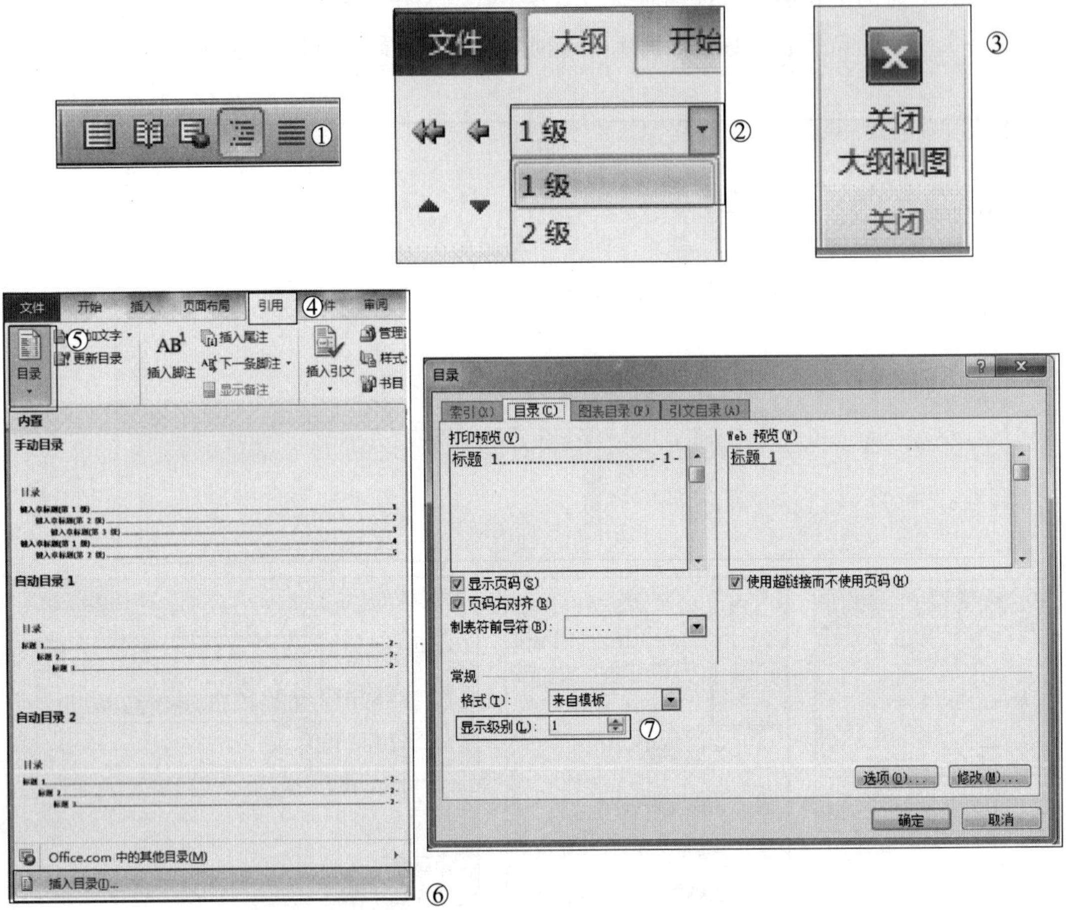
①
文件
大纲
开始
1 级
1 级
2 级
②
关闭
大纲视图
关闭
③
文件
开始
插入
页面布局
引用
④
审阅
⑤
目录
更新目录
插入脚注
插入尾注
下一条脚注
显示备注
插入引文
管理
样式
书目
内置
手动目录
自动目录 1
自动目录 2
Office.com 中的其他目录(M)
插入目录(I)...
⑥
目录
索引(X)
目录(C)
图表目录(F)
引文目录(A)
打印预览(V)
标题 1.................................-1-
Web 预览(W)
标题 1
显示页码(S)
页码右对齐(R)
制表符前导符(B):
使用超链接而不使用页码(H)
常规
格式(T):
来自模板
显示级别(L):
1
⑦
选项(O)...
修改(M)...
确定
取消

图 2-9-4　插入目录

模块三
制作统计报表

实训介绍

陈玥是手机直营店的一名销售员工，他虽然工作时间不长，却月月蝉联销售冠军。他有什么窍门吗？原来，他非常善于利用统计报表来辅助自己的销售工作。下面我们就来看看陈玥是怎么做的吧。

陈玥通过制作流水账本，以表格和图表的方式，按销售人员、客户信息等将手机销售情况进行汇总，并将手机线上与线下销售数据汇总，以图表的形式直观地反映销售情况，为手机直营店的采购工作提供决策支持。统计报表做好后效果如图 3-0-1 所示。

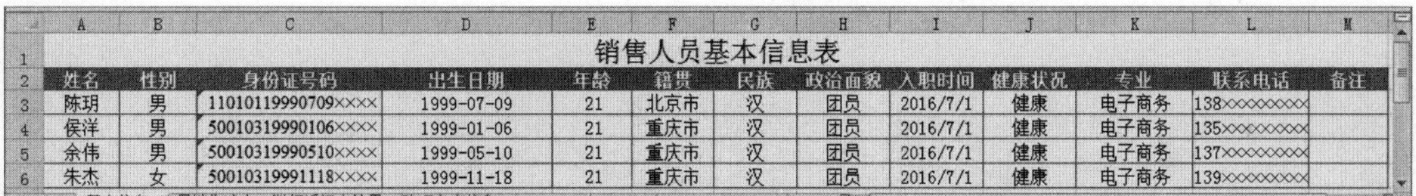

销售人员基本信息表

姓名	性别	身份证号码	出生日期	年龄	籍贯	民族	政治面貌	入职时间	健康状况	专业	联系电话	备注
陈玥	男	11010119990709××××	1999-07-09	21	北京市	汉	团员	2016/7/1	健康	电子商务	138××××××××	
侯洋	男	50010319990106××××	1999-01-06	21	重庆市	汉	团员	2016/7/1	健康	电子商务	135××××××××	
余伟	男	50010319990510××××	1999-05-10	21	重庆市	汉	团员	2016/7/1	健康	电子商务	137××××××××	
朱杰	女	50010319991118××××	1999-11-18	21	重庆市	汉	团员	2016/7/1	健康	电子商务	139××××××××	

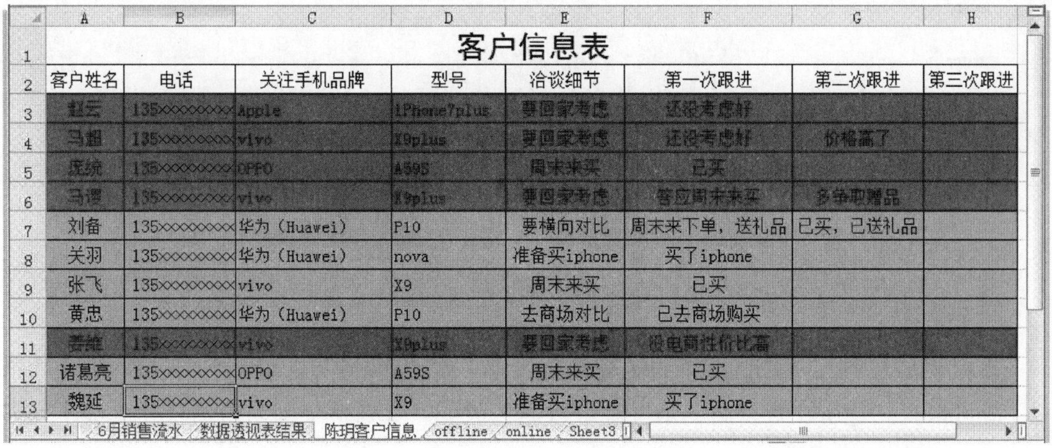

客户信息表

客户姓名	电话	关注手机品牌	型号	洽谈细节	第一次跟进	第二次跟进	第三次跟进
赵云	135××××××××	Apple	iPhone7plus	要回家考虑	还没考虑好		
马超	135××××××××	vivo	X9plus	要回家考虑	还没考虑好	价格高了	
庞统	135××××××××	OPPO	A59S	周末来买	已买		
马谡	135××××××××	vivo	X9plus	要回家考虑	答应周末来买	多争取赠品	
刘备	135××××××××	华为（Huawei）	P10	要横向对比	周末来下单，送礼品	已买，已送礼品	
关羽	135××××××××	华为（Huawei）	nova	准备买iphone	买了iphone		
张飞	135××××××××	vivo	X9	周末来买	已买		
黄忠	135××××××××	华为（Huawei）	P10	去商场对比	已去商场购买		
姜维	135××××××××	vivo	X9plus	要回家考虑	说电商性价比高		
诸葛亮	135××××××××	OPPO	A59S	周末来买	已买		
魏延	135××××××××	vivo	X9	准备买iphone	买了iphone		

图 3-0-1　成品效果

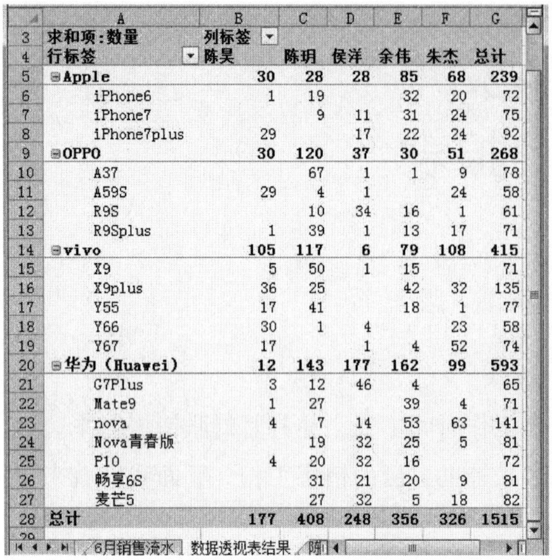

求和项:数量	列标签					
行标签	陈昊	陈玥	侯洋	余伟	朱杰	总计
Apple	**30**	**28**	**28**	**85**	**68**	**239**
iPhone6	1	19		32	20	72
iPhone7		9	11	31	24	75
iPhone7plus	29		17	22	24	92
OPPO	**30**	**120**	**37**	**30**	**51**	**268**
A37		67	1	1	9	78
A59S	29	4	1		24	58
R9S		10	34	16	1	61
R9Splus	1	39	1	13	17	71
vivo	**105**	**117**	**6**	**79**	**108**	**415**
X9	5	50	1	15		71
X9plus	36	25		42	32	135
Y55	17	41		18	1	77
Y66	30	1	4		23	58
Y67	17		1	4	52	74
华为（Huawei）	**12**	**143**	**177**	**162**	**99**	**593**
G7Plus	3	12	46	4		65
Mate9	1	27		39	4	71
nova	4	7	14	53	63	141
Nova青春版		19	32	25	5	81
P10	4	20	32	16		72
畅享6S		31	21	20	9	81
麦芒5		27	32	5	18	82
总计	**177**	**408**	**248**	**356**	**326**	**1515**

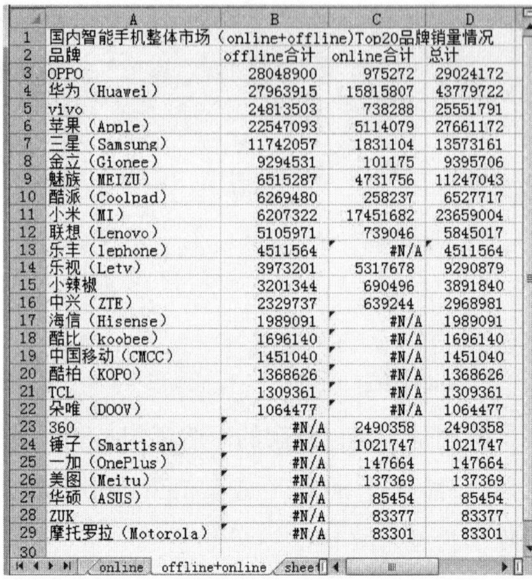

国内智能手机整体市场（online+offline）Top20品牌销量情况

品牌	offline合计	online合计	总计
OPPO	28048900	975272	29024172
华为（Huawei）	27963915	15815807	43779722
vivo	24813503	738288	25551791
苹果（Apple）	22547093	5114079	27661172
三星（Samsung）	11742057	1831104	13573161
金立（Gionee）	9294531	101175	9395706
魅族（MEIZU）	6515287	4731756	11247043
酷派（Coolpad）	6269480	258237	6527717
小米（MI）	6207322	17451682	23659004
联想（Lenovo）	5105971	739046	5845017
乐丰（lephone）	4511564	#N/A	4511564
乐视（Letv）	3973201	5317678	9290879
小辣椒	3201344	690496	3891840
中兴（ZTE）	2329737	639244	2968981
海信（Hisense）	1989091	#N/A	1989091
酷比（koobee）	1696140	#N/A	1696140
中国移动（CMCC）	1451040	#N/A	1451040
酷柏（KOPO）	1368626	#N/A	1368626
TCL	1309361	#N/A	1309361
朵唯（DOOV）	1064477	#N/A	1064477
360	#N/A	2490358	2490358
锤子（Smartisan）	#N/A	1021747	1021747
一加（OnePlus）	#N/A	147664	147664
美图（Meitu）	#N/A	137369	137369
华硕（ASUS）	#N/A	85454	85454
ZUK	#N/A	83377	83377
摩托罗拉（Motorola）	#N/A	83301	83301

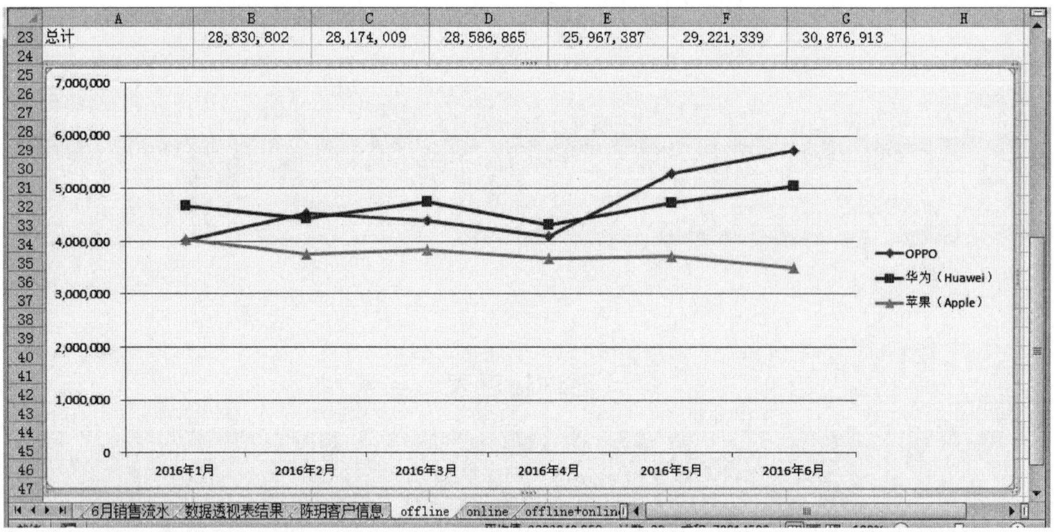

续图 3-0-1　成品效果

实训分析

陈玥非常善于利用电子表格的各项功能来帮助他进行销售工作。在他的一个工作簿中，既可以找到他所在直营店的销售流水数据，也可以看到整个国内市场各品牌线上与线下的销售数据，还可以看到他对自己潜在客户的跟踪调查与统计分析。正是因为善于将信息化工具与自身销售工作很好地结合，并凭借不断的努力，他才能蝉联所在直营店的销售冠军。陈玥统计报表的制作思路如图 3-0-2 所示。

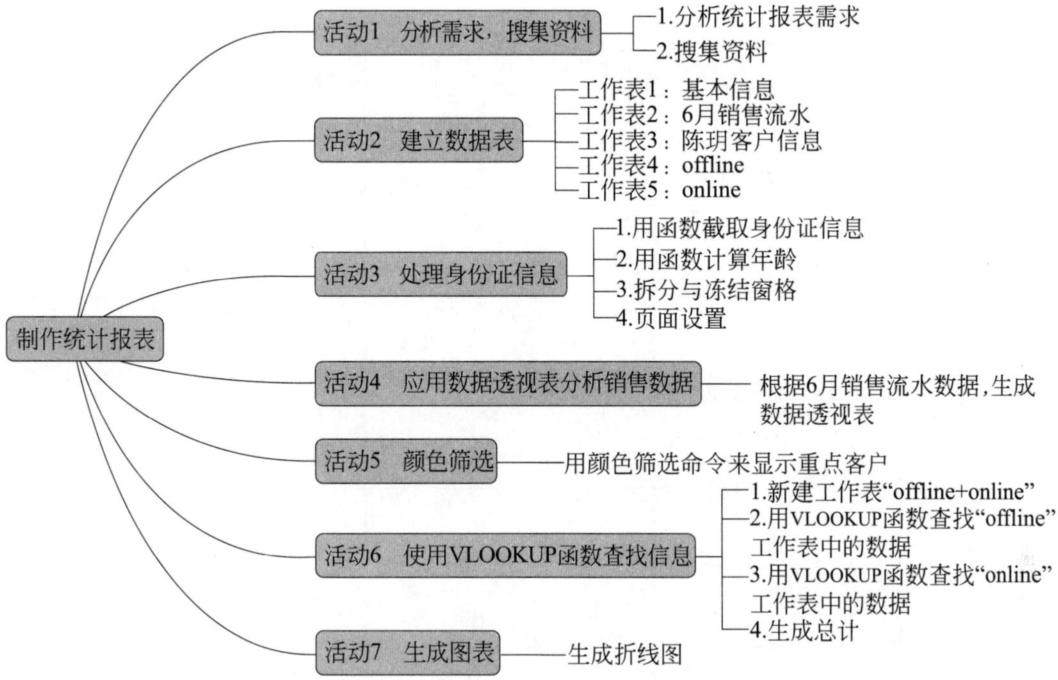

图 3-0-2　制作统计报表的思路

活动 1　分析需求，搜集资料

1. 分析统计报表需求

(1) 明确统计报表目的。此报表是手机直营店销售人员陈玥用来进行辅助销售的报表。报表中的内容既有直营店的销售流水信息，也有国内手机半年内的销售数据；既有所有员工的基本信息分析，也有陈玥对客户信息的追踪统计。

(2) 明确实现方式。根据要进行怎样的分析，明确各种数据之间的运算关系。

(3) 明确表间计算的实现方式。根据对数据结果的需求，得到数据之间的关系和对统计结果的要求。

本实训通过一张工作簿中的 7 张工作表来实现，见表 3-1-1。

表 3-1-1　　7 张工作表内容

序号	工作表名称	内容	操作	功能
1	基本信息	手机直营店员工基础信息	函数：MID( ) TEXT( )	截取身份证中表示日期的部分
			函数：YEAR( ) TODAY( )	显示当前年份人员的年龄，并能随着年份的变化自动更新年龄

续表

<table>
<tr><th>序号</th><th>工作表名称</th><th>内容</th><th>操作</th><th>功能</th></tr>
<tr><td rowspan="2">1</td><td rowspan="2">基本信息</td><td rowspan="2">手机直营店员工基础信息</td><td>窗口拆分、冻结空格</td><td>方便在窗口中始终显示表头部分</td></tr>
<tr><td>页面设置、行距、列宽、纸张大小、纸张方向、单元格格式</td><td>设置出与打印纸张相匹配的格式</td></tr>
<tr><td>2</td><td>6月销售流水</td><td>单月手机销售数据</td><td>数据透视表</td><td>根据“6月销售流水”工作表中的信息用数据透视表在一个新的工作表中生成按手机型号与销售人员分类统计的表</td></tr>
<tr><td>3</td><td>陈玥客户信息</td><td>销售人员客户统计表</td><td>颜色筛选</td><td>通过给不同客户的信息添加底纹，然后应用颜色筛选来实现找到潜在重点客户的操作</td></tr>
<tr><td rowspan="2">4</td><td rowspan="2">offline</td><td rowspan="2">国内智能手机线下市场（offline）Top20 品牌销量情况统计</td><td>SUM</td><td>求出总计</td></tr>
<tr><td>生成折线图</td><td>2016 年上半年线下市场华为、OPPO、苹果销量走势分析图</td></tr>
<tr><td>5</td><td>online</td><td>国内智能手机线上市场（online）Top20 品牌销量情况统计</td><td>SUM</td><td>求出总计</td></tr>
<tr><td>6</td><td>offline+online</td><td>国内智能手机整体市场（线上+线下）Top20 品牌销量情况</td><td>VLOOKUP</td><td>从“offline”与“online”工作表中搜索相应信息，找出指定信息，放到“offline+Online”的指定位置</td></tr>
<tr><td>7</td><td>offline</td><td>线下市场华为、OPPO、苹果销量走势分析图</td><td>折线图</td><td>用折线图直观反映出不同品牌销量的形势</td></tr>
</table>

2. 搜集资料

在统计报表中需要使用国内 2016 年手机销售情况的大数据。陈玥上网查阅资料后，发现网上只有图片形式的数据。他将图片下载保存后，依照图片中的内容逐字逐句地录入相关数据。在实际应用中，原始文字稿常常是手写数据、文本文件或 Word 文档，这时需要在表格中录入数据。当然，如果基本数据就是以 Excel 文档的格式保存的，那么在进行基本数据整理时，会更加方便、快捷。

活动 2　建立数据表

陈玥要将所有需要处理的信息全部放在一个工作簿内，这些信息的来源有手写的数据，有图片，还有 Word 文档生成的原始数据图表，操作流程如图 3-2-1 所示。

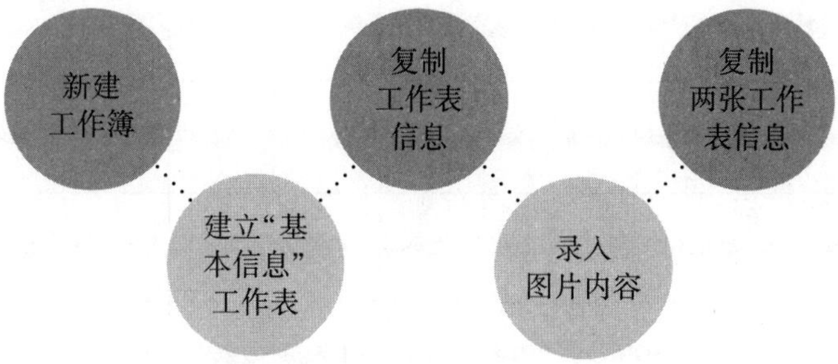

图 3-2-1　建立数据表流程

1. 新建工作簿

在 Excel 中新建一个工作簿，保存为“统计报表”，重命名 Sheet1 工作表为“基本信息”。

2. 建立“基本信息”工作表

（1）打开 Word 文件。打开资料库中“基本信息 . docx”文件（资料库/模块三/活动 2/素材/基本信息 . docx），如图 3-2-2 所示。

操作演示

销售人员基本信息表

姓名	性别	身份证号码	籍贯	民族	政治面貌	入职时间	健康状况	专业	联系电话	备注
陈玥	男	11010119990709××××	北京市	汉	团员	42552	健康	电子商务	138××××××××	
侯洋	男	50010319990106××××	重庆市	汉	团员	42552	健康	电子商务	135××××××××	
余伟	男	50010319990510××××	重庆市	汉	团员	42552	健康	电子商务	137××××××××	
朱杰	女	50010319991118××××	重庆市	汉	团员	42552	健康	电子商务	139××××××××	

图 3-2-2　基本信息

（2）复制工作表信息。选择“基本信息 . docx”中的表格，并复制到剪贴板。选择时注意，要连同表格标题一起选择，如图 3-2-3 所示。

销售人员基本信息表

姓名	性别	身份证号码	籍贯	民族	政治面貌	入职时间	健康状况	专业	联系电话	备注
陈玥	男	11010119990709××××	北京市	汉	团员	42552	健康	电子商务	138××××××××	
侯洋	男	50010319990106××××	重庆市	汉	团员	42552	健康	电子商务	135××××××××	
余伟	男	50010319990510××××	重庆市	汉	团员	42552	健康	电子商务	137××××××××	
朱杰	女	50010319991118××××	重庆市	汉	团员	42552	健康	电子商务	139××××××××	

图 3-2-3　选定表格

（3）粘贴基本信息。切换到“统计报表”工作簿的“基本信息”工作表中，设置整个区域的单元格样式为“文本”，如图 3-2-4 所示。

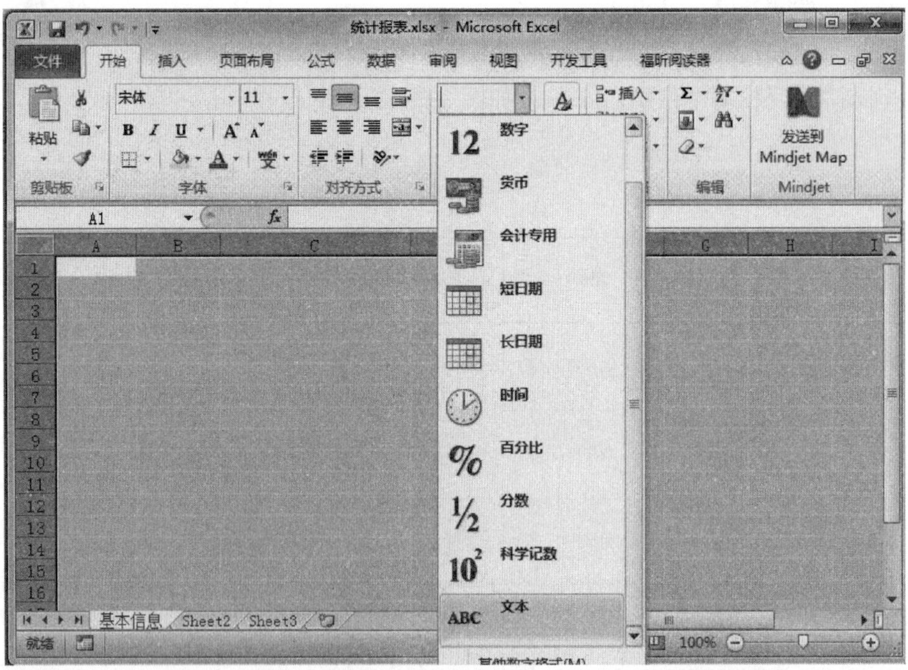

图 3-2-4　更改单元格格式

（4）匹配目标格式。设置“基本信息”工作表中的 A1 单元格为活动单元格，单击

“开始”/“剪贴板”/“粘贴”/“匹配目标格式” 命令按钮，如图 3-2-5 所示。

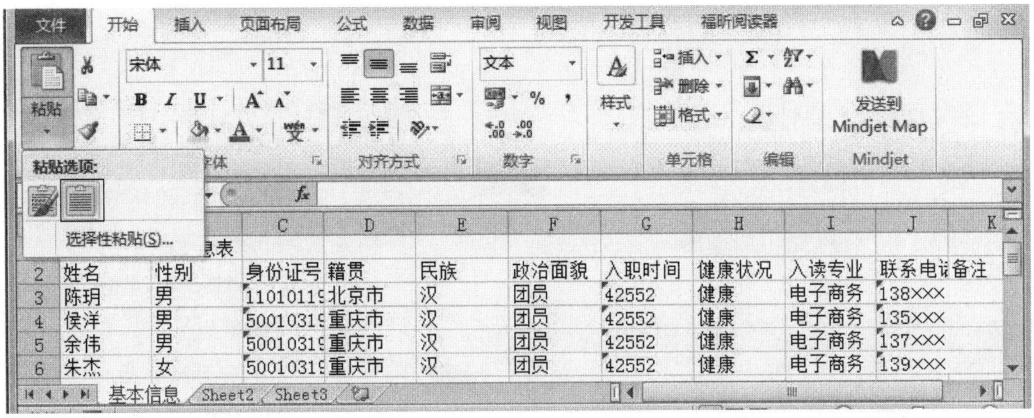

图 3-2-5　匹配目标格式

（5）设置合适的列宽。将鼠标置于 C 列与 D 列交界位置，当鼠标形状变为双向箭头时双击，则 C 列的列宽根据其中内容的宽度调整到合适的列宽，用同样的方法调整 J 列的列宽，效果如图 3-2-6 所示。

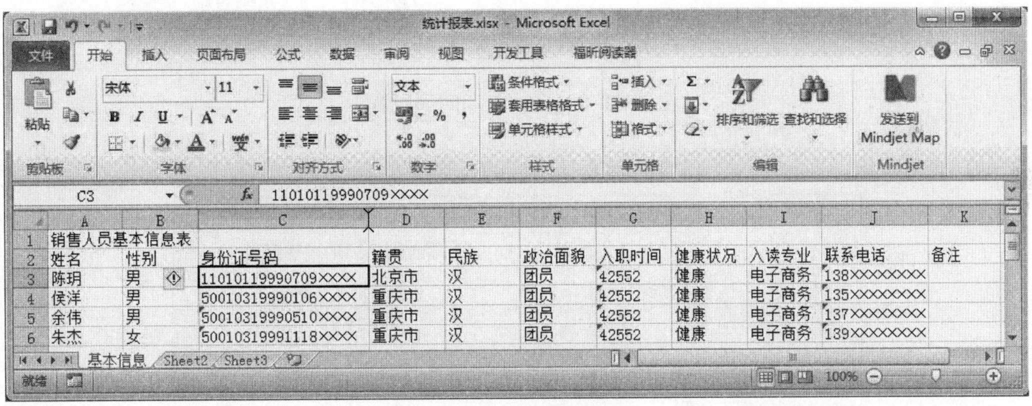

图 3-2-6　调整列宽

（6）调整日期显示格式。①选定 G3：G6 单元格。②单击左侧感叹号右侧箭头，在弹出的快捷菜单中选择“转换为数字”命令。③在快捷菜单中调用“设置单元格格式”命令，在“数字”标签中更改格式为如图所示样式，单击确定。④更改格式后的入职时间。操作步骤如图 3-2-7 所示。

3. 复制工作表信息

（1）打开“原始表格”文件。打开资料库中表格“原始表格 . xlsx”(资料库/模块三/活动 2/素材/原始表格 . xlsx)。

（2）复制工作表。在“6 月销售流水”工作表标签上单击鼠标右键，

操作演示

弹出菜单中选择“移动或复制”命令，如图 3-2-8 所示。

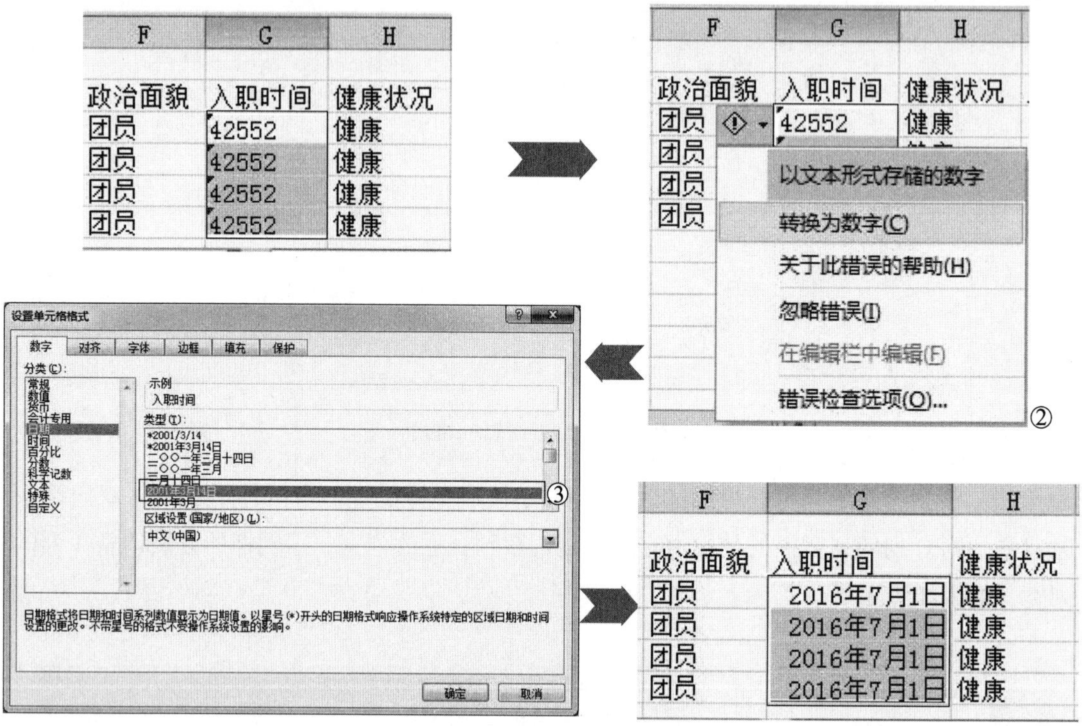

图 3-2-7　更改入职时间过程

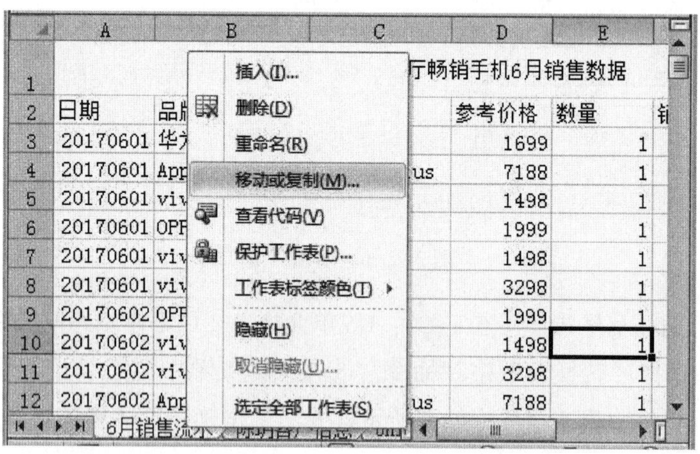

图 3-2-8　移动或复制工作表

（3）复制工作表对话框操作。①选定“6 月销售流水”。②在工作簿下拉框中选择“统计报表 . xlsx”。③勾选“建立副本”单选框。④单击确定。操作步骤如图 3-2-9 所示。

（4）建立“6 月销售流水”工作表。切换到“统计报表 . xlsx”工作簿，发现已经成功复制“6 月销售流水”工作表，如图 3-2-10 所示。

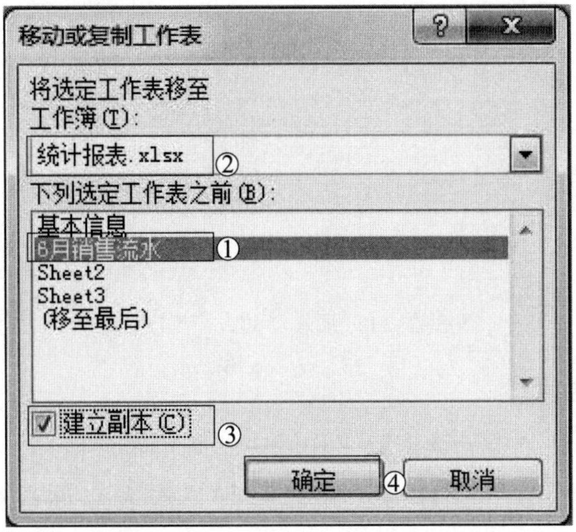

图 3-2-9　移动或复制工作表对话框

	A	B	C	D	E	F	G
1	畅联手机营业厅畅销手机6月销售数据						
2	日期	品牌	型号	参考价格	数量	销售金额	销售
3	20170601	华为（Huawei）	G7Plus	1699	1	1699	陈昊
4	20170601	Apple	iPhone7plus	7188	1	7188	陈昊
5	20170601	vivo	Y66	1498	1	1498	陈昊
6	20170601	OPPO	A59S	1999	1	1999	陈昊
7	20170601	vivo	Y66	1498	1	1498	陈昊
8	20170601	vivo	X9plus	3298	1	3298	陈昊
9	20170602	OPPO	A59S	1999	1	1999	陈昊
10	20170602	vivo	Y66	1498	1	1498	陈昊
11	20170602	vivo	X9plus	3298	1	3298	陈昊
12	20170602	Apple	iPhone7plus	7188	1	7188	陈昊
13	20170602	OPPO	R9Splus	3499	1	3499	陈昊
14	20170603	Apple	iPhone6	2578	1	2578	陈昊
15	20170603	华为（Huawei）	G7Plus	1699	1	1699	陈昊
16	20170603	华为（Huawei）	Mate9	3899	1	3899	陈昊
17	20170603	vivo	X9	2598	1	2598	陈昊

图 3-2-10　6 月销售流水

4. 录入图片内容

有的信息只有图片格式的来源，这时就需要录入图片中的信息。打开“offline”图片（资料库/模块三/活动 2/素材/offline. jpg），将“Sheet2”工作表的名称改为“offline”，依照图片内容进行录入，图片和录入完成表格如图 3-2-11 所示。

国内智能手机线下市场（offline）Top20品牌销量情况2016H1							
品牌	2016年1月	2016年2月	2016年3月	2016年4月	2016年5月	2016年6月	总计
OPPO	4,009,368	4,533,442	4,395,442	4,090,538	5,292,410	5,727,700	
华为（Huawei）	4,678,445	4,440,456	4,750,763	4,317,770	4,736,866	5,039,615	
vivo	3,826,112	4,439,507	4,127,240	3,633,314	4,220,430	4,566,900	
苹果（Apple）	4,031,997	3,755,498	3,849,562	3,679,528	3,719,464	3,511,044	
三星（Samsung）	2,073,386	1,934,225	2,041,044	1,890,326	1,939,112	1,863,964	
金立（Gionee）	1,411,189	1,574,508	1,505,947	1,341,524	1,631,000	1,830,363	
魅族（MEIZU）	1,114,761	1,173,048	1,098,346	818,106	1,031,085	1,279,941	
酷派（Coolpad）	1,086,746	999,893	1,140,251	1,057,361	1,092,741	892,488	
小米（MI）	1,256,024	1,160,547	1,109,807	893,595	895,898	891,451	
联想（Lenovo）	1,249,604	955,664	866,668	739,518	684,409	610,108	
乐丰（lephone）	751,411	502,371	651,293	740,153	909,110	957,226	
乐视（Letv）	598,948	514,881	603,650	542,004	573,323	1,140,395	
小辣椒	522,776	407,815	491,951	578,608	606,376	593,818	
中兴（ZTE）	331,015	284,140	384,901	337,675	437,996	554,010	
海信（Hisense）	462,693	271,241	304,735	292,286	323,084	335,052	
酷比（koobee）	269,980	273,010	285,276	259,411	300,246	308,217	
中国移动（CMCC）	367,224	240,325	307,444	227,843	171,701	136,503	
酷柏（KOPO）	177,795	173,476	248,170	212,002	298,837	258,346	
TCL	449,378	301,691	248,237	130,657	98,510	80,888	
朵唯（DOOV）	119,580	195,870	133,708	142,707	216,250	256,362	
总计							

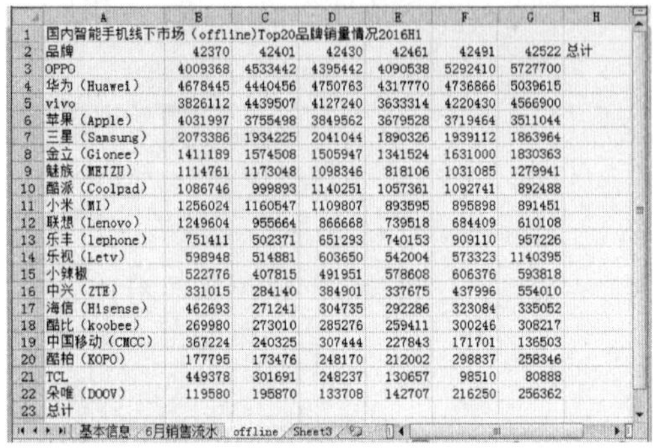

	A	B	C	D	E	F	G	H
1	国内智能手机线下市场（offline）Top20品牌销量情况2016H1							
2	品牌	42370	42401	42430	42461	42491	42522	总计
3	OPPO	4009368	4533442	4395442	4090538	5292410	5727700	
4	华为（Huawei）	4678445	4440456	4750763	4317770	4736866	5039615	
5	vivo	3826112	4439507	4127240	3633314	4220430	4566900	
6	苹果（Apple）	4031997	3755498	3849562	3679528	3719464	3511044	
7	三星（Samsung）	2073386	1934225	2041044	1890326	1939112	1863964	
8	金立（Gionee）	1411189	1574508	1505947	1341524	1631000	1830363	
9	魅族（MEIZU）	1114761	1173048	1098346	818106	1031085	1279941	
10	酷派（Coolpad）	1086746	999893	1140251	1057361	1092741	892488	
11	小米（MI）	1256024	1160547	1109807	893595	895898	891451	
12	联想（Lenovo）	1249604	955664	866668	739518	684409	610108	
13	乐丰（lephone）	751411	502371	651293	740153	909110	957226	
14	乐视（Letv）	598948	514881	603650	542004	573323	1140395	
15	小辣椒	522776	407815	491951	578608	606376	593818	
16	中兴（ZTE）	331015	284140	384901	337675	437996	554010	
17	海信（Hisense）	462693	271241	304735	292286	323084	335052	
18	酷比（koobee）	269980	273010	285276	259411	300246	308217	
19	中国移动（CMCC）	367224	240325	307444	227843	171701	136503	
20	酷柏（KOPO）	177795	173476	248170	212002	298837	258346	
21	TCL	449378	301691	248237	130657	98510	80888	
22	朵唯（DOOV）	119580	195870	133708	142707	216250	256362	
23	总计							

图 3-2-11　录入“offline”工作表

5. 复制两张工作表信息

用步骤 3 的方法，将“原始数据”工作簿中“陈玥客户信息”与“online”两张工作表分别复制到“统计报表”工作表，并按原有工作表名称进行更名，完成效果如图 3-2-12 所示。

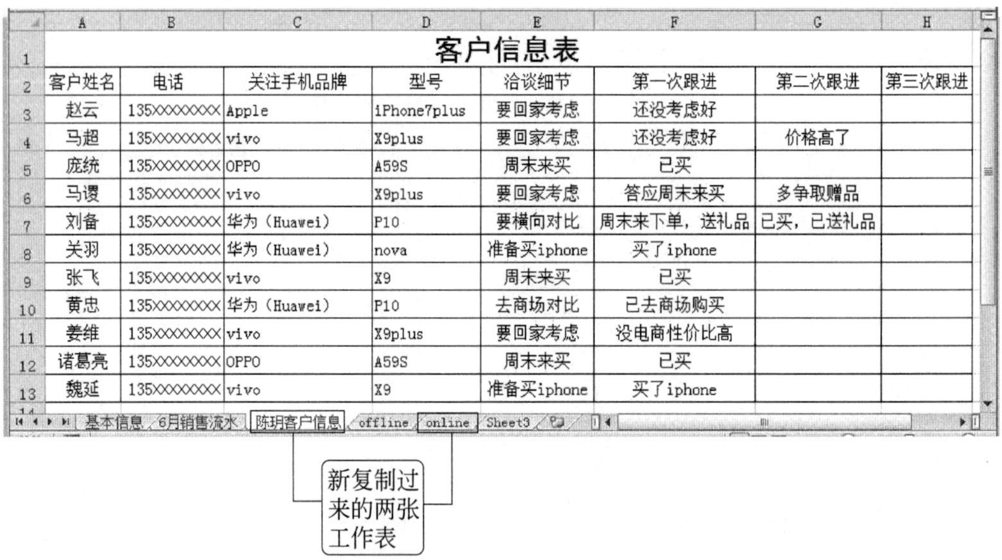

	A	B	C	D	E	F	G	H
1	客户信息表							
2	客户姓名	电话	关注手机品牌	型号	洽谈细节	第一次跟进	第二次跟进	第三次跟进
3	赵云	135XXXXXXXX	Apple	iPhone7plus	要回家考虑	还没考虑好		
4	马超	135XXXXXXXX	vivo	X9plus	要回家考虑	还没考虑好	价格高了	
5	庞统	135XXXXXXXX	OPPO	A59S	周末来买	已买		
6	马谡	135XXXXXXXX	vivo	X9plus	要回家考虑	答应周末来买	多争取赠品	
7	刘备	135XXXXXXXX	华为（Huawei）	P10	要横向对比	周末来下单，送礼品	已买，已送礼品	
8	关羽	135XXXXXXXX	华为（Huawei）	nova	准备买iphone	买了iphone		
9	张飞	135XXXXXXXX	vivo	X9	周末来买	已买		
10	黄忠	135XXXXXXXX	华为（Huawei）	P10	去商场对比	已去商场购买		
11	姜维	135XXXXXXXX	vivo	X9plus	要回家考虑	没电商性价比高		
12	诸葛亮	135XXXXXXXX	OPPO	A59S	周末来买	已买		
13	魏延	135XXXXXXXX	vivo	X9	准备买iphone	买了iphone		

图 3-2-12　复制两张工作表信息

活动 3　处理身份证信息

陈玥要根据“基本信息”工作表中的身份证信息，用函数处理得到出生日期和年龄信息，然后打印输出，操作流程如图 3-3-1 所示。

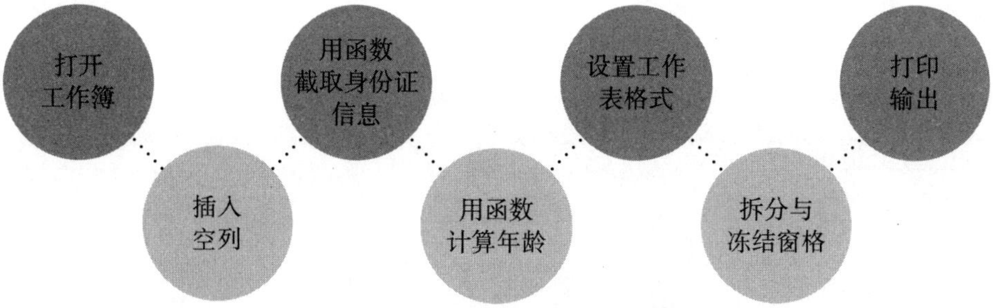

图 3-3-1　处理身份证信息流程

1. 打开工作簿

打开上一活动处理好的“统计报表”文件（资料库/模块三/活动 3/素材/统计报表.xlsx）。

2. 插入空列

右击 D 列列标，右键菜单中选择“插入”命令，在 D 列前插入两列空列，在 D2 单元格输入“出生日期”，在 E2 单元格输入“年龄”，适当调整列宽，效果如图 3-3-2 所示。

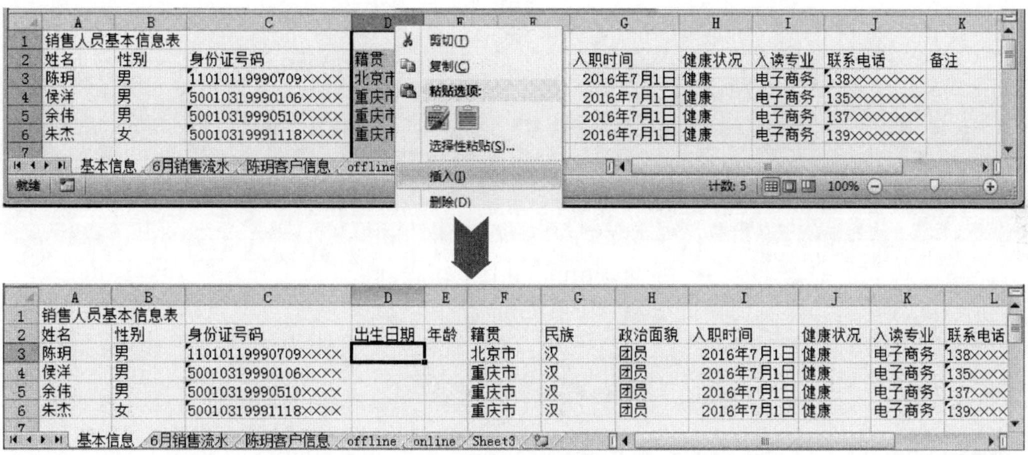

图 3-3-2　插入空列

3. 用函数截取身份证信息

（1）更改单元格格式。选定 D3：E6 单元格，更改单元格格式为“常规”，如图 3-3-3 所示 。

操作演示

（2）选定 D3 单元格。

（3）在公式栏中输入嵌套公式。在 D3 单元格中输入嵌套公式：“=TEXT(MID(C3,7,4)&"-"&MID(C3,11,2)&"-"&MID(C3,13,2),"YYYY-MM-DD")”，回车确认，并用填充柄向下填充至 D6 单元格，效果如图 3-3-4 所示。

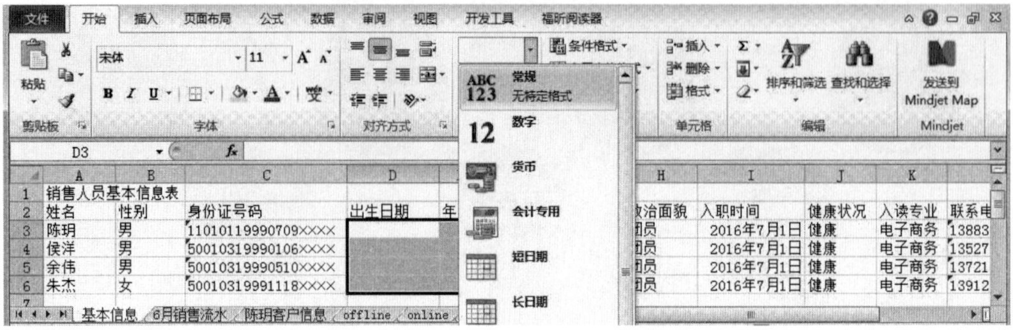

图 3-3-3　更改单元格格式

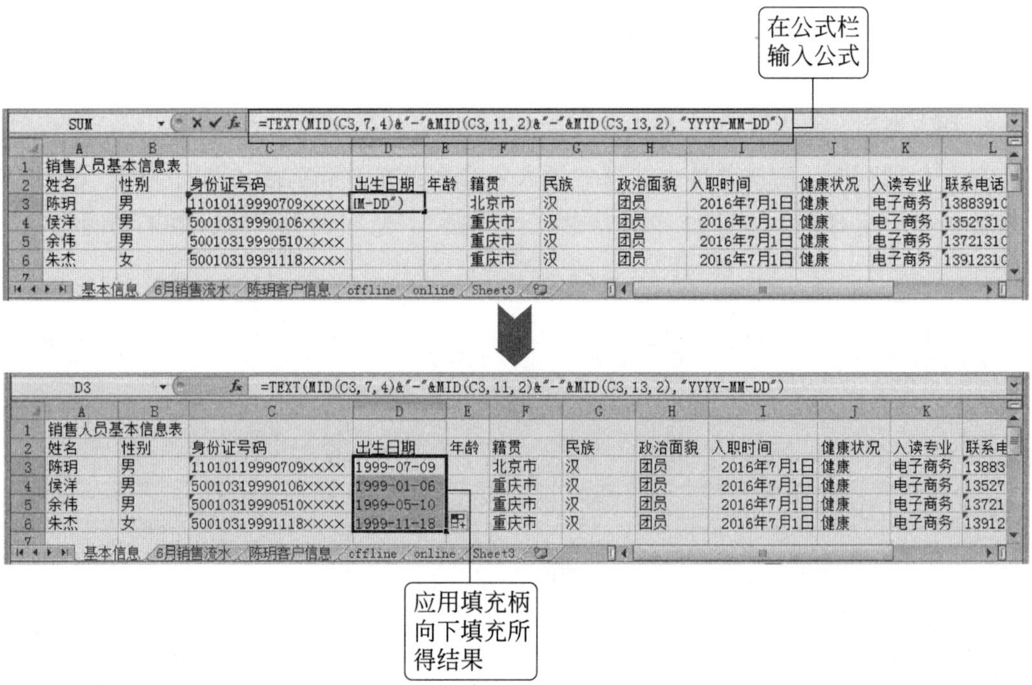

图 3-3-4　输入嵌套公式

小提示

MID 函数与 TEXT 函数

TEXT 函数可将数值转换为文本，并可使用特殊格式字符串来指定显示格式。

MID 返回文本字符串中从指定位置开始的特定数目的字符，该数目由用户指定。

& 是文本连接符，即把“&”符号前后字符连接并显示在一个单元格中。

这个嵌套函数分别截取身份证中的 4 位年份、2 位月份和 2 位日期信息，并用连字符“-”连接起来，再用“年-月-日”的格式显示出，如图 3-3-5 所示为公式的具体含义。

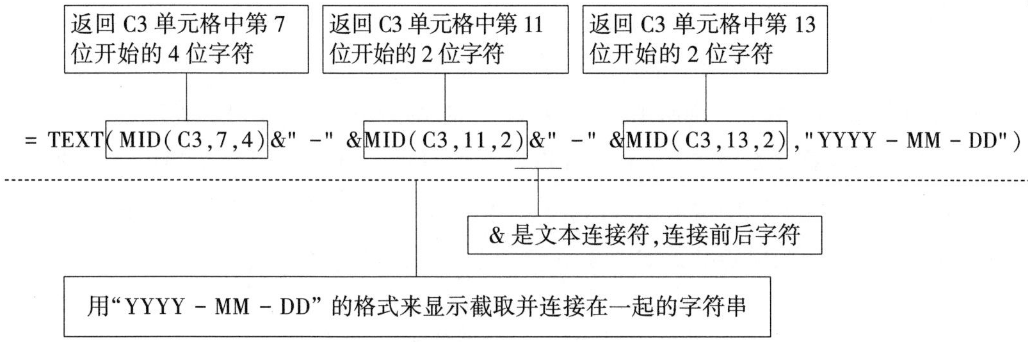

图 3-3-5　返回出生日期的嵌套函数

4. 用函数计算年龄

（1）选定 E3 单元格。

（2）输入公式。在公式栏中输入嵌套公式“=YEAR(TODAY())-MID(C3,7,4)”，回车确认，并用填充柄向下填充至 E6 单元格，效果如图 3-3-6 所示。

操作演示

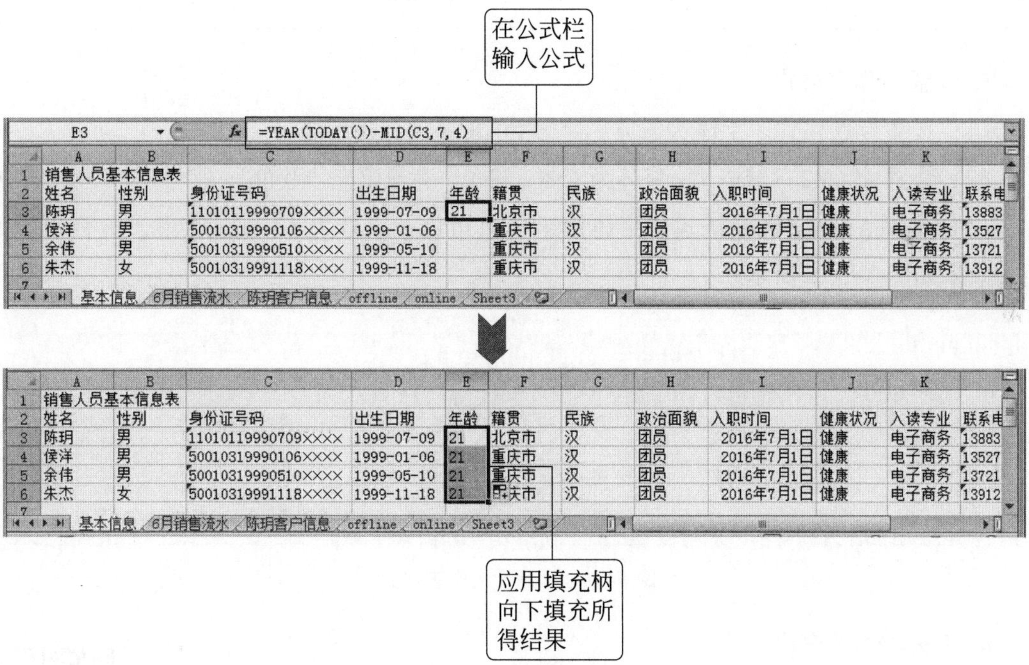

图 3-3-6　输入嵌套公式

小提示

YEAR 函数与 TODAY 函数

YEAR 函数返回某日期对应的年份。返回值为 1900~9999 的整数。

TODAY 函数返回当前日期的序列号。序列号是 Excel 日期和时间计算的日期-时间代码。如果在输入该函数前，单元格格式为“常规”，Excel 会将单元格格式更改为“日期”。如果要显示序列号，则必须将单元格格式更改为“常规”或“数值”。

这个嵌套函数首先用 TODAY 函数返回当前日期，再通过嵌套 YEAR 函数来得到当前年份，减去身份证中截取出来的年份，就得到当前的年龄，此数据会随着当前年份的改变自动更新当前年龄，如图 3-3-7 所示为公式的具体含义。

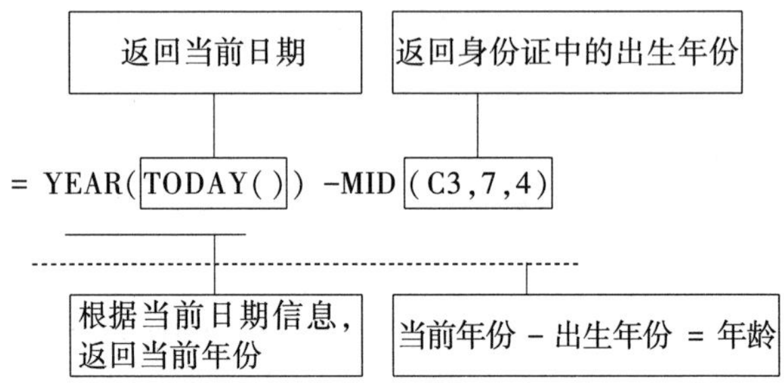

图 3-3-7　计算年龄的嵌套函数

5. 设置工作表格式

（1）设置标题格式。字体为宋体，字号为 18 号，合并后居中。

（2）设置 A2:M2 区域格式。字体为宋体，白色，背景填充“蓝色”，字号为 12 号，居中。

（3）设置 A3:M7 区域格式。字体为宋体，黑色，字号为 12 号，居中，所有框线蓝色，效果如图 3-3-8 所示。

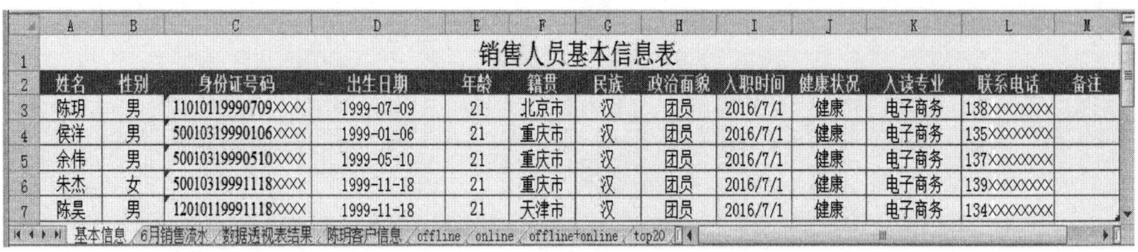

	A	B	C	D	E	F	G	H	I	J	K	L	M
1	销售人员基本信息表												
2	姓名	性别	身份证号码	出生日期	年龄	籍贯	民族	政治面貌	入职时间	健康状况	入读专业	联系电话	备注
3	陈玥	男	11010119990709XXXX	1999-07-09	21	北京市	汉	团员	2016/7/1	健康	电子商务	138XXXXXXXX	
4	侯洋	男	50010319990106XXXX	1999-01-06	21	重庆市	汉	团员	2016/7/1	健康	电子商务	135XXXXXXXX	
5	余伟	男	50010319990510XXXX	1999-05-10	21	重庆市	汉	团员	2016/7/1	健康	电子商务	137XXXXXXXX	
6	朱杰	女	50010319991118XXXX	1999-11-18	21	重庆市	汉	团员	2016/7/1	健康	电子商务	139XXXXXXXX	
7	陈昊	男	12010119991118XXXX	1999-11-18	21	天津市	汉	团员	2016/7/1	健康	电子商务	134XXXXXXXX	

基本信息 / 6月销售流水 / 数据透视表结果 / 陈玥客户信息 / offline / online / offline+online / top20

图 3-3-8　设置工作表格式

6. 拆分与冻结窗格

（1）拆分窗格。单击“视图”/“窗口”/“拆分”命令，效果如图 3-3-9 所示。

操作演示

（2）移动拆分空格。拖动水平拆分格至第 2 行下方，拖动垂直拆分格至 A 列后，效果如图 3-3-10 所示。

（3）冻结窗格。单击“视图”/“冻结窗格”中的“冻结拆分窗格”命令，如图 3-3-11 所示。

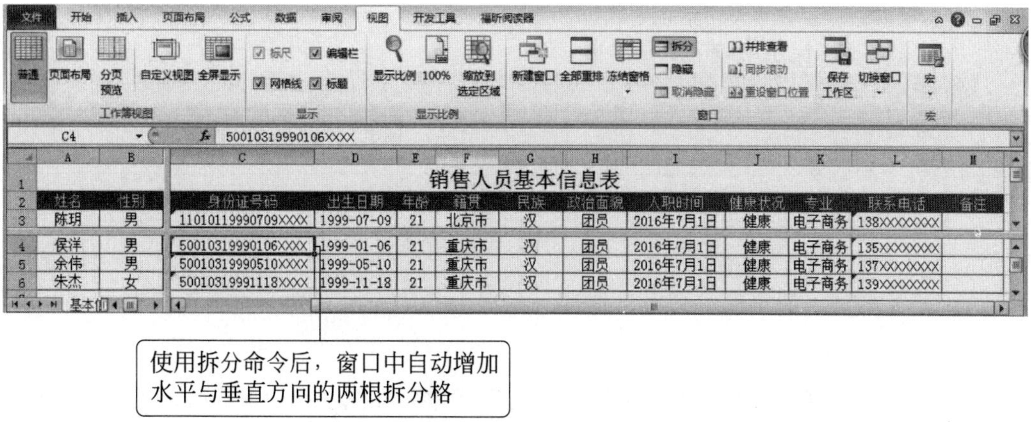

图 3-3-9　拆分命令

图 3-3-10　移动拆分窗格

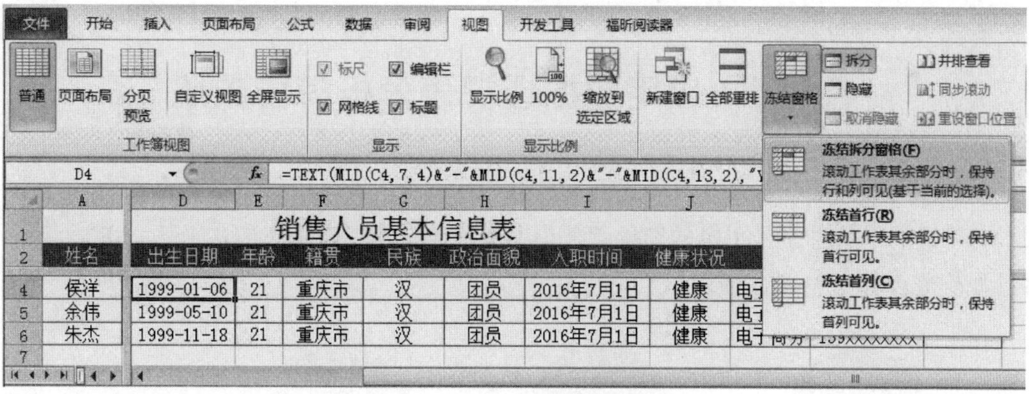

图 3-3-11　冻结拆分窗格

（4）完成冻结窗格效果。完成效果如图 3-3-12 所示，即将 1、2 行和 A 列始终固定在窗口的显示中，这样对于较长较宽的表格，就可以始终将表头的信息显示出来。

7. 打印输出

在“页面布局”/“页面设置”中进行以下各项设置：

（1）设置纸张大小。更改纸张大小为 A4，纸张方向横向。

（2）设置页边距。页边距上、下、左、右分别为 2.5 厘米、2.5 厘米、2 厘米、2 厘米。

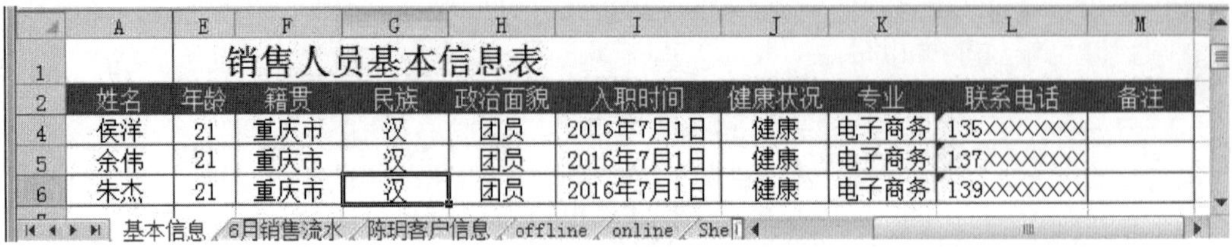

图 3-3-12 拆分与冻结窗格效果

（3）调整列宽。适当调整列宽，保证一张纸上打印完所有列，整张表格在页面中水平居中。

（4）打印。选择“文件”/“打印”命令，完成效果如图 3-3-13 所示。

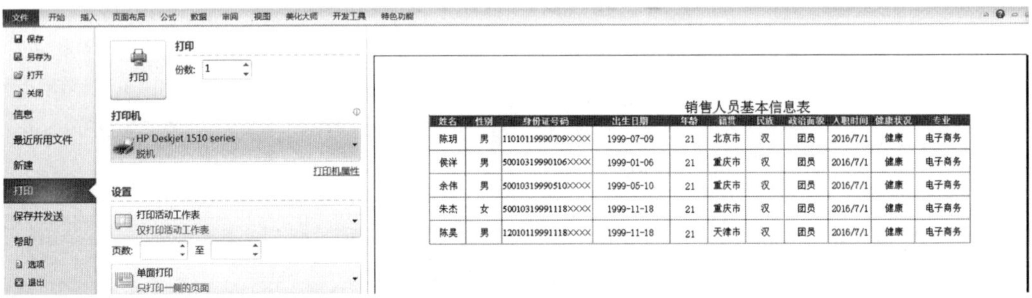

图 3-3-13 打印输出

活动 4 应用数据透视表分析销售数据

销售主管希望能快速将 6 月销售流水数据进行汇总，统计出每个销售人员、每个品牌、每种型号手机的销量，陈玥准备用数据透视表来完成这个任务，操作流程如图 3-4-1 所示。

操作演示

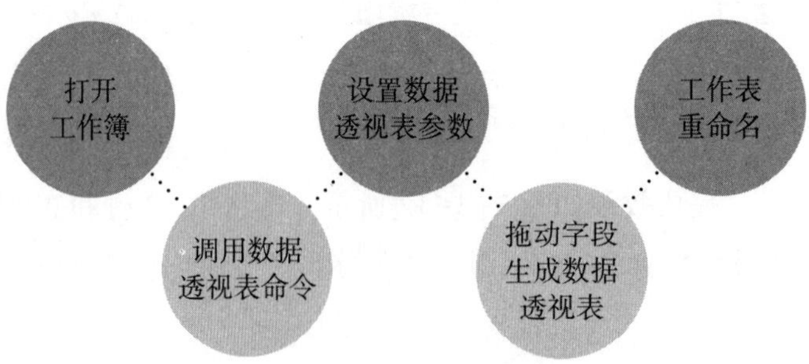

图 3-4-1 建立数据透视表流程

1. 打开工作簿

打开上一活动处理好的“统计报表”工作簿，定位到“6 月销售流水”工作表（资料库/模块三/活动 4/素材/统计报表 . xlsx）。

2. 调用数据透视表命令

将活动单元格放置在工作表中的任意数据位置。①单击“插入”。②单击“数据透视表”。③选择子菜单中的“数据透视表”。操作步骤如图 3-4-2 所示。

图 3-4-2　调用“数据透视表”命令

3. 设置数据透视表参数

在弹出的创建数据透视表对话框中进行如图 3-4-3 所示的设置。①确认数据源区域。②选择“新工作表”，将数据透视表的结果生成在一张新工作表中。弹出如图 3-4-4 所示界面。

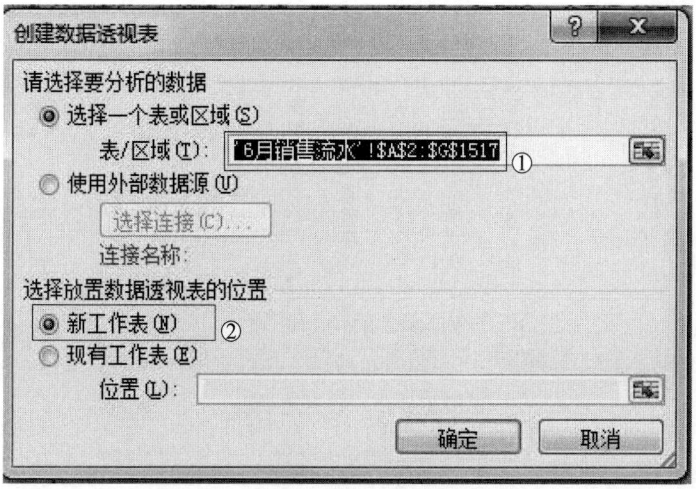

图 3-4-3　创建数据透视表参数设置

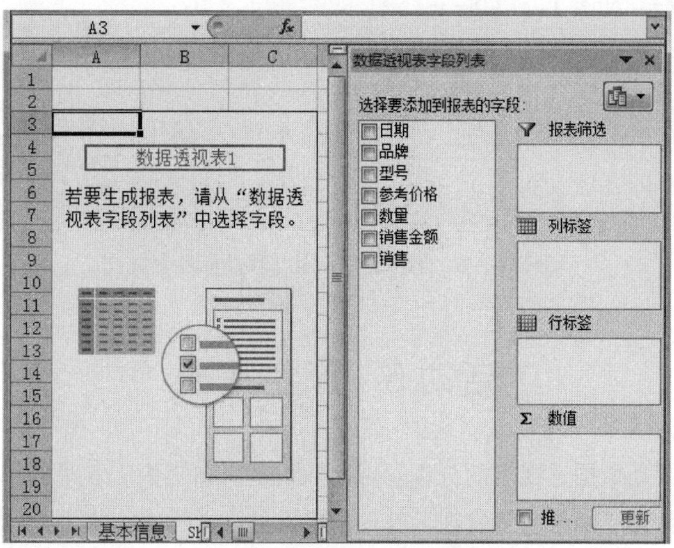

图 3-4-4　数据透视表视图界面

4. 拖动字段生成数据透视表

图 3-4-4 右侧的“数据透视表”窗格包含“6 月销售流水”工作表中的所有字段。将“销售”字段拖动到列字段处，将“品牌”和“型号”字段拖动到行字段处，将“数量”字段拖动到值字段处，并确认汇总方式为求和，汇总结果如图 3-4-5 所示。

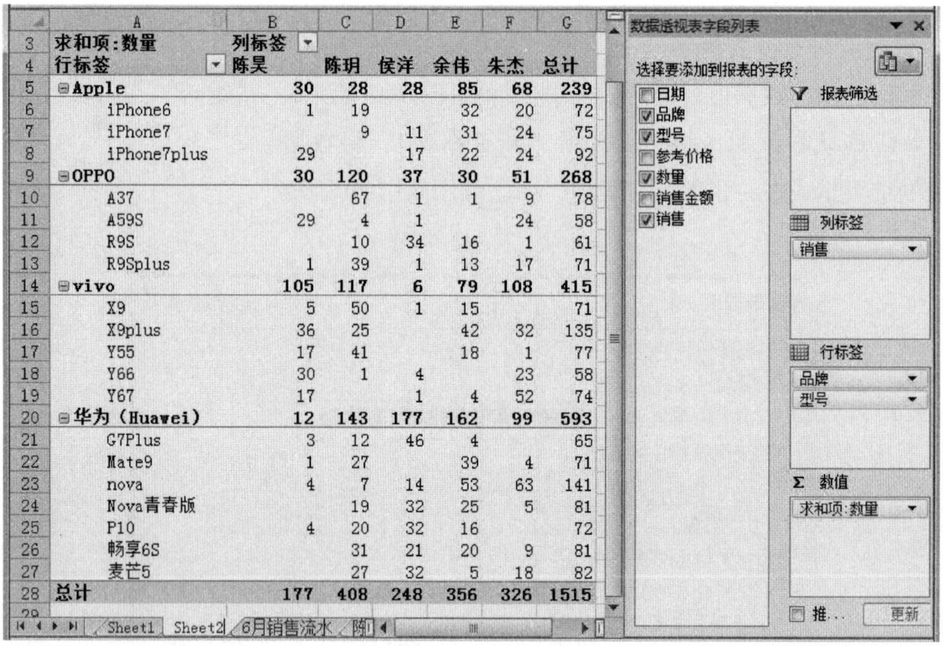

求和项:数量	列标签					
行标签	陈昊	陈玥	侯洋	余伟	朱杰	总计
Apple	**30**	**28**	**28**	**85**	**68**	**239**
iPhone6	1	19		32	20	72
iPhone7		9	11	31	24	75
iPhone7plus	29		17	22	24	92
OPPO	**30**	**120**	**37**	**30**	**51**	**268**
A37		67	1	1	9	78
A59S	29	4	1		24	58
R9S		10	34	16	1	61
R9Splus	1	39	1	13	17	71
vivo	**105**	**117**	**6**	**79**	**108**	**415**
X9	5	50	1	15		71
X9plus	36	25		42	32	135
Y55	17	41		18	1	77
Y66	30	1	4		23	58
Y67	17		1	4	52	74
华为（Huawei）	**12**	**143**	**177**	**162**	**99**	**593**
G7Plus	3	12	46	4		65
Mate9	1	27		39	4	71
nova	4	7	14	53	63	141
Nova青春版		19	32	25	5	81
P10	4	20	32	16		72
畅享6S		31	21	20	9	81
麦芒5		27	32	5	18	82
总计	**177**	**408**	**248**	**356**	**326**	**1515**

图 3-4-5　数据透视表

5. 工作表重命名

将 Sheet2 工作表名称重命名为“数据透视表结果”，将工作表标签移动到“6 月销售流水”工作表之后，如图 3-4-6 所示。

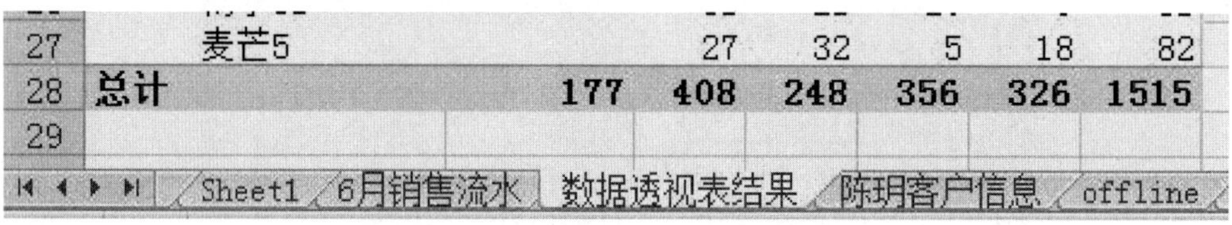

图 3-4-6　工作表重命名与移动标签位置

活动 5　颜色筛选

通过对上一活动数据透视表的分析发现，陈玥是所在销售店 6 月的销售冠军。实际上他的业绩一直都不错。销售主管发现，其他销售人员在纸质笔记本上记录客户信息时，陈玥已经在用 Excel 记录信息，并筛选他的客户。销售主管希望陈玥能将他的成功经验分享出来。在分享会上，陈玥给大家介绍了一个 Excel 非常实用的功能——颜色筛选，操作流程如图 3-5-1 所示。

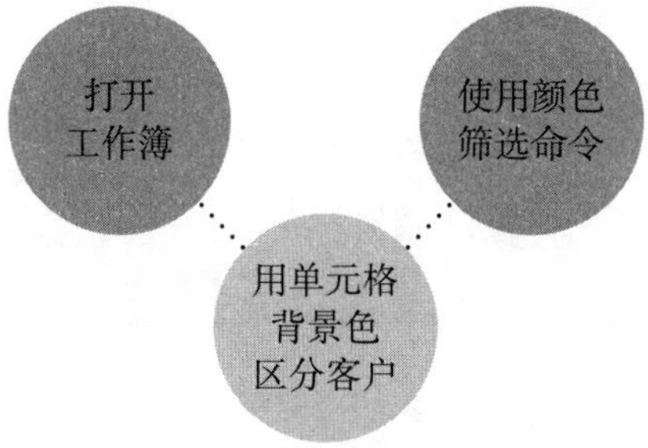

图 3-5-1　颜色筛选流程

1. 打开工作簿

打开上一活动处理好的“统计报表”文件，如图 3-5-2 所示（资料库/模块三/活动 5/素材/统计报表 . xlsx）。

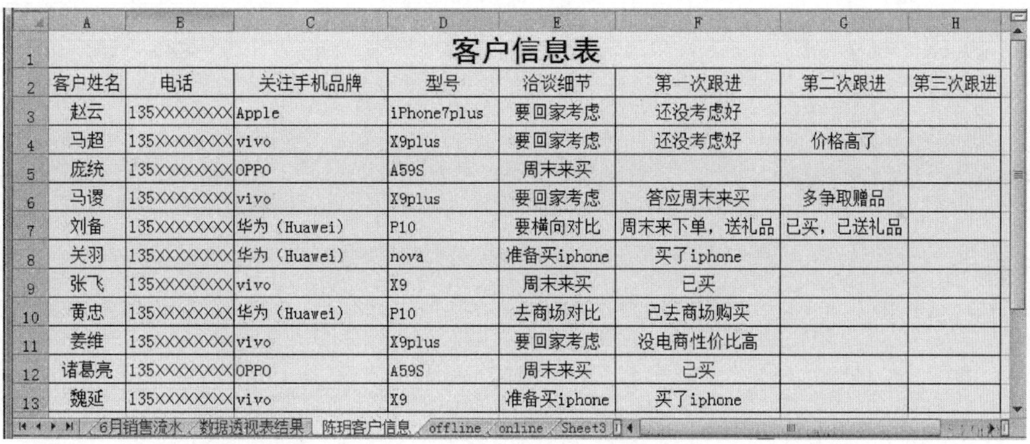

	A	B	C	D	E	F	G	H
1	客户信息表							
2	客户姓名	电话	关注手机品牌	型号	洽谈细节	第一次跟进	第二次跟进	第三次跟进
3	赵云	135XXXXXXXX	Apple	iPhone7plus	要回家考虑	还没考虑好		
4	马超	135XXXXXXXX	vivo	X9plus	要回家考虑	还没考虑好	价格高了	
5	庞统	135XXXXXXXX	OPPO	A59S	周末来买			
6	马谡	135XXXXXXXX	vivo	X9plus	要回家考虑	答应周末来买	多争取赠品	
7	刘备	135XXXXXXXX	华为（Huawei）	P10	要横向对比	周末来下单，送礼品	已买，已送礼品	
8	关羽	135XXXXXXXX	华为（Huawei）	nova	准备买iphone	买了iphone		
9	张飞	135XXXXXXXX	vivo	X9	周末来买	已买		
10	黄忠	135XXXXXXXX	华为（Huawei）	P10	去商场对比	已去商场购买		
11	姜维	135XXXXXXXX	vivo	X9plus	要回家考虑	没电商性价比高		
12	诸葛亮	135XXXXXXXX	OPPO	A59S	周末来买	已买		
13	魏延	135XXXXXXXX	vivo	X9	准备买iphone	买了iphone		

图 3-5-2　陈玥客户信息

2. 用单元格背景色区分客户

（1）将潜在客户单元格背景色改为红色。按住 Ctrl 键选择 A3：H6 和 A11：H11 两个区域，选择“开始”/“字体”/“填充颜色”按钮，将单元格背景色设为红色，如图 3-5-3 所示。

（2）将已下单购买本商店手机的客户单元格背景色改为绿色。按住 Ctrl 键选择 A7：H7、A9：H9 和 A12：H12 三个区域，将单元格背景色设为绿色。

（3）将已在其他商店购买手机的客户单元格背景色改为灰色。按住 Ctrl 键选择 A8：H8、A10：H10 和 A13：H13 三个区域，将单元格背景色设为灰色，效果如图 3-5-4 所示。

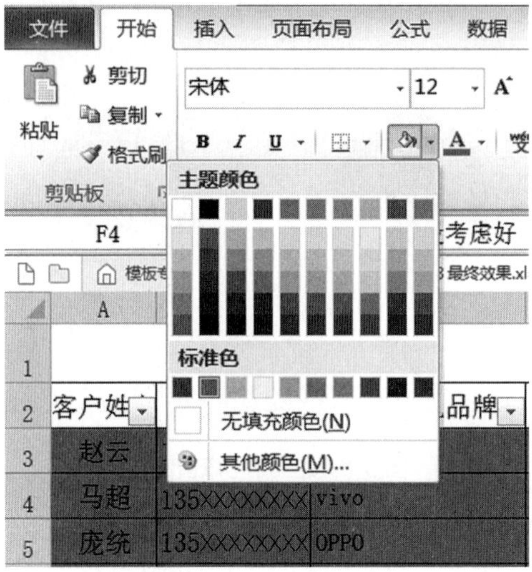

图 3-5-3　填充红色

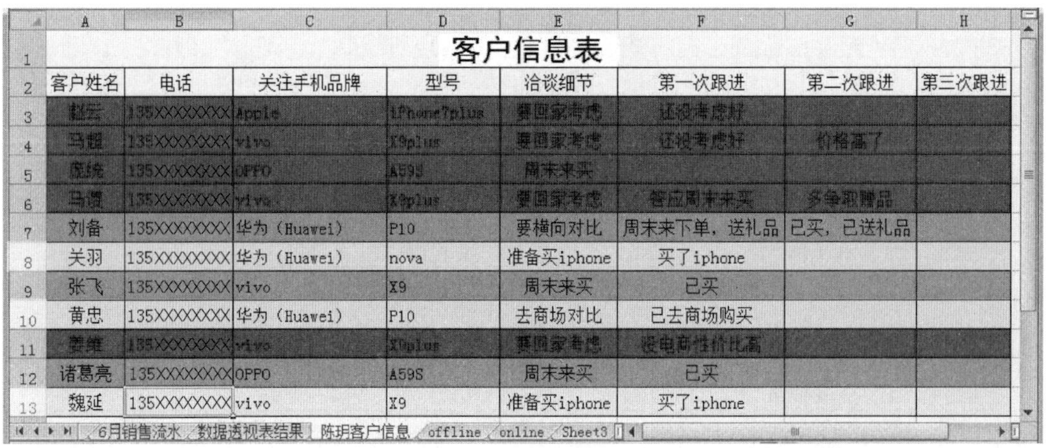

图 3-5-4　设置单元格背景色

3. 使用颜色筛选命令

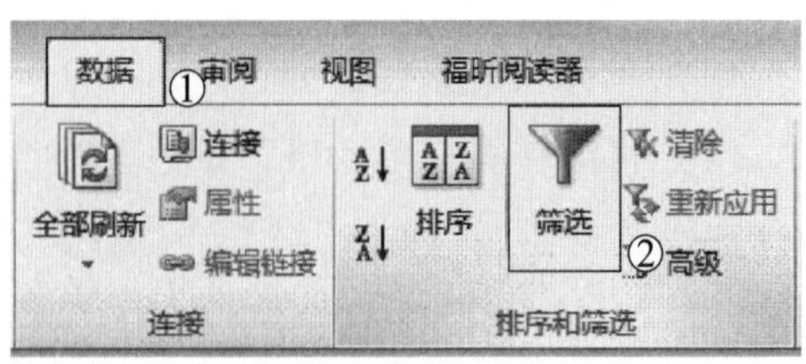

图 3-5-5　筛选命令

（1）调用自动筛选命令。将活动单元格放置在 A2：H13 范围中任意位置。①单击“数据”。②单击“筛选”按钮。操作步骤如图 3-5-5 所示。即在字段名的右侧出现筛选箭头，如图 3-5-6 所示。

（2）筛选颜色为红色的数据。单击任意表头单元格右侧筛选箭头，在其下拉菜单中选择“按颜色筛选”中的“红色”按钮，工作表中只显示背景色为红色的数据，筛选结果如图 3-5-7 所示。

图 3-5-6　自动筛选箭头

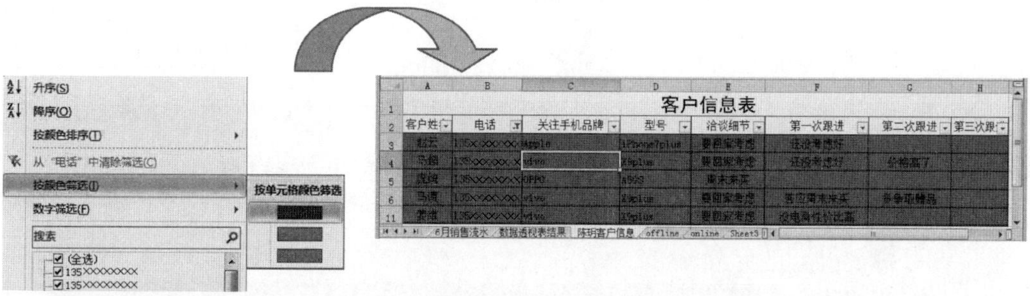

图 3-5-7　筛选红色背景数据

活动 6　使用 VLOOKUP 函数查找信息

要做好手机直营店的销售工作，还要懂得大数据分析，在大数据的统计结果中找出自己需要的数据。陈玥需要将“offline”和“online”两张工作表中的“合计”数据统计到一张工作表中，是自己逐字录入，还是另有捷径可走？通过学习，陈玥发现 VLOOKUP 函数可以非常方便地帮助他完成这项工作，操作流程如图 3-6-1 所示。

操作演示

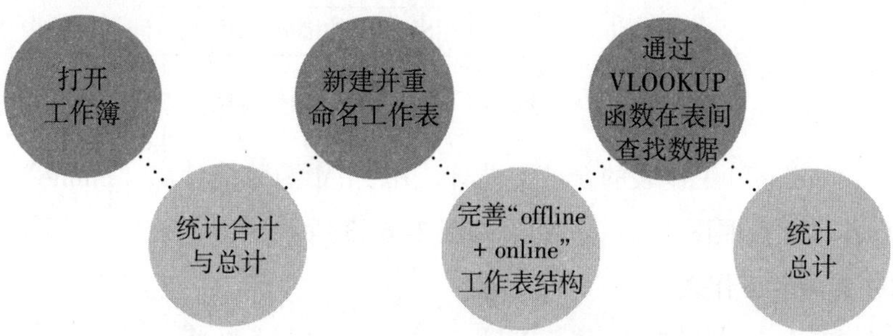

图 3-6-1　使用 VLOOKUP 函数查找信息流程

1. 打开工作簿

打开上一活动处理好的“统计报表”文件（资料库/模块三/活动 6/素材/统计报表 . xlsx）。

2. 统计合计与总计

（1）统计“offline”工作表的合计。用 SUM 函数统计合计与总计，操作步骤如图 3-6-2 所示。

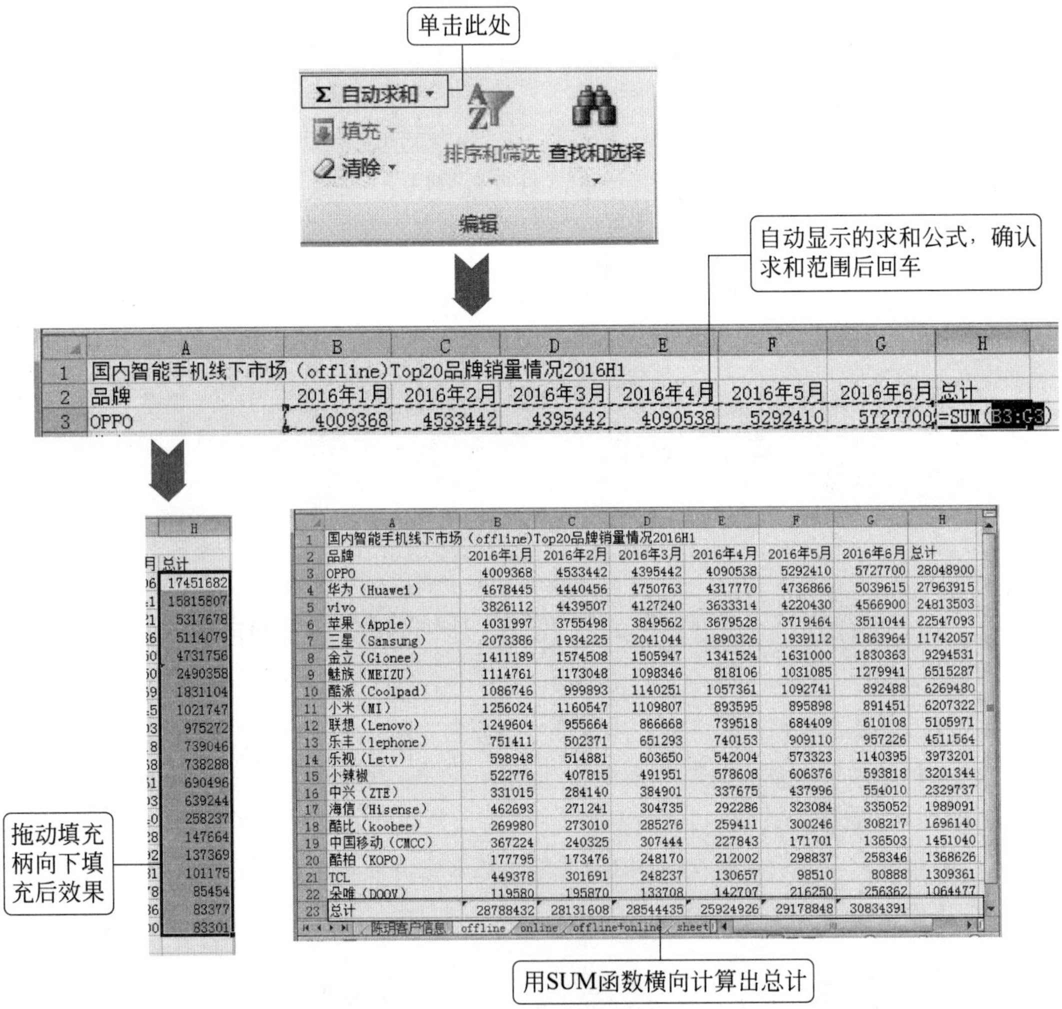

图 3-6-2 “offline”合计与总计操作步骤

（2）统计“online”工作表的合计与总计。用 SUM 函数统计出“online”工作表的合计与总计，操作步骤参照图 3-6-2，结果如图 3-6-3 所示。

3. 新建并重命名工作表

在工作表标签上单击鼠标右键，选择“插入”命令，并将新建工作表的名称改为

"offline+online"，如图 3-6-4 所示。

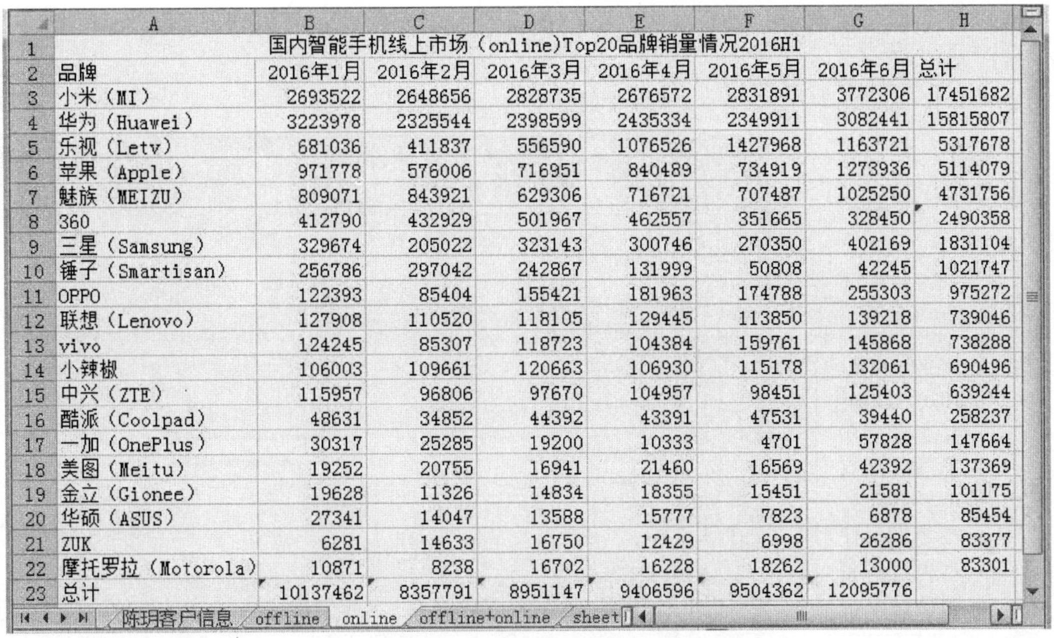

	A	B	C	D	E	F	G	H
1		国内智能手机线上市场（online)Top20品牌销量情况2016H1						
2	品牌	2016年1月	2016年2月	2016年3月	2016年4月	2016年5月	2016年6月	总计
3	小米（MI）	2693522	2648656	2828735	2676572	2831891	3772306	17451682
4	华为（Huawei）	3223978	2325544	2398599	2435334	2349911	3082441	15815807
5	乐视（Letv）	681036	411837	556590	1076526	1427968	1163721	5317678
6	苹果（Apple）	971778	576006	716951	840489	734919	1273936	5114079
7	魅族（MEIZU）	809071	843921	629306	716721	707487	1025250	4731756
8	360	412790	432929	501967	462557	351665	328450	2490358
9	三星（Samsung）	329674	205022	323143	300746	270350	402169	1831104
10	锤子（Smartisan）	256786	297042	242867	131999	50808	42245	1021747
11	OPPO	122393	85404	155421	181963	174788	255303	975272
12	联想（Lenovo）	127908	110520	118105	129445	113850	139218	739046
13	vivo	124245	85307	118723	104384	159761	145868	738288
14	小辣椒	106003	109661	120663	106930	115178	132061	690496
15	中兴（ZTE）	115957	96806	97670	104957	98451	125403	639244
16	酷派（Coolpad）	48631	34852	44392	43391	47531	39440	258237
17	一加（OnePlus）	30317	25285	19200	10333	4701	57828	147664
18	美图（Meitu）	19252	20755	16941	21460	16569	42392	137369
19	金立（Gionee）	19628	11326	14834	18355	15451	21581	101175
20	华硕（ASUS）	27341	14047	13588	15777	7823	6878	85454
21	ZUK	6281	14633	16750	12429	6998	26286	83377
22	摩托罗拉（Motorola）	10871	8238	16702	16228	18262	13000	83301
23	总计	10137462	8357791	8951147	9406596	9504362	12095776	

图 3-6-3　"online" 合计与总计

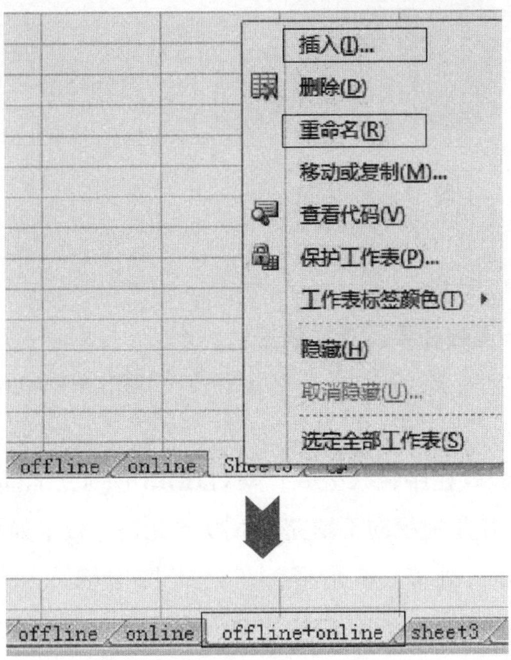

图 3-6-4　新建并重命名工作表

4. 完善“offline+online”工作表结构

在“offline+online”工作表中，录入表头结构，并录入“offline”和“online”工作表中的 27 个手机品牌名称，效果如图 3-6-5 所示。

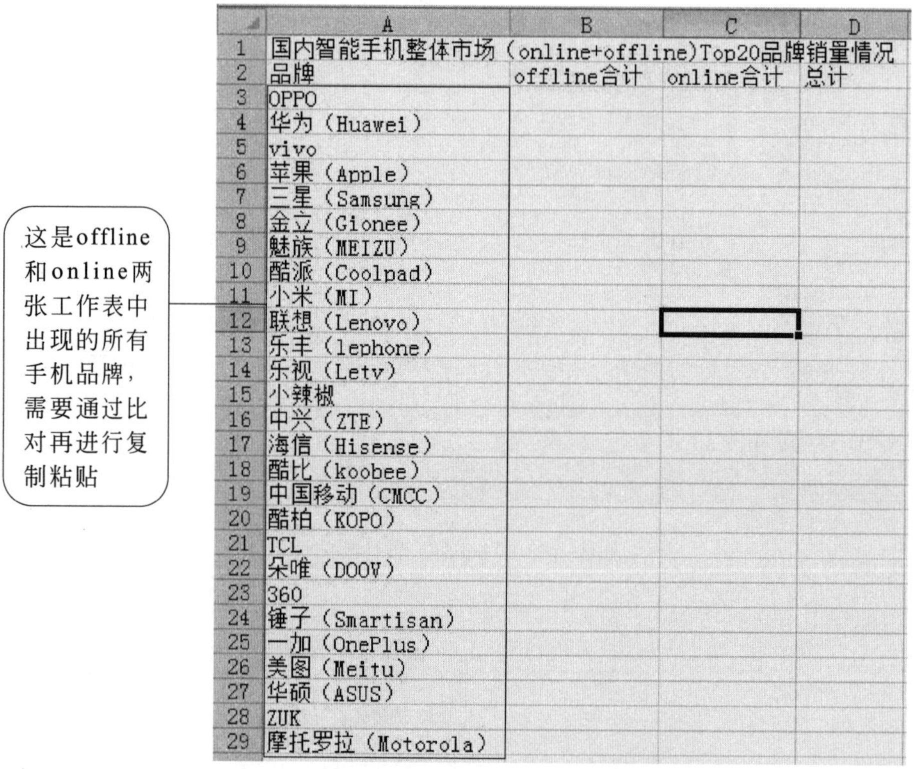

图 3-6-5 “offline+online”工作表结构

5. 通过 VLOOKUP 函数在表间查找数据

（1）定位单元格位置。将活动单元格定位到“offline+online”工作表中的 B3 单元格。

（2）输入公式。在公式栏中输入公式“=VLOOKUP(A3,offline!$A$3:$H$22,8,0)”，按回车键确认，并用填充柄向下填充至 B29 单元格，效果如图 3-6-6 所示。

（3）输入公式。定位到 C3 单元格，在公式栏中输入公式“=VLOOKUP(A3,online!$A$3:$H$22,8,0)”，回车确认，并用填充柄向下填充至 C29 单元格，效果如图 3-6-7 所示。

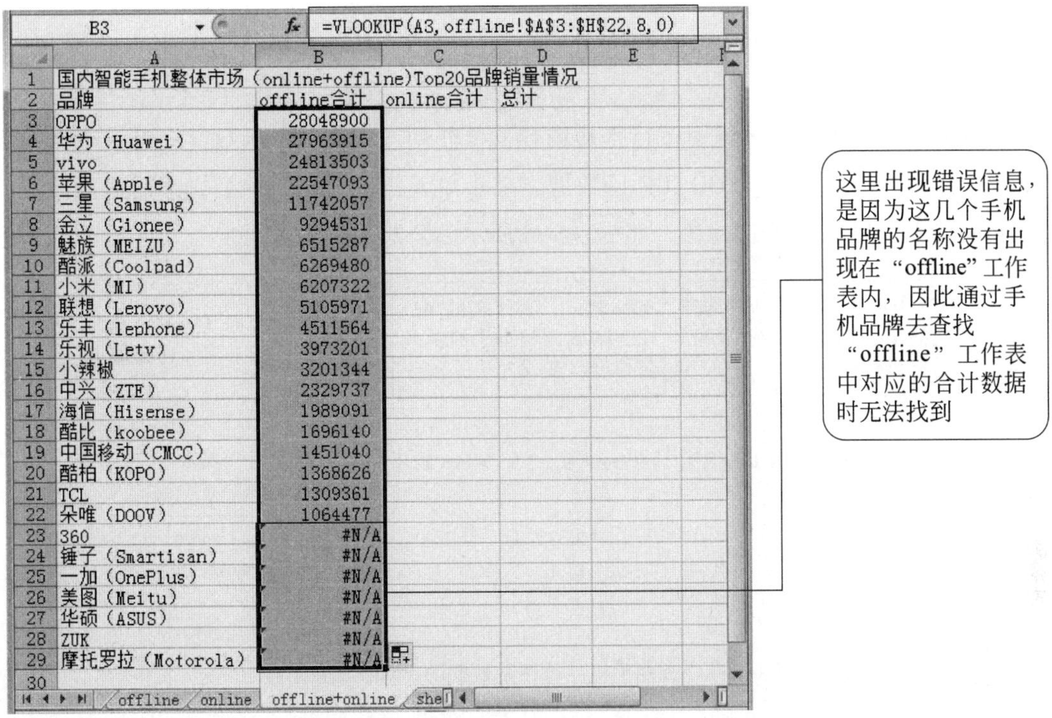

图 3-6-6　查找“offline”工作表中的合计数据

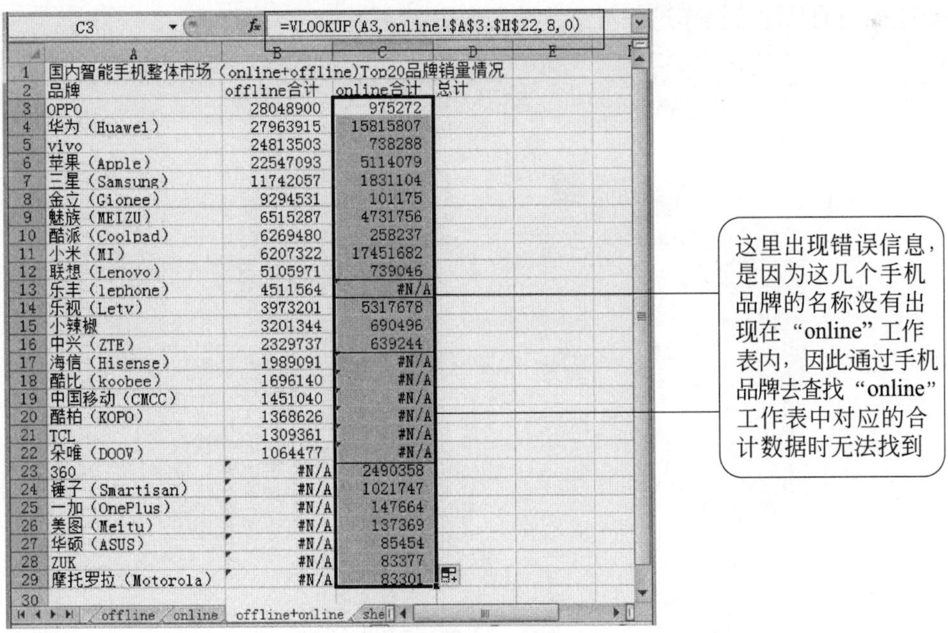

图 3-6-7　查找“online”工作表中的合计数据

小提示

VLOOKUP 函数

如果需要在表格或区域中按行查找内容，可使用 VLOOKUP 函数，它是一个查找和引用函数。可以使用 VLOOKUP 函数搜索某个单元格区域的第一列，然后返回该区域相同行上任何单元格中的值。如图 3-6-8 所示为公式的具体含义。

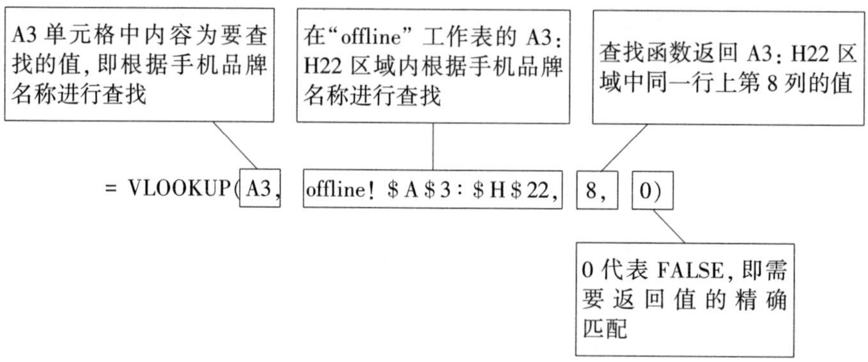

图 3-6-8 查找手机品牌销量数据的 VLOOKUP 函数

6. 统计总计

（1）输入公式。在“offline+online”工作表的 D3 单元格中输入公式“=B3+C3”，求出 B 列与 C 列的总计，操作过程与总计结果如图 3-6-9 所示。

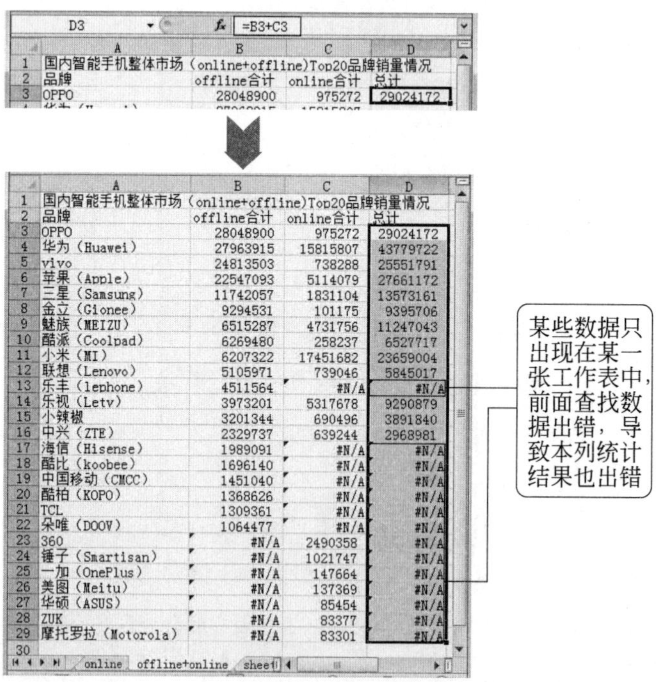

	A	B	C	D
1	国内智能手机整体市场（online+offline)Top20品牌销量情况			
2	品牌	offline合计	online合计	总计
3	OPPO	28048900	975272	29024172
4	华为（Huawei）	27963915	15815807	43779722
5	vivo	24813503	738288	25551791
6	苹果（Apple）	22547093	5114079	27661172
7	三星（Samsung）	11742057	1831104	13573161
8	金立（Gionee）	9294531	101175	9395706
9	魅族（MEIZU）	6515287	4731756	11247043
10	酷派（Coolpad）	6269480	258237	6527717
11	小米（MI）	6207322	17451682	23659004
12	联想（Lenovo）	5105971	739046	5845017
13	乐丰（lephone）	4511564	#N/A	#N/A
14	乐视（Letv）	3973201	5317678	9290879
15	小辣椒	3201344	690496	3891840
16	中兴（ZTE）	2329737	639244	2968981
17	海信（Hisense）	1989091	#N/A	#N/A
18	酷比（koobee）	1696140	#N/A	#N/A
19	中国移动（CMCC）	1451040	#N/A	#N/A
20	酷柏（KOPO）	1368626	#N/A	#N/A
21	TCL	1309361	#N/A	#N/A
22	朵唯（DOOV）	1064477	#N/A	#N/A
23	360	#N/A	2490358	#N/A
24	锤子（Smartisan）	#N/A	1021747	#N/A
25	一加（OnePlus）	#N/A	147664	#N/A
26	美图（Meitu）	#N/A	137369	#N/A
27	华硕（ASUS）	#N/A	85454	#N/A
28	ZUK	#N/A	83377	#N/A
29	摩托罗拉（Motorola）	#N/A	83301	#N/A
30				

图 3-6-9 统计总计

（2）手动更改统计结果。①定位到 D13 单元格，输入数据“4511564”。②在 D17 至 D22 单元格中分别输入数据“1989091”“1696140”“1451040”“1368626”“1309361”“1064477”。③在 D23 至 D29 单元格中分别输入数据“2490358”“1021747”“147664”“137369”“85454”“83377”“83301”。效果如图 3-6-10 所示。

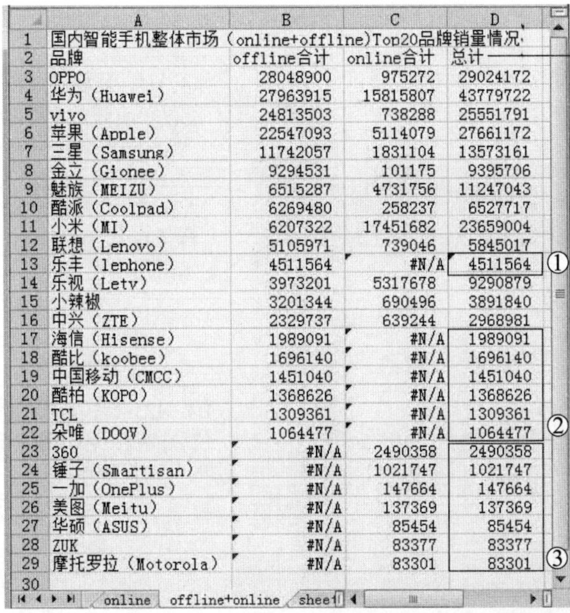

	A	B	C	D
1	国内智能手机整体市场（online+offline）Top20品牌销量情况			
2	品牌	offline合计	online合计	总计
3	OPPO	28048900	975272	29024172
4	华为（Huawei）	27963915	15815807	43779722
5	vivo	24813503	738288	25551791
6	苹果（Apple）	22547093	5114079	27661172
7	三星（Samsung）	11742057	1831104	13573161
8	金立（Gionee）	9294531	101175	9395706
9	魅族（MEIZU）	6515287	4731756	11247043
10	酷派（Coolpad）	6269480	258237	6527717
11	小米（MI）	6207322	17451682	23659004
12	联想（Lenovo）	5105971	739046	5845017
13	乐丰（lephone）	4511564	#N/A	4511564 ①
14	乐视（Letv）	3973201	5317678	9290879
15	小辣椒	3201344	690496	3891840
16	中兴（ZTE）	2329737	639244	2968981
17	海信（Hisense）	1989091	#N/A	1989091
18	酷比（koobee）	1696140	#N/A	1696140
19	中国移动（CMCC）	1451040	#N/A	1451040
20	酷柏（KOPO）	1368626	#N/A	1368626
21	TCL	1309361	#N/A	1309361
22	朵唯（DOOV）	1064477	#N/A	1064477 ②
23	360	#N/A	2490358	2490358
24	锤子（Smartisan）	#N/A	1021747	1021747
25	一加（OnePlus）	#N/A	147664	147664
26	美图（Meitu）	#N/A	137369	137369
27	华硕（ASUS）	#N/A	85454	85454
28	ZUK	#N/A	83377	83377
29	摩托罗拉（Motorola）	#N/A	83301	83301 ③
30				

“总计”反映的是“offline”与“online”的合计情况，如果某些品牌只出现在其中一张工作表上，则它的合计只由一张工作表来表现

图 3-6-10　修订后的统计结果图

活动 7　生成图表

部门销售主管想了解一下近半年华为、OPPO、苹果手机的销售情况，陈玥接受了这个任务，他准备用图表来完成这个任务，操作流程如图 3-7-1 所示。

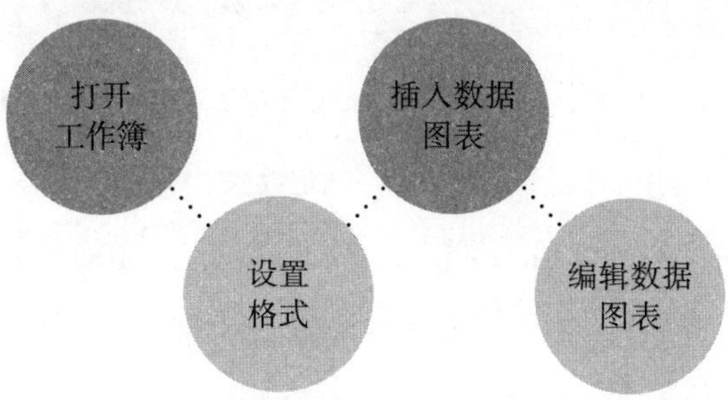

图 3-7-1　生成图表流程

1. 打开工作簿

打开上一活动处理好的“统计报表”文件（资料库/模块三/活动 7/素材/统计报表.xlsx）。

2. 设置格式

按照图 3-7-2 中格式设置要求，在“offline”工作表中分别对标题、表头部分和数据区域进行格式设置。

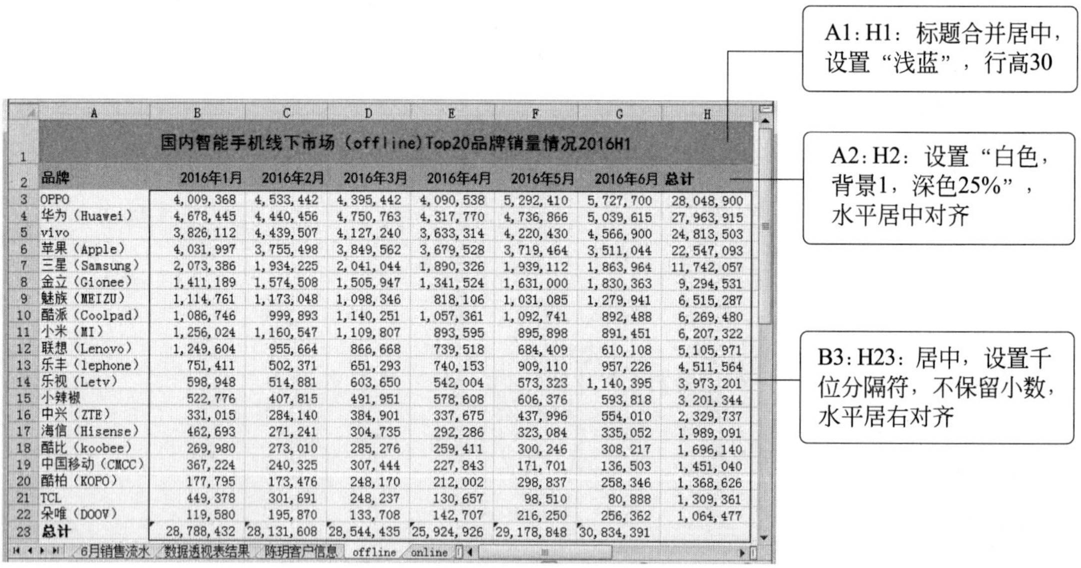

国内智能手机线下市场（offline）Top20品牌销量情况2016H1

品牌	2016年1月	2016年2月	2016年3月	2016年4月	2016年5月	2016年6月	总计
OPPO	4,009,368	4,533,442	4,395,442	4,090,538	5,292,410	5,727,700	28,048,900
华为（Huawei）	4,678,445	4,440,456	4,750,763	4,317,770	4,736,866	5,039,615	27,963,915
vivo	3,826,112	4,439,507	4,127,240	3,633,314	4,220,430	4,566,900	24,813,503
苹果（Apple）	4,031,997	3,755,498	3,849,562	3,679,528	3,719,464	3,511,044	22,547,093
三星（Samsung）	2,073,386	1,934,225	2,041,044	1,890,326	1,939,112	1,863,964	11,742,057
金立（Gionee）	1,411,189	1,574,508	1,505,947	1,341,524	1,631,000	1,830,363	9,294,531
魅族（MEIZU）	1,114,761	1,173,048	1,098,346	818,106	1,031,085	1,279,941	6,515,287
酷派（Coolpad）	1,086,746	999,893	1,140,251	1,057,361	1,092,741	892,488	6,269,480
小米（MI）	1,256,024	1,160,547	1,109,807	893,595	895,898	891,451	6,207,322
联想（Lenovo）	1,249,604	955,664	866,668	739,518	684,409	610,108	5,105,971
乐丰（lephone）	751,411	502,371	651,293	740,153	909,110	957,226	4,511,564
乐视（Letv）	598,948	514,881	603,650	542,004	573,323	1,140,395	3,973,201
小辣椒	522,776	407,815	491,951	578,608	606,376	593,818	3,201,344
中兴（ZTE）	331,015	284,140	384,901	337,675	437,996	554,010	2,329,737
海信（Hisense）	462,693	271,241	304,735	292,286	323,084	335,052	1,989,091
酷比（koobee）	269,980	273,010	285,276	259,411	300,246	308,217	1,696,140
中国移动（CMCC）	367,224	240,325	307,444	227,843	171,701	136,503	1,451,040
酷柏（KOPO）	177,795	173,476	248,170	212,002	298,837	258,346	1,368,626
TCL	449,378	301,691	248,237	130,657	98,510	80,888	1,309,361
朵唯（DOOV）	119,580	195,870	133,708	142,707	216,250	256,362	1,064,477
总计	28,788,432	28,131,608	28,544,435	25,924,926	29,178,848	30,834,391	

图 3-7-2 “offline”工作表格式设置要求

3. 插入数据图表

（1）不连续选择。按住 Ctrl 键选择 A2:G2、A3:G3、A4:G4 和 A6:G6 区域，如图 3-7-3 所示。

操作演示

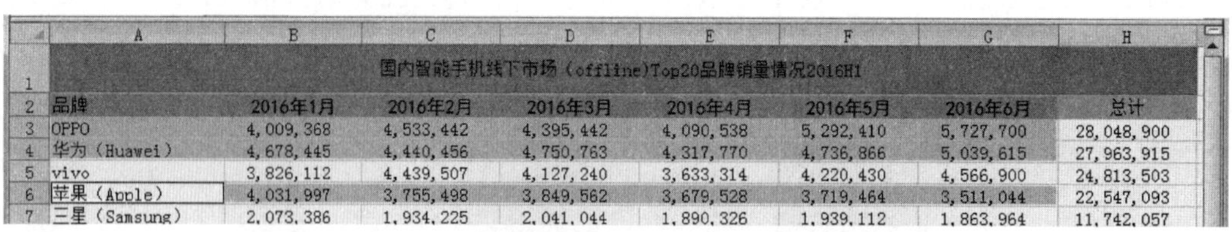

国内智能手机线下市场（offline）Top20品牌销量情况2016H1

品牌	2016年1月	2016年2月	2016年3月	2016年4月	2016年5月	2016年6月	总计
OPPO	4,009,368	4,533,442	4,395,442	4,090,538	5,292,410	5,727,700	28,048,900
华为（Huawei）	4,678,445	4,440,456	4,750,763	4,317,770	4,736,866	5,039,615	27,963,915
vivo	3,826,112	4,439,507	4,127,240	3,633,314	4,220,430	4,566,900	24,813,503
苹果（Apple）	4,031,997	3,755,498	3,849,562	3,679,528	3,719,464	3,511,044	22,547,093
三星（Samsung）	2,073,386	1,934,225	2,041,044	1,890,326	1,939,112	1,863,964	11,742,057

图 3-7-3 选定数据

（2）选择图表类型。①在“插入”/“图表”组中单击选择“折线图”按钮。②在弹出的下拉框中选择“二维折线图”中的“带数据标记的折线图”。操作步骤如图 3-7-4 所示。

（3）生成图表。选择数据图表类型后，在当前“offline”工作表中生成一个数据图表，如图 3-7-5 所示。

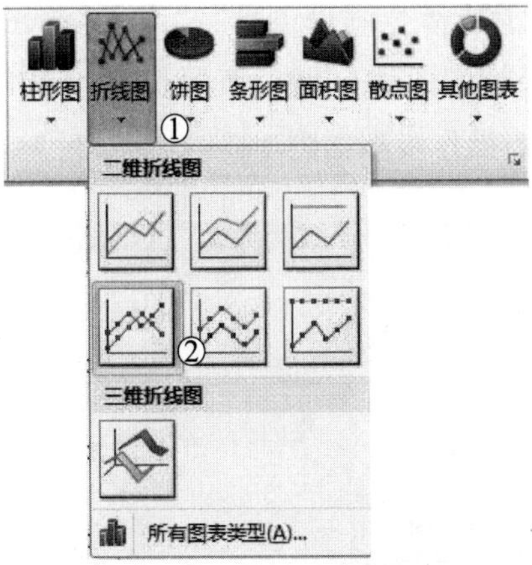

图 3-7-4　插入折线图

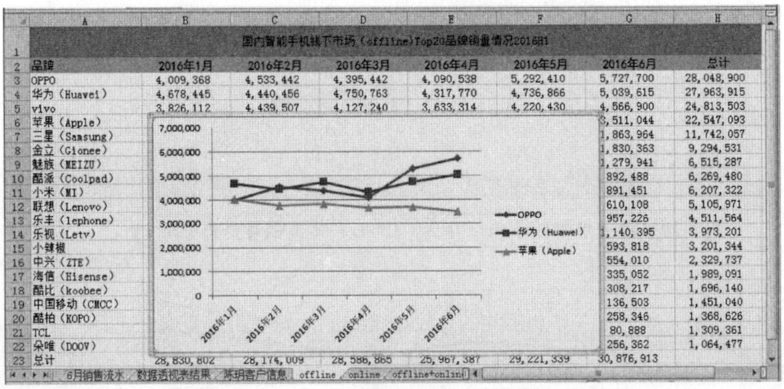

图 3-7-5　带数据标记的折线图

4. 编辑数据图表

（1）单击选定图表。

（2）移动图表的位置。将图表移动到表格数据下方，拖动边缘的控制按钮，放大表格到 A25：H47 区域内，效果如图 3-7-6 所示。

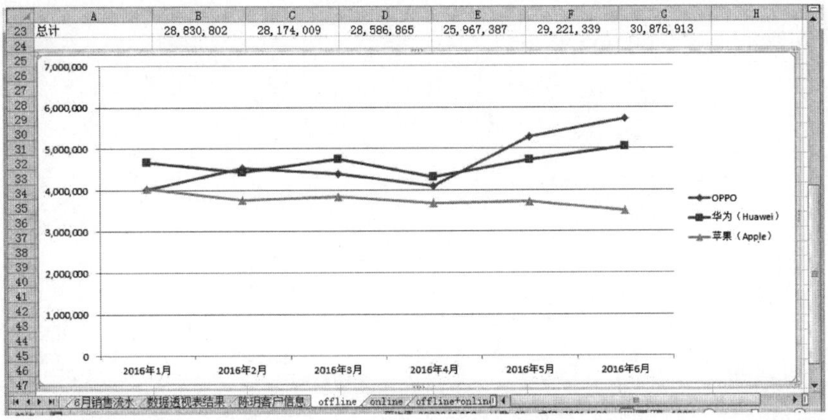

图 3-7-6　移动并放大图表

（3）为图表添加标题。①选择“图表工具”/“布局”/“图表标题”。②在下拉菜单里选择“图表上方”命令。③单击图表标题，填写标题“2016 年上半年线下市场华为、OPPO、苹果销量走势分析”。操作步骤如图 3-7-7 和图 3-7-8 所示。

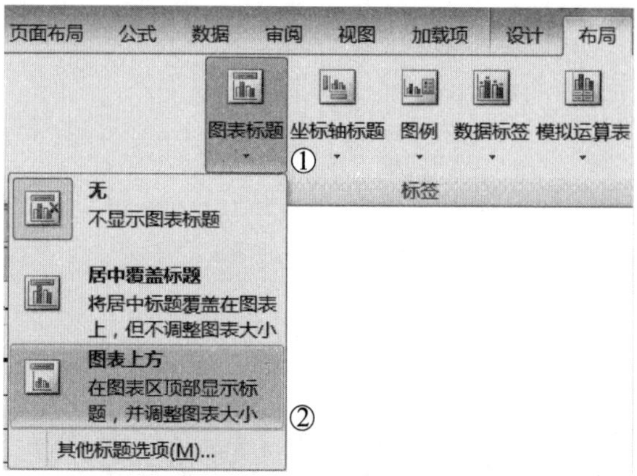

图 3-7-7　添加图表标题

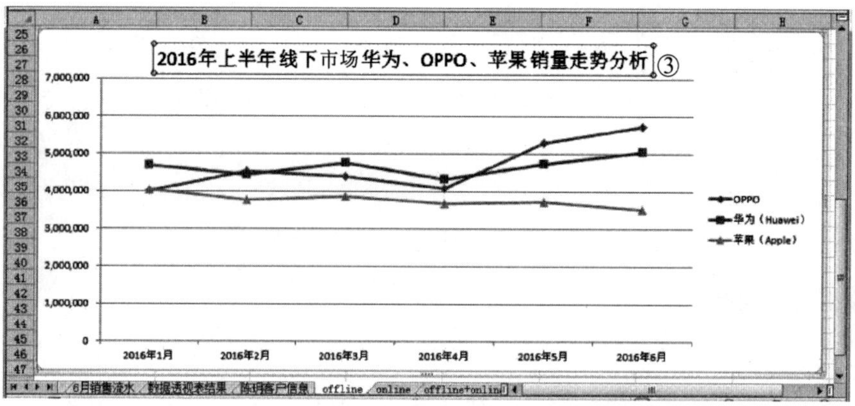

图 3-7-8　设置图表标题

模块四
制作产品介绍演示文稿

实训介绍

随着社会经济的发展，汽车与人们的生活联系越来越紧密。但是，以石油为燃料的传统汽车工业，在为人们提供快捷、舒适的交通工具的同时，加重了对石油能源的依赖和对环境的污染。随着资源与环境双重压力的持续增大，新能源汽车成为未来汽车工业发展的方向。

张健是能聚（虚构品牌）中国代理公司销售部的一名员工，为了能在销售时更好地推介本公司代理的能聚电动车，提高销售业绩，经理要求他制作一个介绍能聚电动车的演示文稿，并向客户展示、演讲。他将演讲提纲做成了 PPT 文件，演示文稿做好后的效果如图 4-0-1 所示。

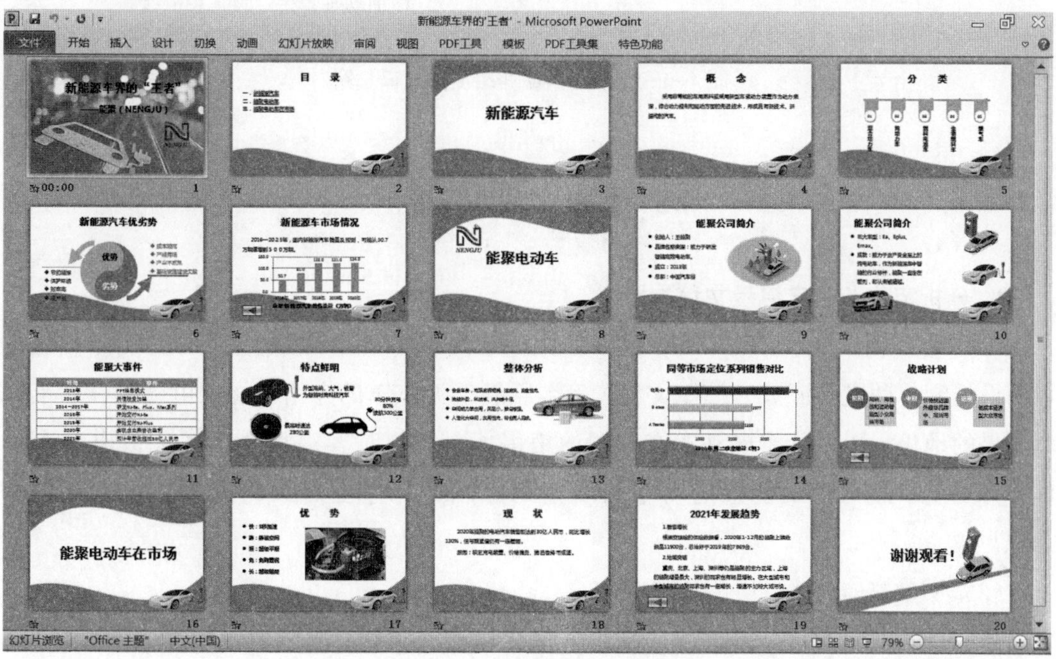

图 4-0-1　演示文稿成品效果

实训分析

张健利用 PowerPoint 提供的文字、表格、图片、图表以及动画等功能帮助他进行展示，在他的演示文稿中介绍了新能源汽车和能聚电动车的历史、现状以及发展趋势。张健演示文稿的制作思路如图 4-0-2 所示。

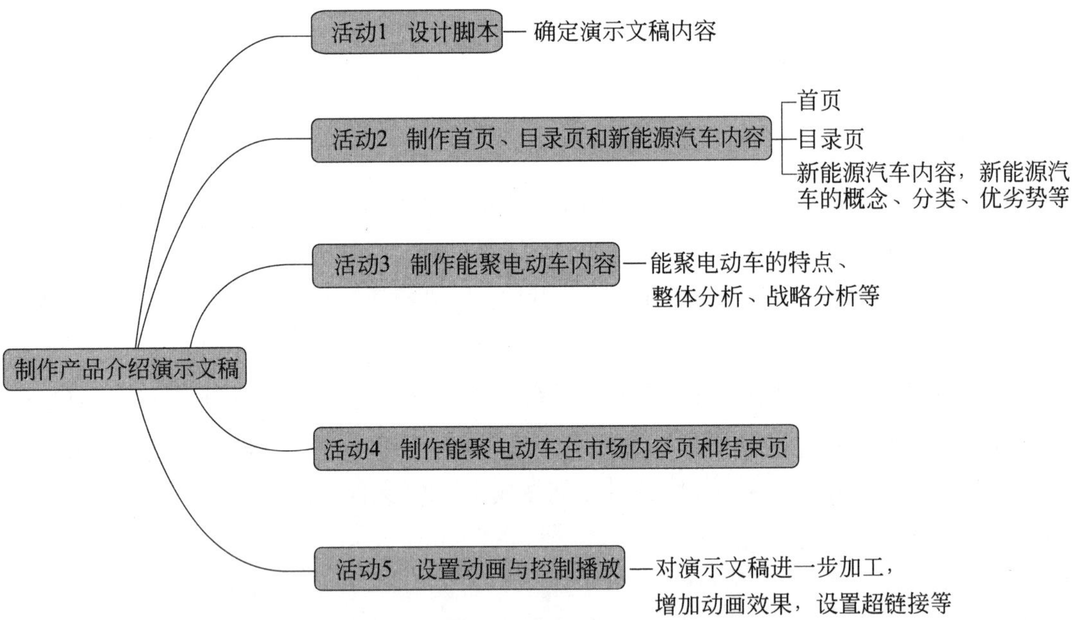

图 4-0-2　制作产品介绍演示文稿思路

活动 1　设计脚本

1. 分析定位，确定演示文稿主题

（1）明确制作演示文稿目的。此演示文稿是汽车代理公司销售人员张健为了辅助销售而设计制作的宣传工具。演示文稿内容包括新能源汽车的介绍、能聚电动车在新能源汽车界的地位，以及能聚电动车在中国的销售情况，同时客观地介绍了能聚电动车的优势和劣势，使顾客对能聚电动车由陌生到熟悉，并产生购买能聚电动车的欲望和意愿。

（2）明确整体风格：简洁淡雅。

1）页面大小：演示文稿需要在投影仪上全屏播放观看，所以最好选择幻灯片大小为全屏显示（16：10）。

2）色调：浅绿色背景和黑色文字为主。

3）文字：字体、字号、颜色的变化不宜过多，保证整个演示文稿的风格统一。幻灯片标题为黑体、加粗和 40 号，内容为微软雅黑、22 号，以黑色为主。

2. 搜集资料

在演示文稿中需要新能源汽车的相关知识，特别是能聚电动车的公司介绍、特点分析和销售情况等数据。在了解需求后，张健要搜集文字数据。他上网查阅资料后，发现网上没有直接可利用的数据，只有图片形式的数据。于是，他上网下载保存图片后，依照图片中的内容进行文字识别并校对录入相关数据。下载的其他相关图片也要利用软件进行处理后再使用。

张健的演示文稿内容及操作见表 4-1-1。

表 4-1-1　　演示文稿内容及操作

<table>
<tr><th>页面设置</th><th colspan="2">内容</th><th>操作</th></tr>
<tr><td>首页</td><td colspan="2">封面</td><td>输入内容，设置格式，插入图片</td></tr>
<tr><td>目录页</td><td colspan="2">目录</td><td>设置超链接</td></tr>
<tr><td rowspan="16">产品介绍页</td><td rowspan="5">新能源汽车</td><td>过渡页</td><td>插入幻灯片，输入内容和设置格式</td></tr>
<tr><td>概念</td><td>插入幻灯片，输入内容和设置格式</td></tr>
<tr><td>分类</td><td>绘制图形，设置格式</td></tr>
<tr><td>优劣势</td><td>绘制图形，插入箭头，组合形状</td></tr>
<tr><td>市场情况</td><td>插入图表，设置图表</td></tr>
<tr><td rowspan="7">能聚电动车</td><td>过渡页</td><td>输入内容，插入图片</td></tr>
<tr><td>简介 1、2</td><td>输入内容，插入图片</td></tr>
<tr><td>大事件</td><td>输入内容，插入表格，设置表格格式</td></tr>
<tr><td>特点</td><td>输入内容，插入图片</td></tr>
<tr><td>整体分析</td><td>输入内容，插入图片，调整占位符</td></tr>
<tr><td>销售对比</td><td>输入内容，插入图表，设置图表</td></tr>
<tr><td>战略计划</td><td>输入内容，插入 SmartArt 图形</td></tr>
<tr><td rowspan="4">能聚电动车在市场</td><td>过渡页</td><td>复制幻灯片</td></tr>
<tr><td>优势</td><td>输入内容，插入图片</td></tr>
<tr><td>现状</td><td>输入内容，设置格式</td></tr>
<tr><td>2021 年发展趋势</td><td>输入内容，插入图片，调整占位符</td></tr>
<tr><td>结束页</td><td colspan="2">谢谢观看</td><td>复制幻灯片，插入图片</td></tr>
</table>

活动2　制作首页、目录页和新能源汽车内容

张健开始制作演示文稿，他的制作思路和步骤如图4-2-1所示。

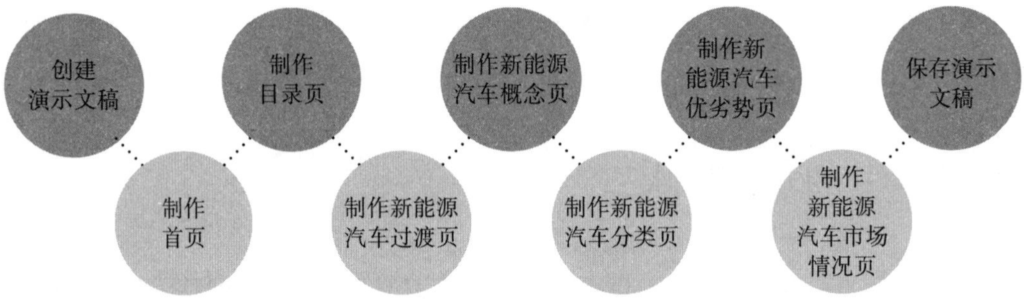

图4-2-1　制作首页、目录页和新能源汽车内容流程

1. 创建演示文稿

操作演示

（1）创建文件。启动PowerPoint 2010，执行“文件”/“保存”命令，文件名为“新能源车界的‘王者’. pptx”。

（2）设置页面。①选择“设计”/“页面设置”组，单击“页面设置”按钮。②弹出“页面设置”对话框，在“幻灯片大小”下拉菜单中选择“全屏显示（16∶10）”。③单击“确定”按钮。操作步骤如图4-2-2所示。

（3）设置母版。①选择“视图”/“母版视图”组，单击“幻灯片母版”按钮。②单击第1张幻灯片母版。③选择标题占位符，选择“开始”/“字体”组，设置为黑体、40号、加粗。④选择正文占位符第1行内容，设置为微软雅黑、22号。操作步骤如图4-2-3所示。

2. 制作首页

操作演示

（1）输入内容和设置格式。①在标题和副标题占位符中分别输入内容“新能源车界的‘王者’”和“——能聚（NENGJU）”。②设置标题为50号，字体颜色为橄榄色。③设置副标题“——能聚（NENGJU）”为36号、加粗，字体颜色为黑色。

（2）调整位置。①选中标题占位符，移动鼠标至边框处，当鼠标形状变为时，按住左键不放向上移动到合适位置。②使用上述操作方法将副标题移动到合适位置。

（3）插入并设置图片。①选择“插入”/“图像”组，单击图片命令，选择“能聚标志. png”（资料库/模块四/活动2/素材/能聚标志. png）。②单击选中图片，移动鼠标至

边框右下角处，当鼠标形状变为时，按住左键不放向左上角缩放为合适大小。③图片在选中状态下，移动鼠标至图片处，当鼠标形状变为时，按住左键不放移动图片至副标题的右下方。设置后效果如图 4-2-4 所示。

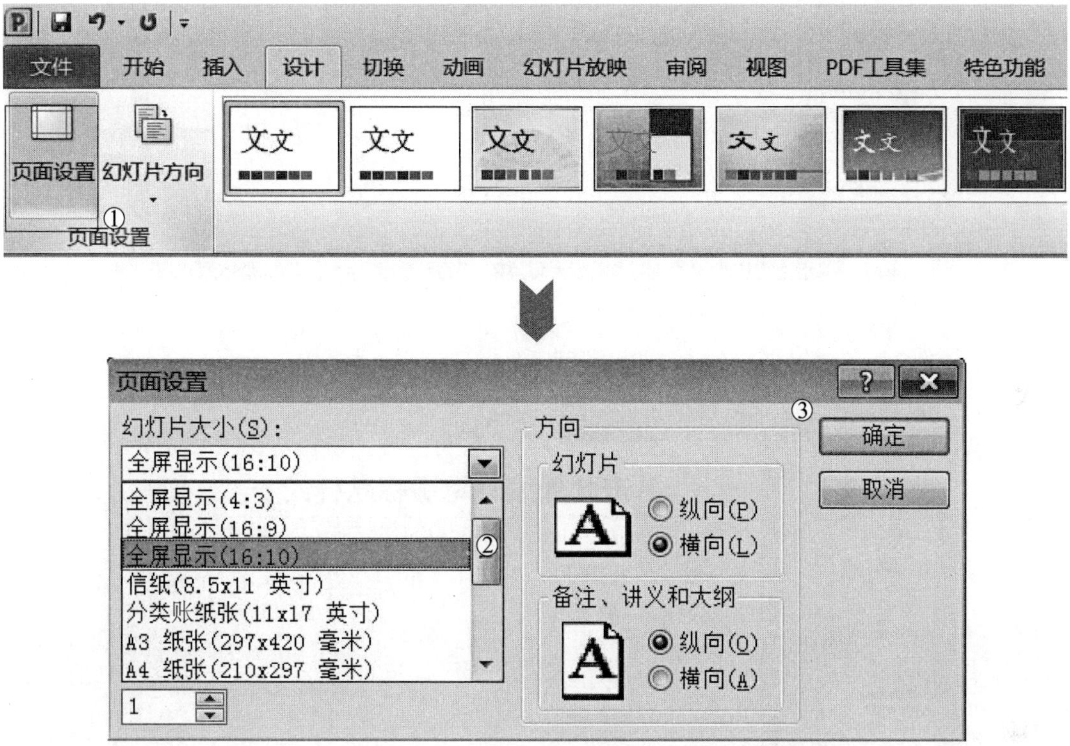

图 4-2-2　设置页面

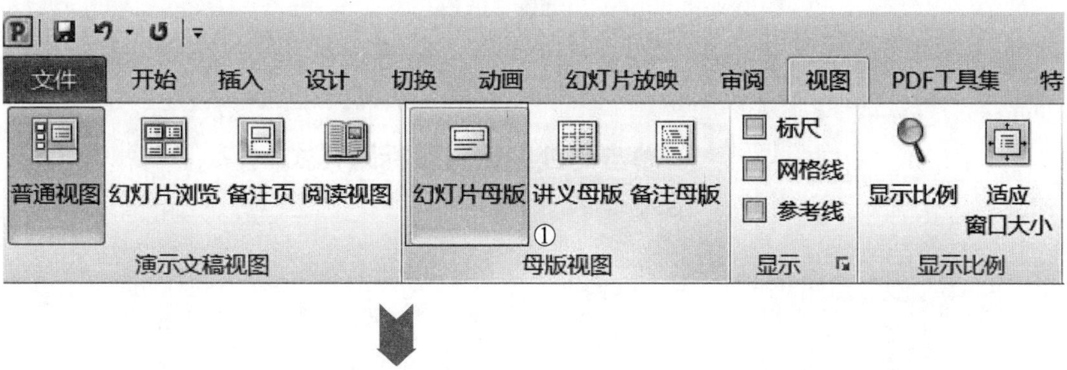

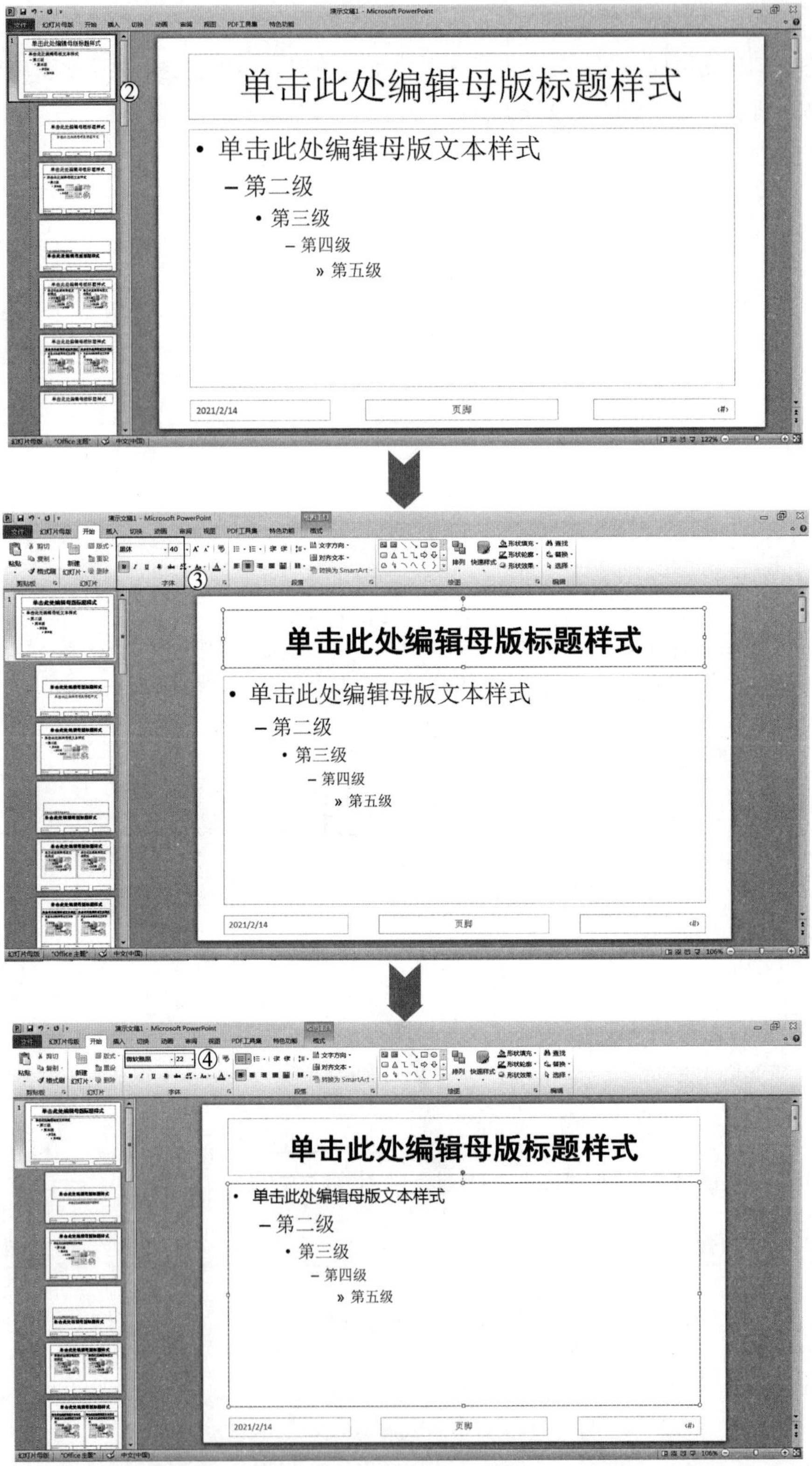
演示文稿1 - Microsoft PowerPoint
②
单击此处编辑母版标题样式
• 单击此处编辑母版文本样式
– 第二级
• 第三级
– 第四级
» 第五级
2021/2/14
页脚
‹#›
③
单击此处编辑母版标题样式
• 单击此处编辑母版文本样式
– 第二级
• 第三级
– 第四级
» 第五级
2021/2/14
页脚
‹#›
④
单击此处编辑母版标题样式
• 单击此处编辑母版文本样式
– 第二级
• 第三级
– 第四级
» 第五级
2021/2/14
页脚
‹#›

图 4-2-3　设置母版

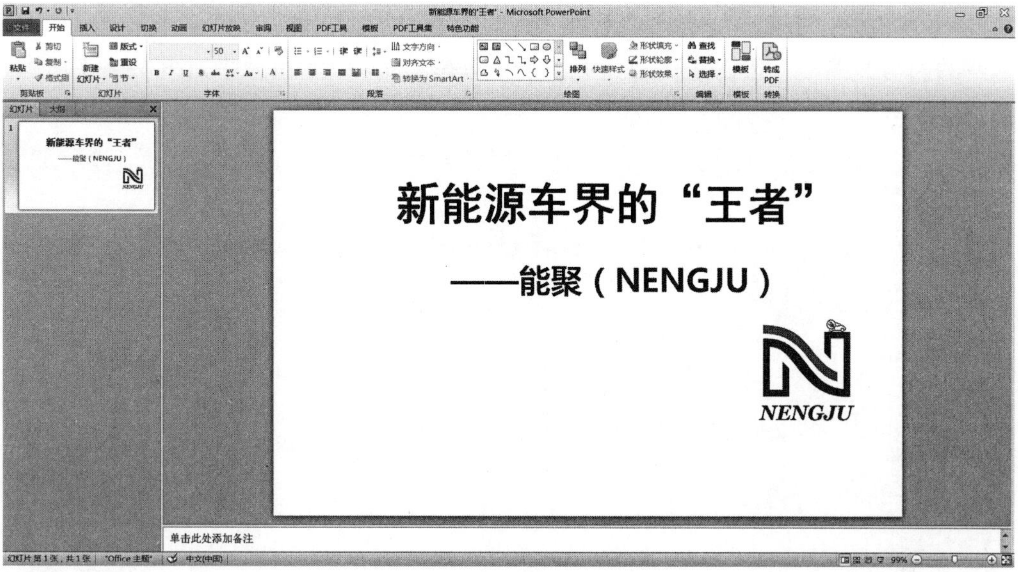

图 4-2-4　首页效果

3. 制作目录页

（1）新建幻灯片。在幻灯片窗格处，右击第 1 张幻灯片，在弹出的快捷菜单中选择“新建幻灯片”命令，插入 1 张新的空白幻灯片，如图 4-2-5 所示。

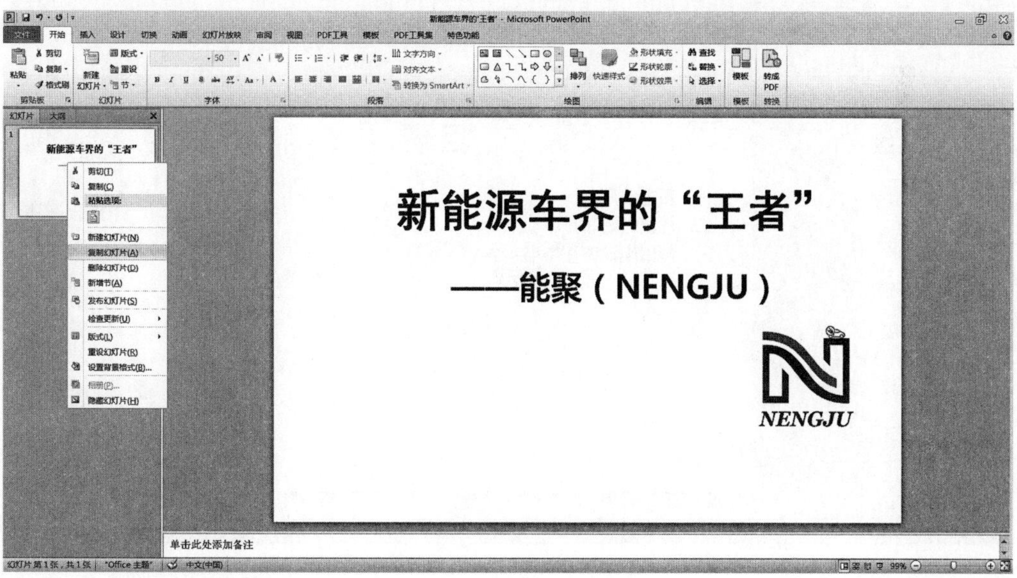

图 4-2-5　新建幻灯片

（2）输入内容并设置格式。①光标定位到标题占位符和正文占位符，输入如图 4-2-6 所示内容。②将光标定位到目录占位符中，用空格键在文字间设置 3 个空格。③选中正文内容，选择“开始”/“段落”组。单击“行距”按钮，在下拉列表中选择“1.5”。单击“项目符号和编号”按钮，在下拉列表中选择。设置后效果如图 4-2-7 所示。

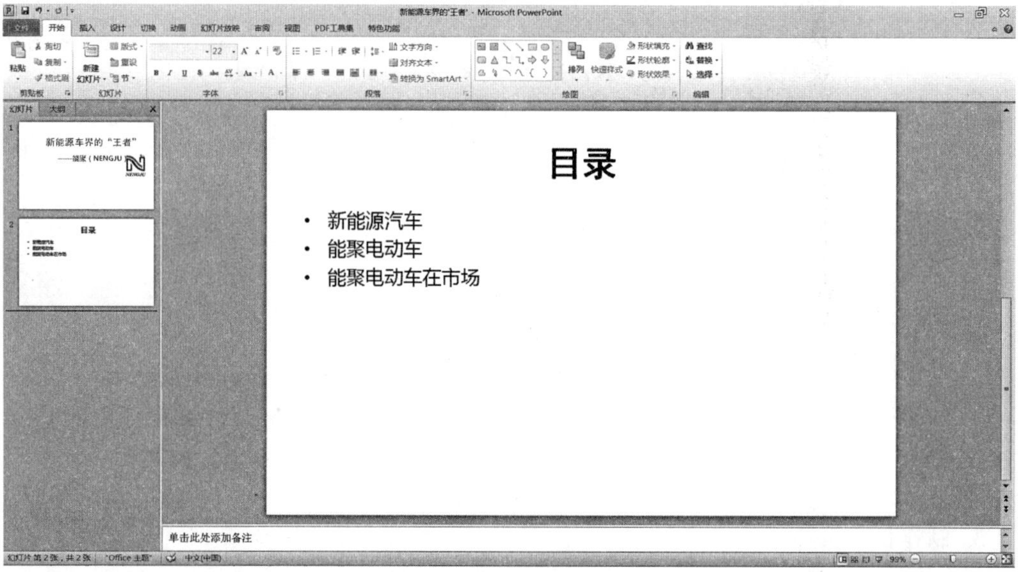

图 4-2-6　输入内容

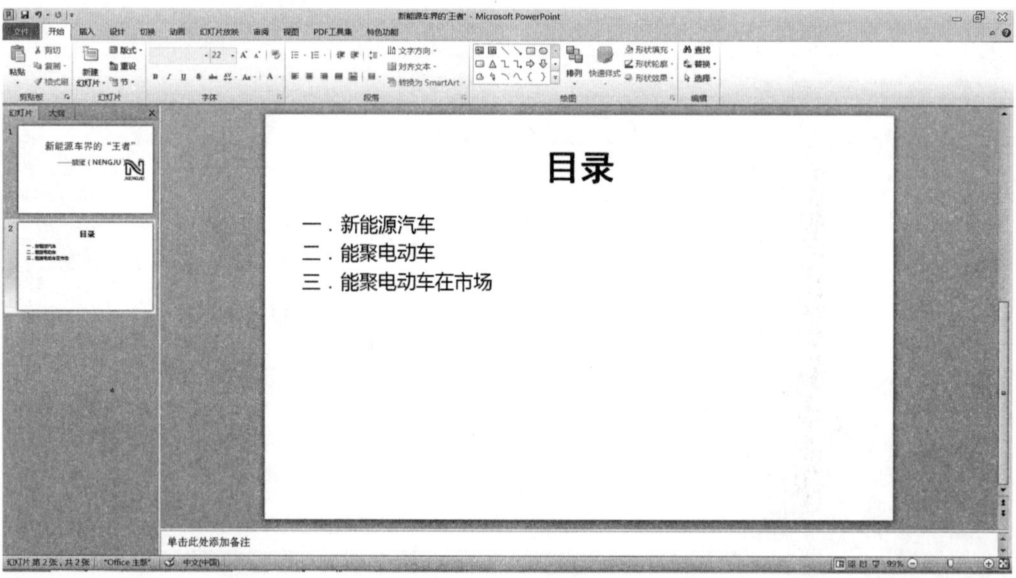

图 4-2-7　目录页效果

4. 制作新能源汽车过渡页

（1）插入幻灯片。选择“开始”/“幻灯片”组，单击“新建幻灯片”按钮右侧的下拉按钮，在弹出的下拉列表中选择“仅标题”版式，如图 4-2-8 所示。

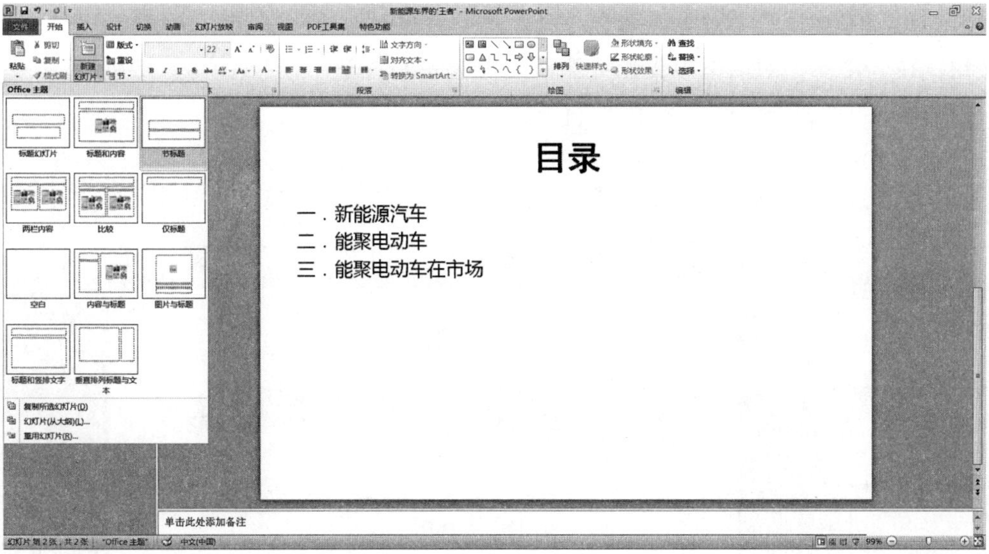

图 4-2-8　插入幻灯片

（2）输入内容并设置格式。①在标题占位符中输入“新能源汽车”并设置为 60 号。②移动“新能源汽车”到幻灯片的中间位置。设置后效果如图 4-2-9 所示。

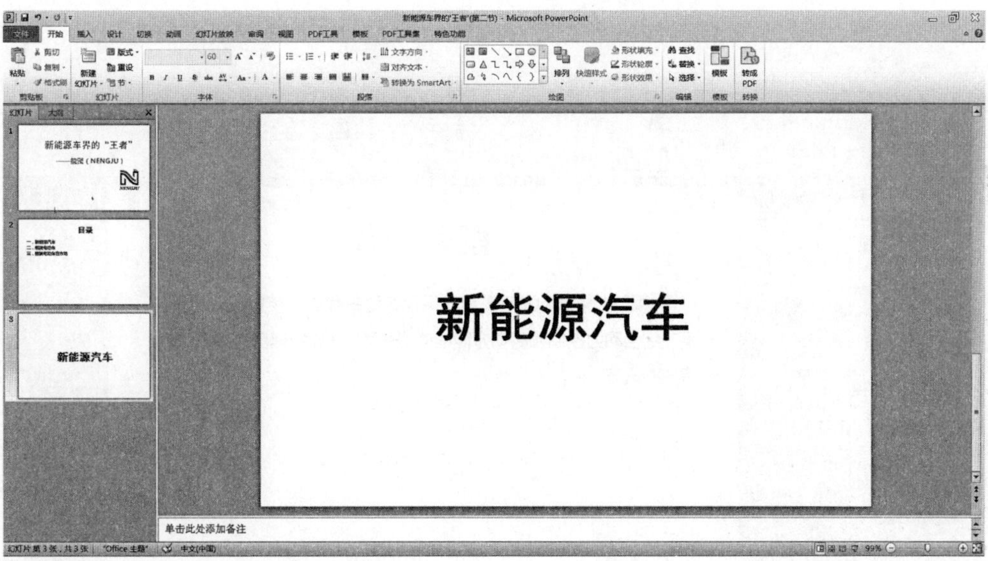

图 4-2-9　新能源汽车主页效果

5. 制作新能源汽车概念页

（1）插入幻灯片。选择“开始”/“幻灯片”组，单击“新建幻灯片”按钮右侧的下拉按钮，在弹出的下拉列表中选择“标题和内容”版式。

（2）输入内容和设置格式。①光标定位到标题占位符和正文占位符，输入如图 4-2-10 所示内容。②设置标题文字间空 4 个空格。③选择正文内容，选择“开始”/

“段落”组。设置“项目符号和编号”为“无”，行距为 1.5。单击“段落”组右下角的 按钮，在“段落”对话框中设置特殊格式为“首行缩进”，度量值为“2 厘米”。单击“确定”按钮。设置后效果如图 4-2-11 所示。

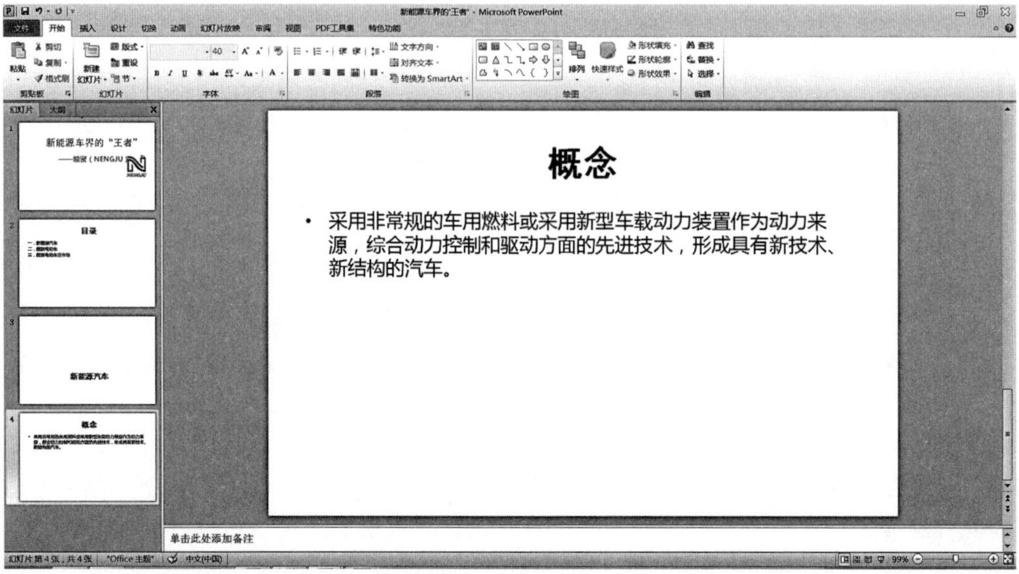

图 4-2-10　输入内容

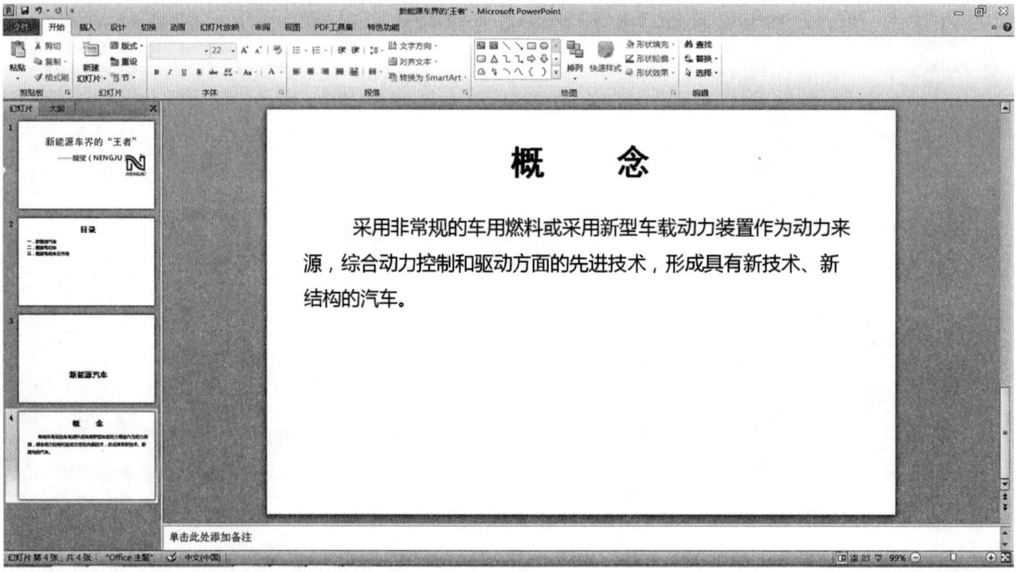

图 4-2-11　新能源汽车概念页效果

6. 制作新能源汽车分类页

（1）插入幻灯片。选择“开始”/“幻灯片”组，单击“新建幻灯片”按钮右侧的下拉按钮，在弹出的下拉列表中选择“仅标题”版式。

（2）输入内容并设置格式。在标题占位符中输入“分类”并在文字间设置 4 个空格。

（3）绘制矩形。①选择“插入”/“插图”组，单击形状按钮，如图 4-2-12 所示。②在下拉列表中选择矩形。③在幻灯片空白区域按住鼠标左键不放拖动绘制出一个矩形。

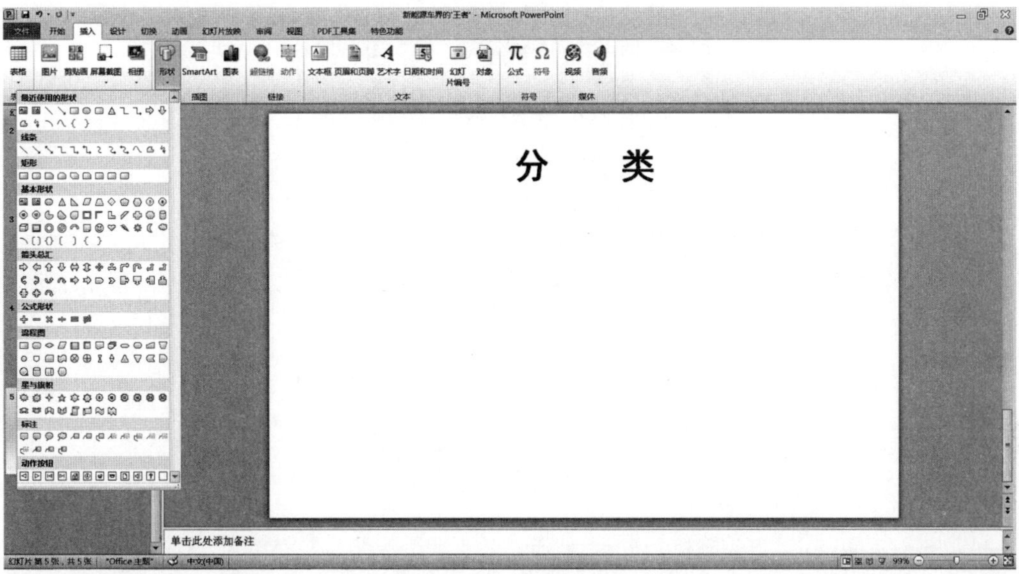

图 4-2-12　插入矩形

（4）设置矩形格式。①右击矩形，在快捷菜单中选择“大小和位置”命令，如图 4-2-13 所示。②设置高度“0.32 厘米”，宽度“18.86 厘米”，如图 4-2-14 所示。③切换至“填充”项，选择渐变填充，设置左侧和右侧滑块颜色为同一浅灰色，中间滑块为深灰色。④切换至“线条颜色”项，设置为无线条。

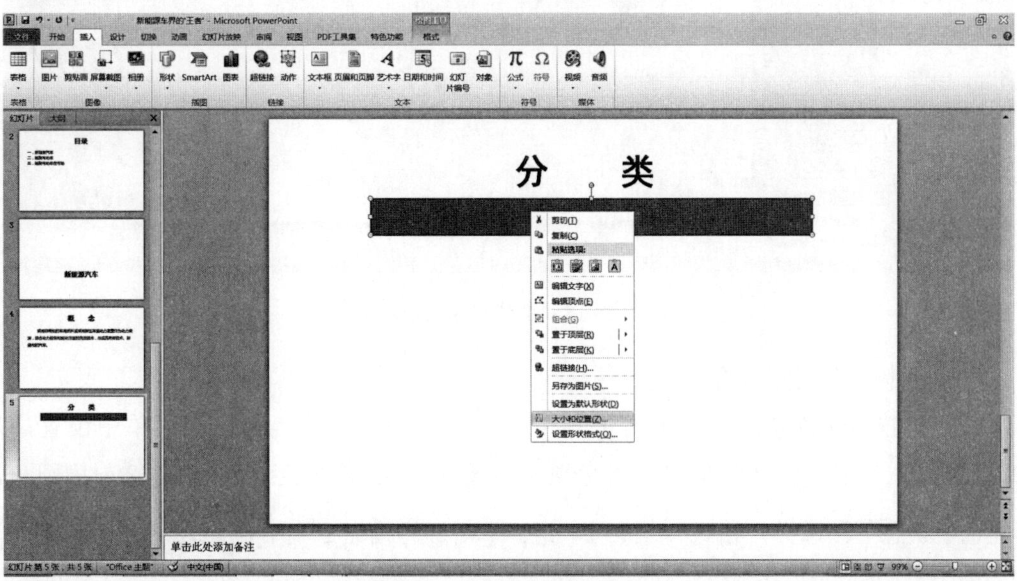

图 4-2-13　设置矩形格式

（5）绘制同侧圆角矩形。①选择“插入”/“插图”组，单击按钮 。②在下拉列表中选择同侧圆角矩形。③在幻灯片空白区域按住鼠标左键不放拖动绘制出一个同侧圆角矩形，效果如图 4-2-15 所示。

图 4-2-14　设置大小

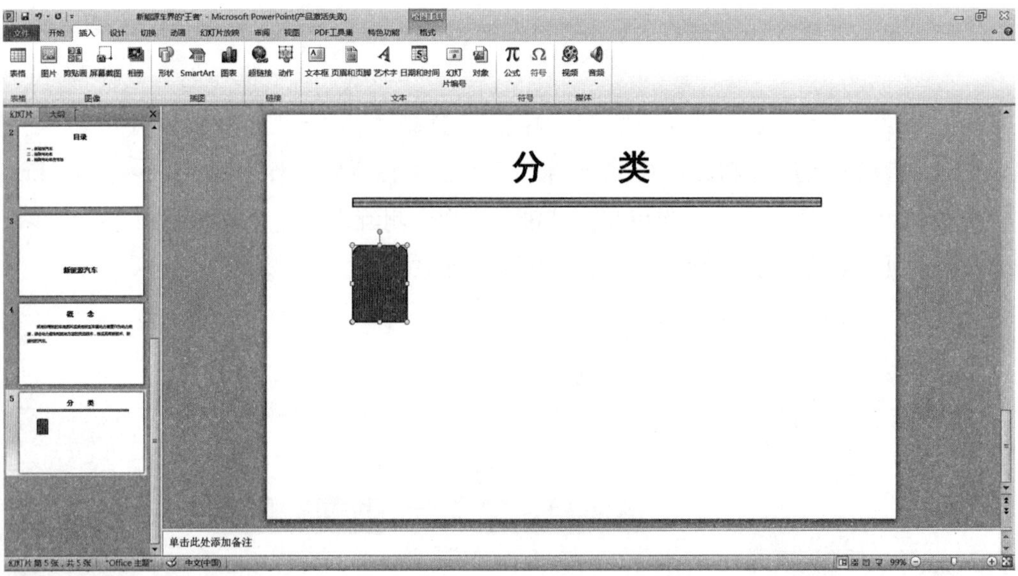

图 4-2-15　绘制同侧圆角矩形

（6）复制一个同侧圆角矩形。

（7）设置同侧圆角矩形。①右击其中 1 个同侧圆角矩形，在快捷菜单中设置高度“3.37 厘米”，宽度“1.68 厘米”。纯色填充“浅绿”。线条颜色“浅绿”。②同侧圆角矩形在选中状态下，选择“格式”/“排列”组，单击旋转按钮，下拉列表中选择“垂直翻转”命令，如图 4-2-16 所示。

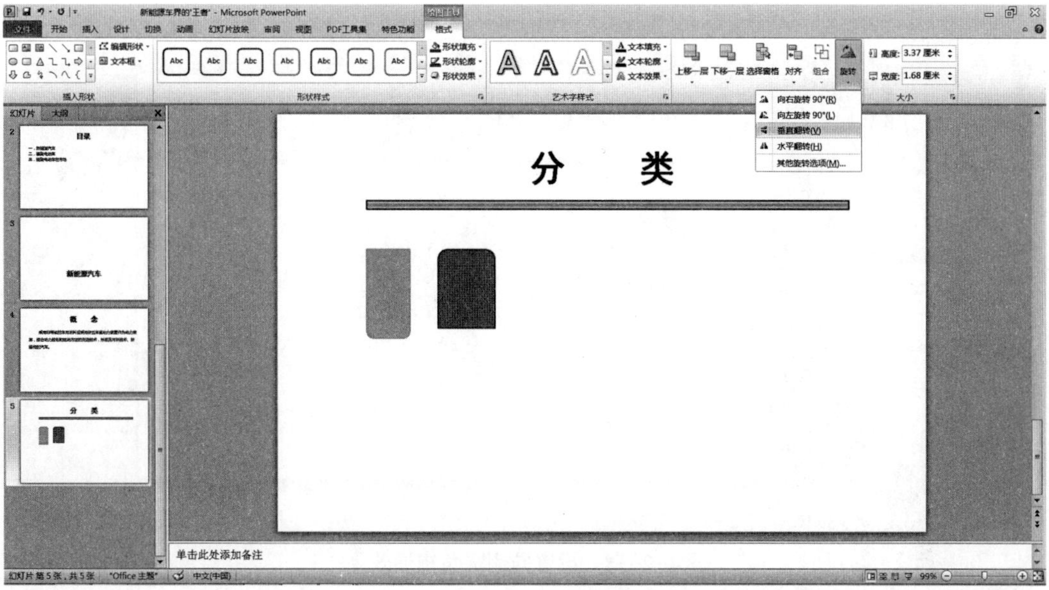

图 4-2-16　垂直翻转同侧圆角矩形

③用鼠标左键将矩形下方的黄色菱形按住不放，向左拖动到中间的位置，如图 4-2-17 所示。

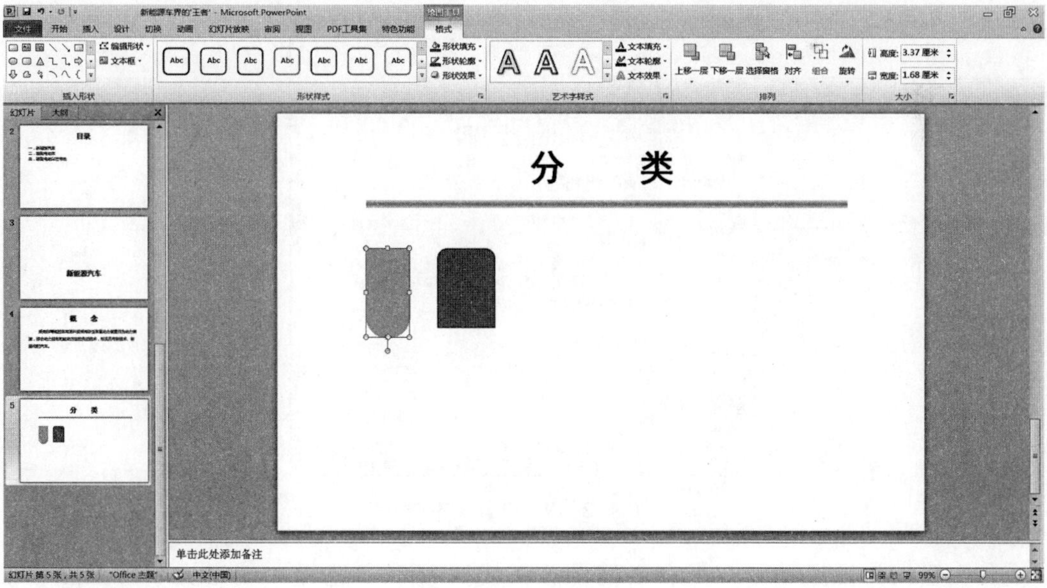

图 4-2-17　调整矩形形状

④利用上述操作方法设置另 1 个同侧圆角矩形高度“1.61 厘米”，宽度“0.3 厘米”。纯色填充“浅绿”。线条颜色“浅绿”，设置后效果如图 4-2-18 所示。

图 4-2-18　设置同侧圆角矩形效果

（8）绘制并设置椭圆。①利用上述操作方法绘制椭圆，并设置椭圆高度“1.61 厘米”，宽度“1.51 厘米”。纯色填充“白色”。线条颜色“无线条”。②选择文本框选项，设置内部边距左和右均为 0.2 厘米，上和下均为 0.1 厘米，如图 4-2-19 所示。

操作演示

图 4-2-19　设置文本框

（9）输入并设置编号。①右击椭圆，在快捷菜单中选择“编辑文字”命令，如图 4-2-20 所示。②输入内容“01”，设置字体为 Segoe UI，字号为 16，加粗，倾斜，字体颜色为黑色，完成效果如图 4-2-21 所示。

（10）移动并组合形状。①单击选择椭圆，当鼠标指针变成形状时，按住左键不放，拖动椭圆至同侧大圆角矩形上方靠下的位置，完成效果如图 4-2-22 所示。

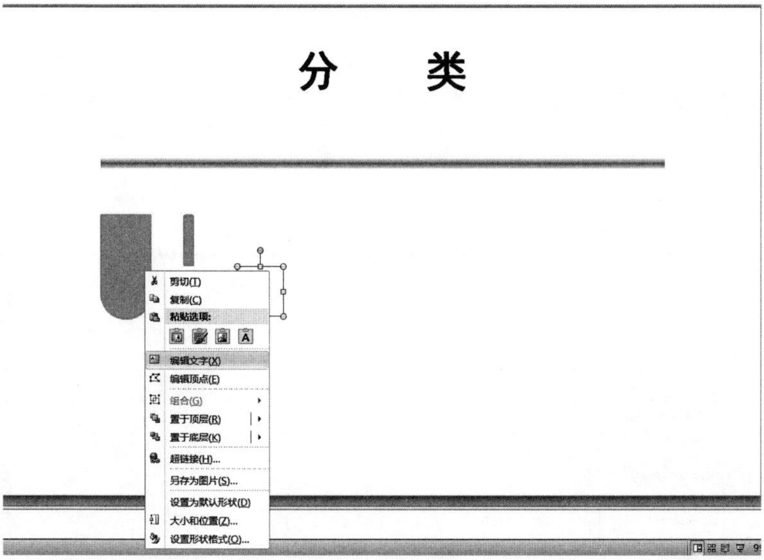

图 4-2-20　编辑文字

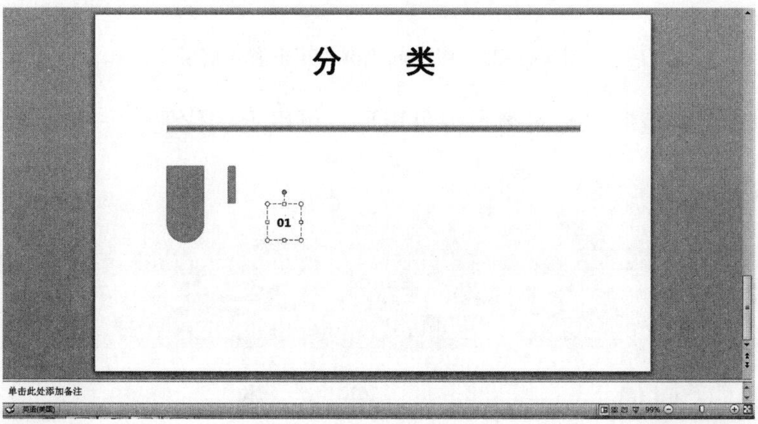

图 4-2-21　输入和设置“01”

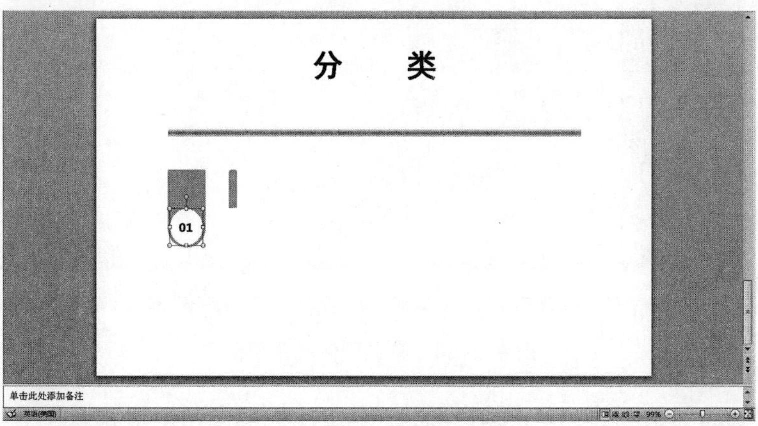

图 4-2-22　移动椭圆

②右击同侧小圆角矩形，在快捷菜单中选择“置于底层”命令，如图 4-2-23 所示。

图 4-2-23　将小同侧圆角矩形置于底层

③将同侧小圆角矩形移至同侧大圆角矩形右侧靠上的位置，完成效果如图 4-2-24 所示。

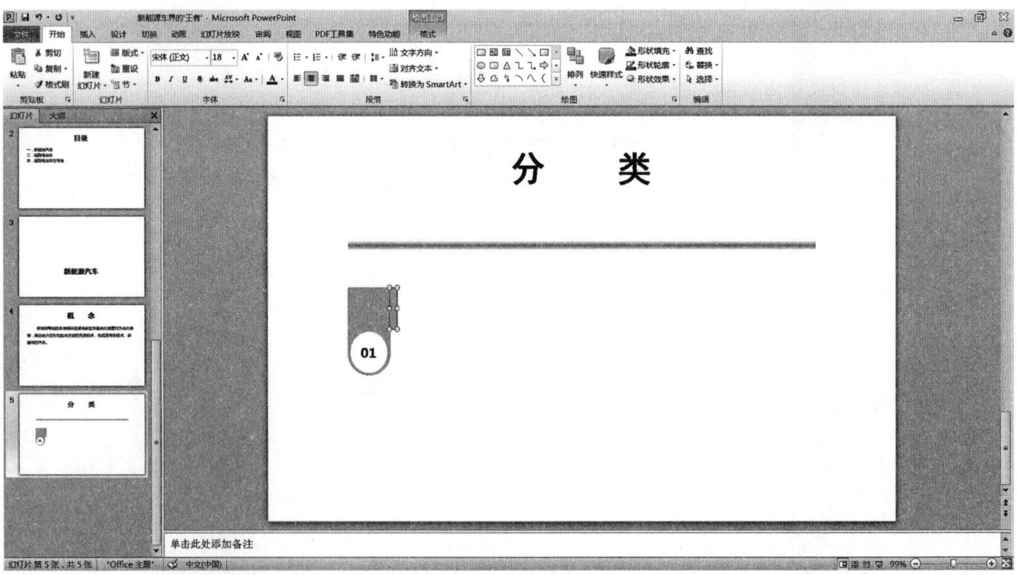

图 4-2-24　移动同侧圆角矩形

④按住“Shift”键不放，单击选择形状，将 2 个同侧圆角矩形和椭圆全部选中。右击图形，在快捷菜单中选择“组合”命令，如图 4-2-25 所示。

图 4-2-25　组合形状

⑤移动组合后的形状至矩形的左侧上方，完成效果如图 4-2-26 所示。

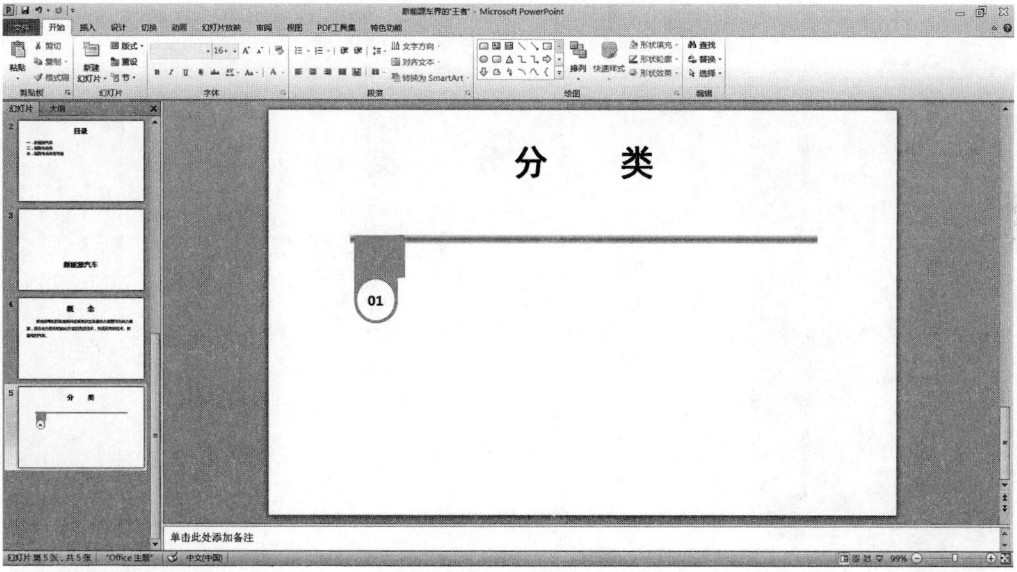

图 4-2-26　移动形状

⑥复制 4 个组合形状，将复制后的形状分别重命名为“02、03、04、05”。

⑦将 05 号组合形状移至矩形的右侧上方，然后将 5 个组合形状全部选中，选择“格式”/“排列”组，单击对齐按钮，在下拉列表中选择“顶端对齐”和“横向分布”命令，如图 4-2-27 所示。

操作演示

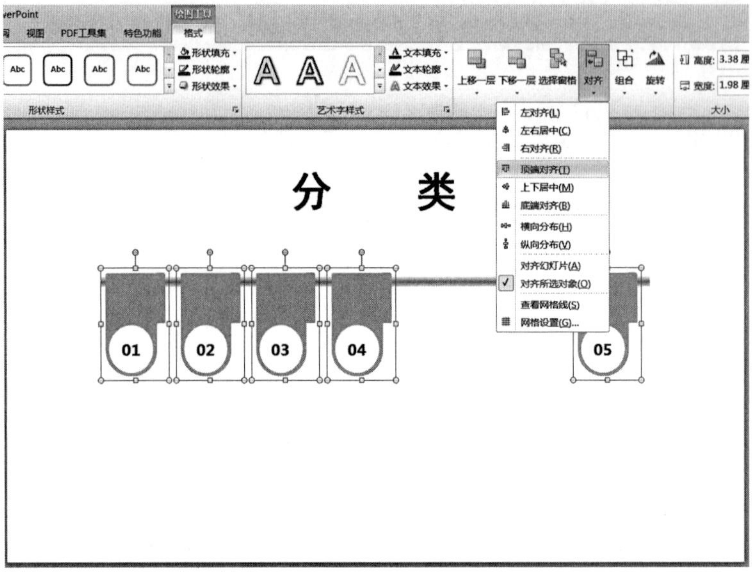

图 4-2-27　对齐形状

设置后效果如图 4-2-28 所示。

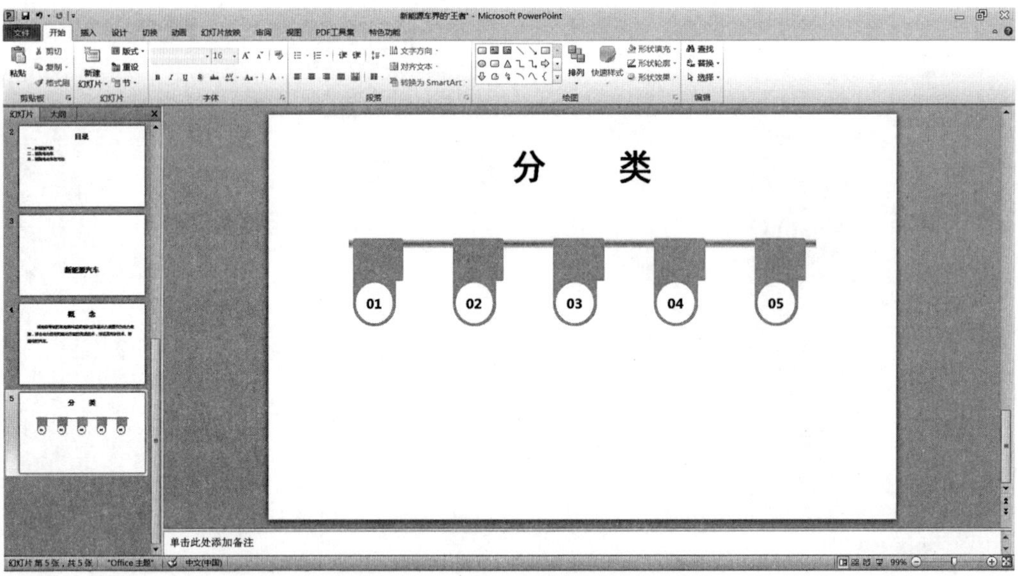

图 4-2-28　“对齐”和“分布”后效果

（11）绘制并设置类别名称。①选择“插入”/“文本”组。②单击文本框按钮，在下拉列表中选择“垂直文本框”命令，如图 4-2-29 所示。③在空白区域按住左键不放，绘制一个垂直文本框。④输入内容“混合动力车”，设置字体为微软雅黑、22 号、加粗。⑤选择“混合动力车”文本框，复制 4 个文本框，将文本框内容分别修改为“纯电动车”“燃料电池车”“生物燃料车”和“燃气车”。

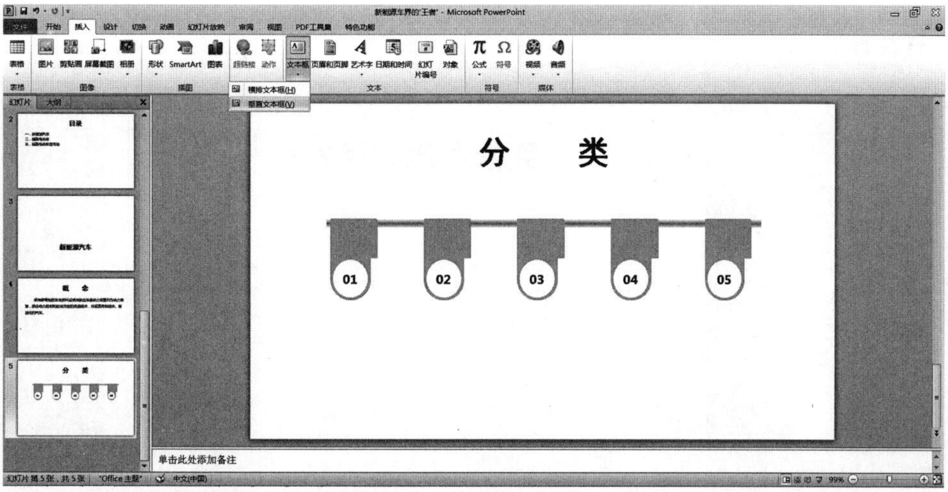

图 4-2-29　“垂直文本框”命令

（12）排列组合形状和文本框。①将 01 号组合形状和“混合动力车”文本框同时选中，选择“格式”/“排列”组，单击对齐按钮，下拉列表中选择“左右居中”命令。②利用上述操作方法将 05 号组合形状和“燃气车”文本框左右居中。③将 5 个文本框同时选中，在对齐下拉列表中选择“顶端对齐”和“横向分布”命令设置后效果如图 4-2-30 所示。

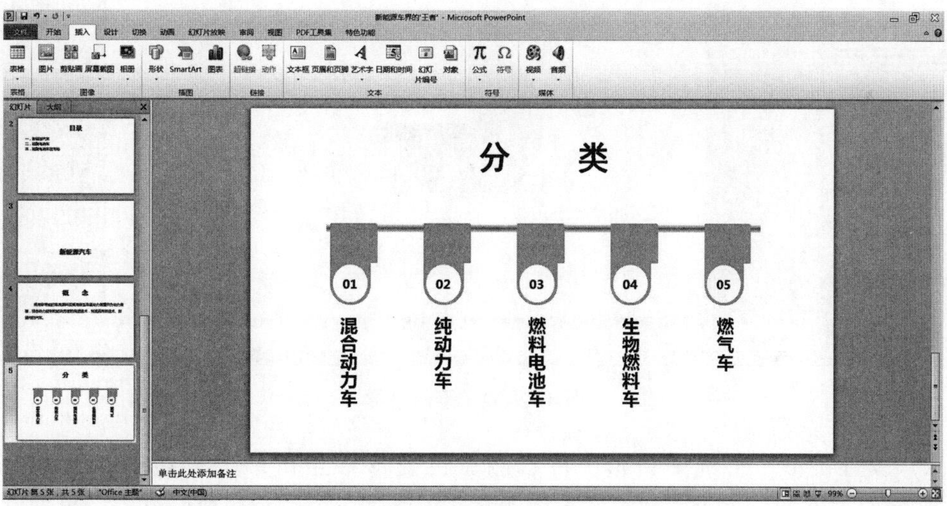

图 4-2-30　新能源汽车分类页效果

7. 制作新能源汽车优劣势页

插入“仅标题”版式幻灯片，在标题占位符输入“新能源汽车优劣势”。

操作演示

（1）绘制饼形。①选择“插入”/“插图”组，单击形状按钮。②在下拉列表中选择饼形，如图 4-2-31 所示。③在幻灯片空白区域按住鼠标左键不放拖动绘制出一个饼形，如图 4-2-32 所示。

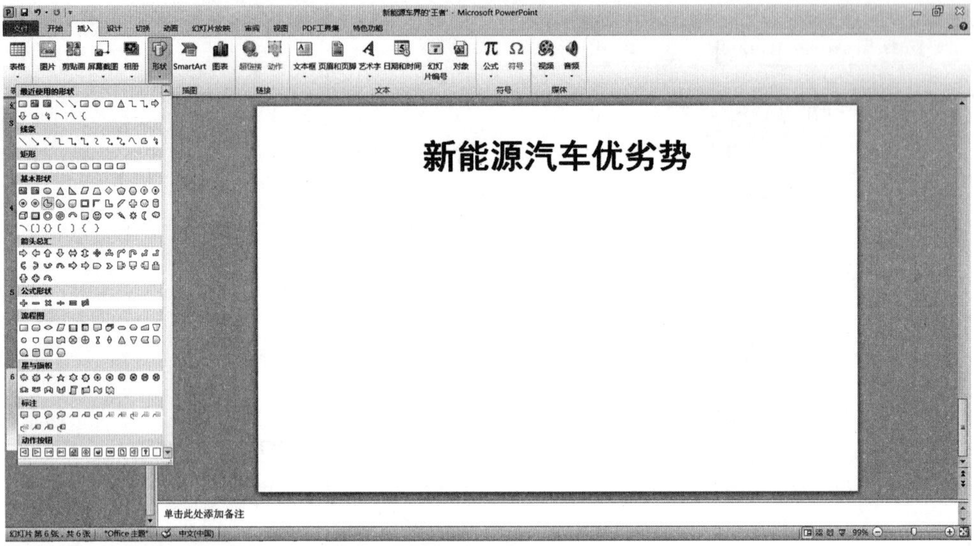

图 4-2-31　选择饼形

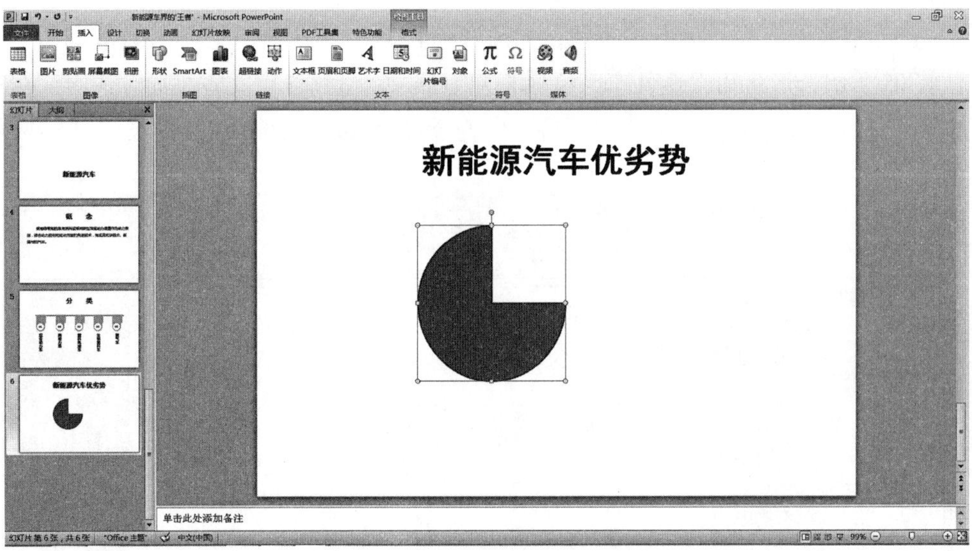

图 4-2-32　绘制饼形

(2) 设置饼形。①选中饼形，将右侧黄色菱形移至饼形下方居中位置，得到如图 4-2-33 所示效果。②右击饼形，在快捷菜单中选择“大小和位置”命令，设置高度和宽度均为 8. 4 厘米。纯色填充为橙色，线条填充为橙色实线，完成效果如图 4-2-34 所示。③复制饼形，将复制后的饼形设置成纯色填充为浅蓝，线条填充为浅蓝实线，完成效果如图 4-2-35 所示。

(3) 插入并设置圆。①选择“插入”/“插图”组，单击按钮，在下拉列表中选择椭圆。在幻灯片空白区域按住鼠标左键不放拖动绘制出一个椭圆。②右击椭圆，在快捷菜单中选择“大小和位置”命令，设置高度和宽度均为 4. 2 厘米。纯色填充为橙色，线条填

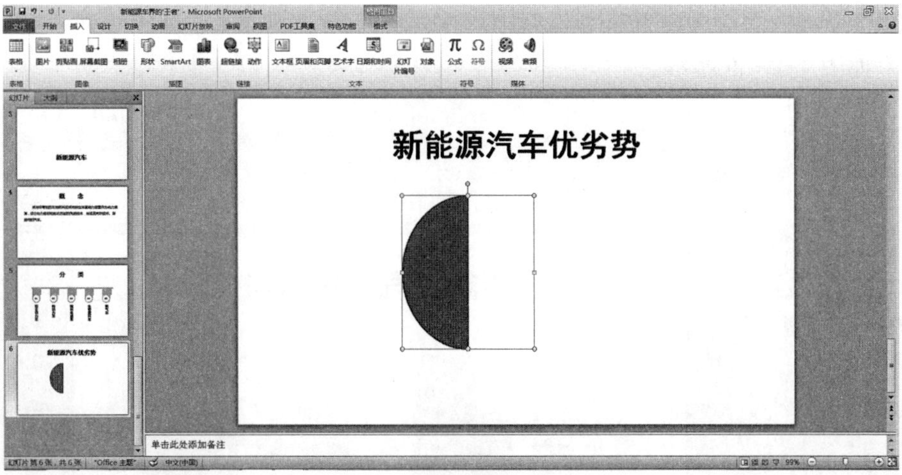

图 4-2-33　调整饼形

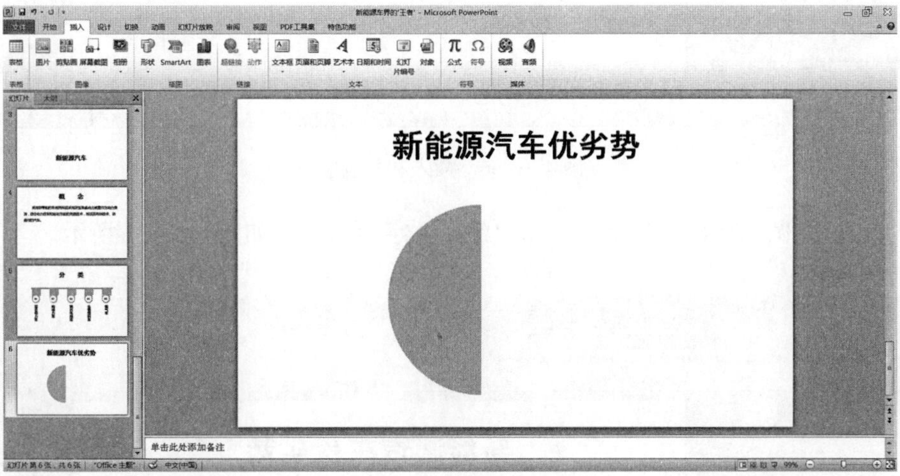

图 4-2-34　设置饼形

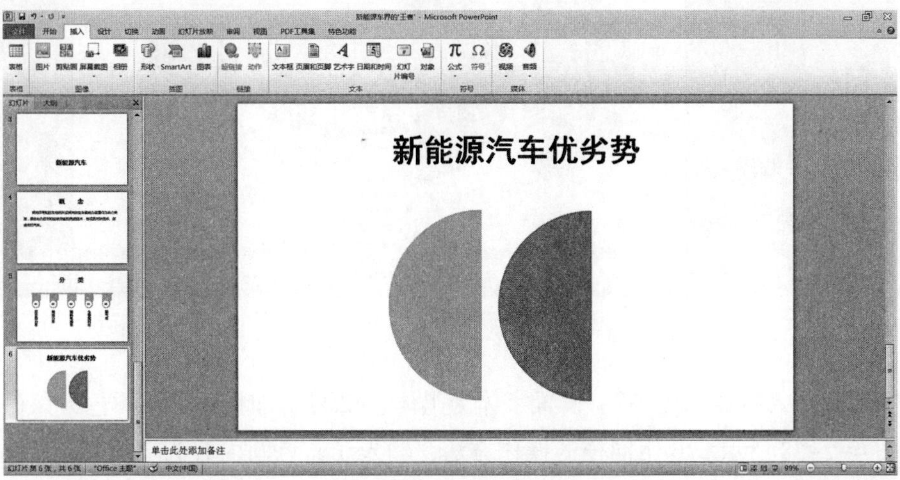

图 4-2-35　复制和设置饼形

充为橙色实线。③复制圆，将复制后的圆设置成纯色填充为浅蓝，线条填充为浅蓝实线，完成效果如图 4-2-36 所示。

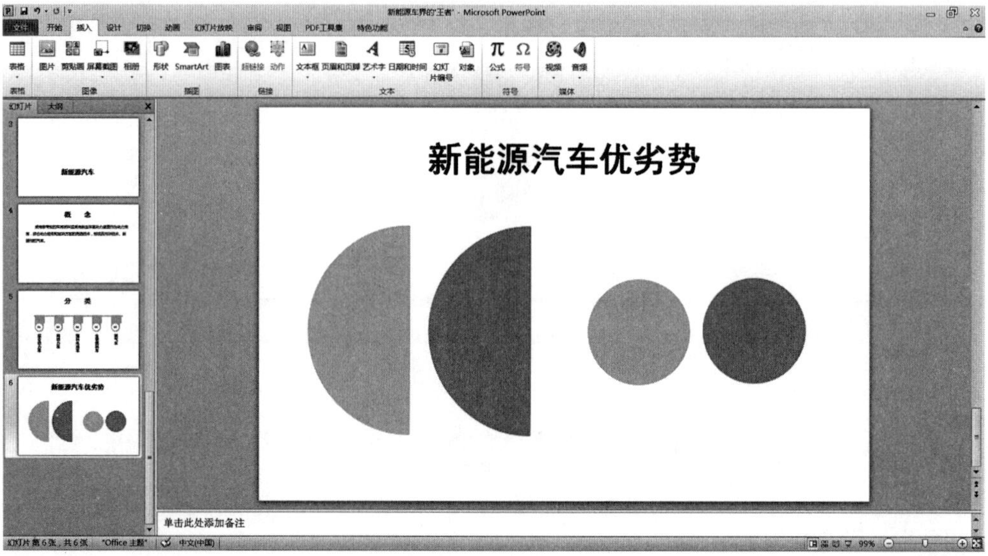

图 4-2-36　插入和复制圆

④右击橙色圆，在快捷菜单中选择“编辑文字”命令，如图 4-2-37 所示。

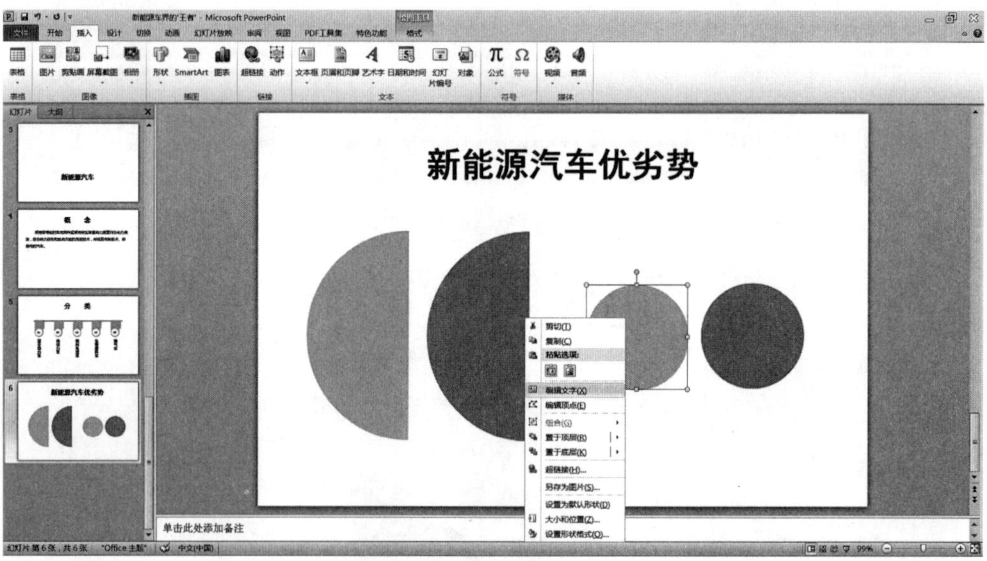

图 4-2-37　编辑文字

⑤在圆中输入内容“优势”，设置字体为黑体、32 号、加粗，字体颜色为黑色，完成效果如图 4-2-38 所示。⑥用同样的操作方法，输入浅蓝色圆内容为“劣势”，设置字体为黑体、32 号、加粗，字体颜色为白色，完成效果如图 4-2-39 所示。

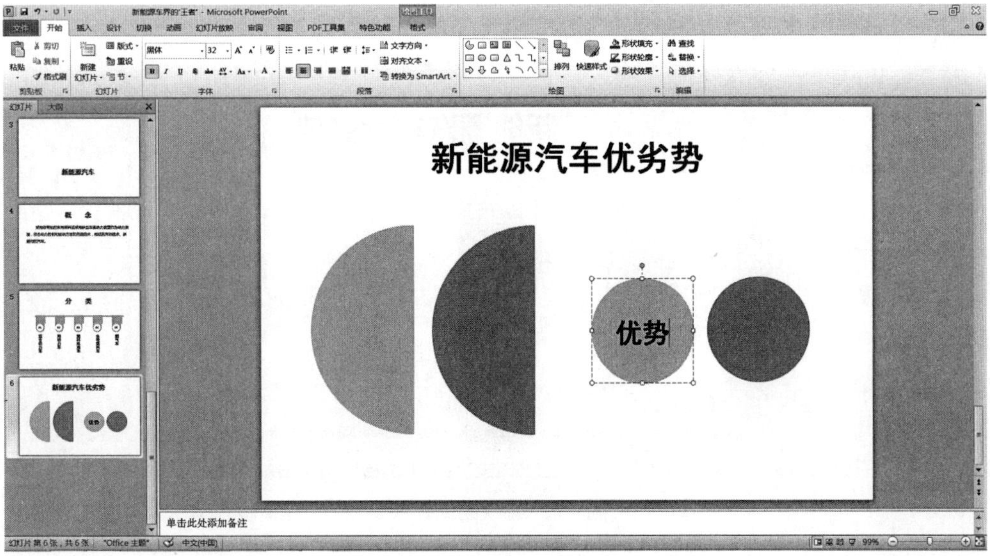

图 4-2-38　输入和设置“优势”

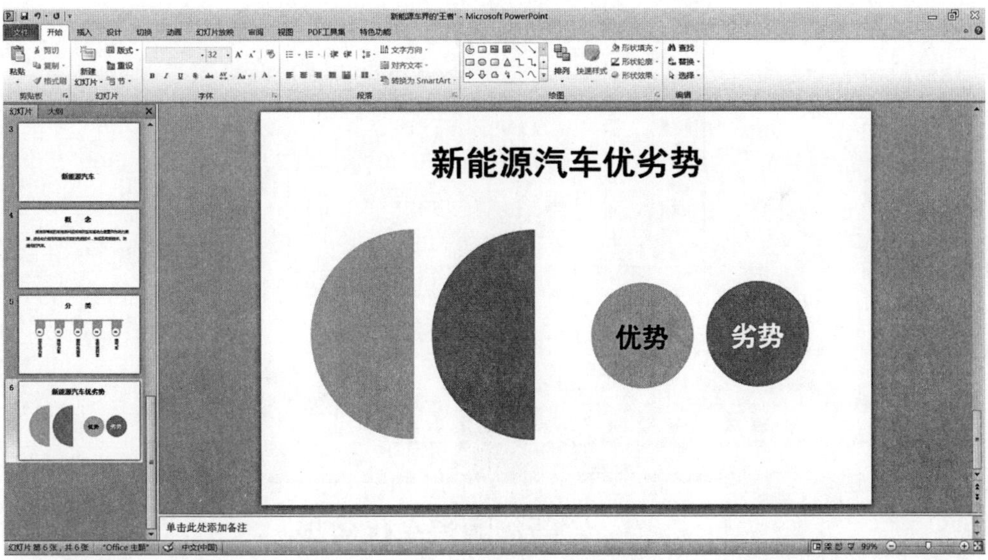

图 4-2-39　输入和设置“劣势”

(4) 绘制并设置箭头。①选择“插入”/“插图”组，单击形状按钮，在下拉列表中选择弧形。在幻灯片空白区域按住鼠标左键不放拖动绘制出一个弧形，如图 4-2-40 所示。②右击弧形，在快捷菜单中选择“设置形状格式”命令，设置线条颜色为橙色实线，线型宽度为 20 磅，箭头设置中后端类型为，如图 4-2-41 所示。

操作演示

设置后的箭头效果如图 4-2-42 所示。

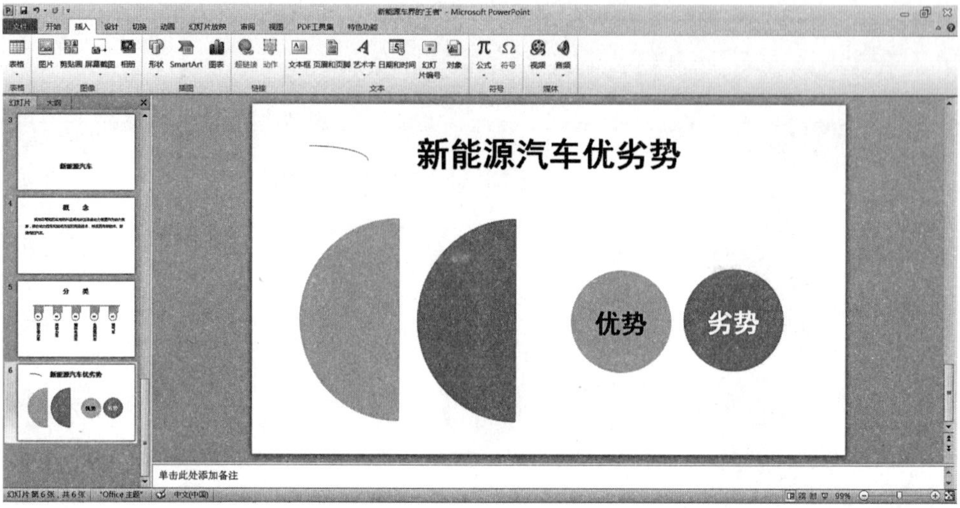

图 4-2-40　绘制箭头

图 4-2-41　设置箭头

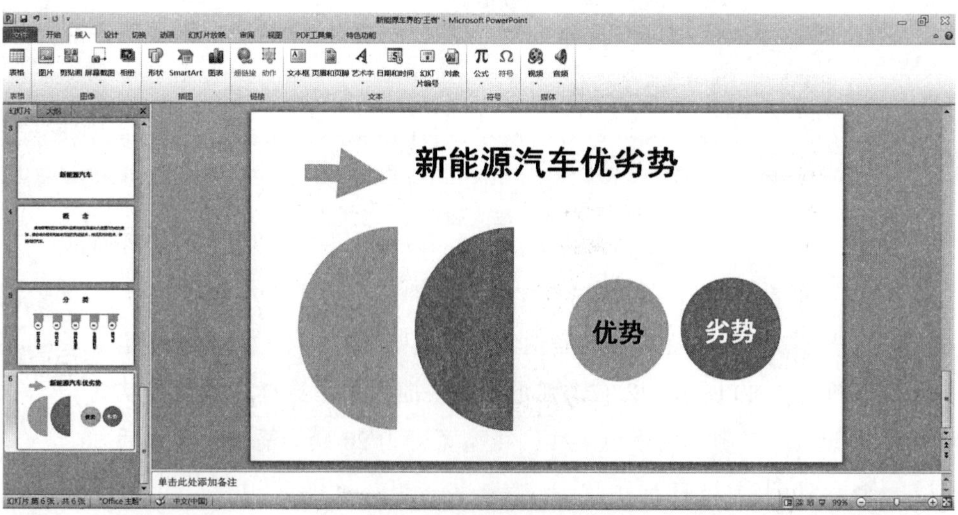

图 4-2-42　设置后的箭头效果

③右击箭头，在快捷菜单中选择“编辑顶点”命令，如图 4-2-43 所示，再选择箭头处的顶点控制点拖动，将箭头变形成如图 4-2-44 所示形状。

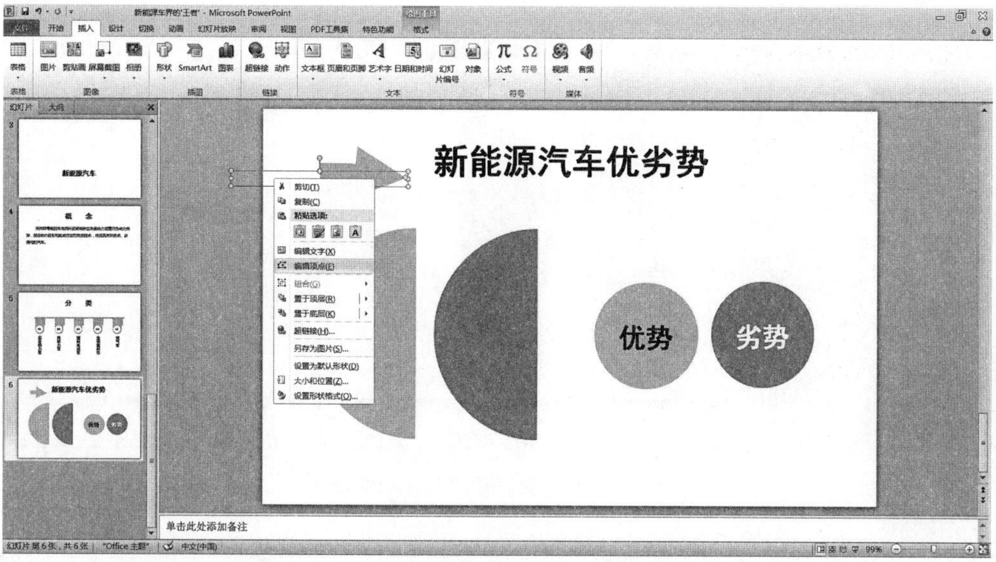

图 4-2-43　编辑顶点

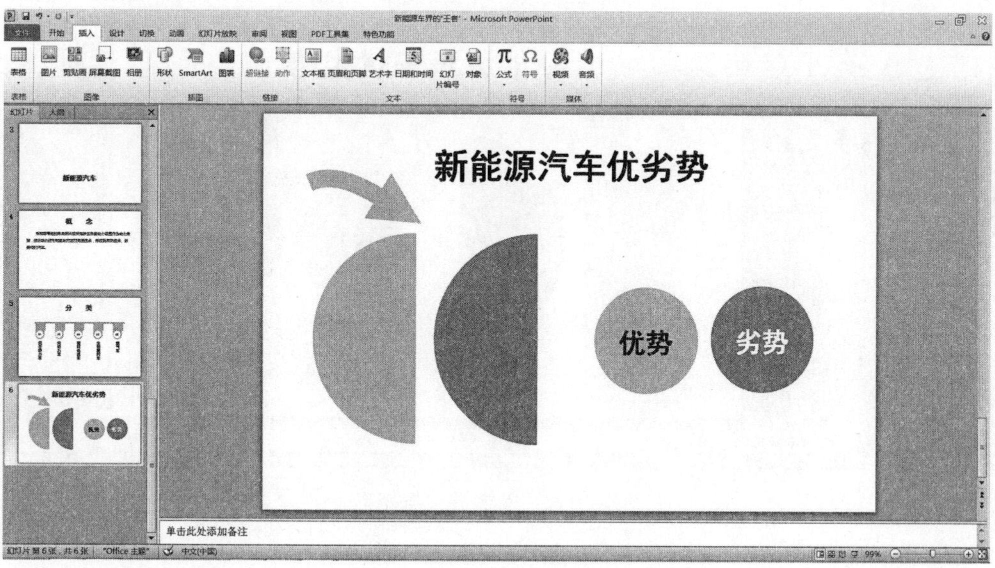

图 4-2-44　编辑顶点后效果

④复制箭头，将复制的箭头的线条颜色改为“浅蓝”，完成效果如图 4-2-45 所示。

操作演示

（5）绘制并设置矩形。插入一个矩形，设置高度“0. 16 厘米”，宽度“5. 9 厘米”，无线条颜色，填充颜色为橙色。复制一个矩形，填充颜色改为浅蓝，完成效果如图 4-2-46 所示。

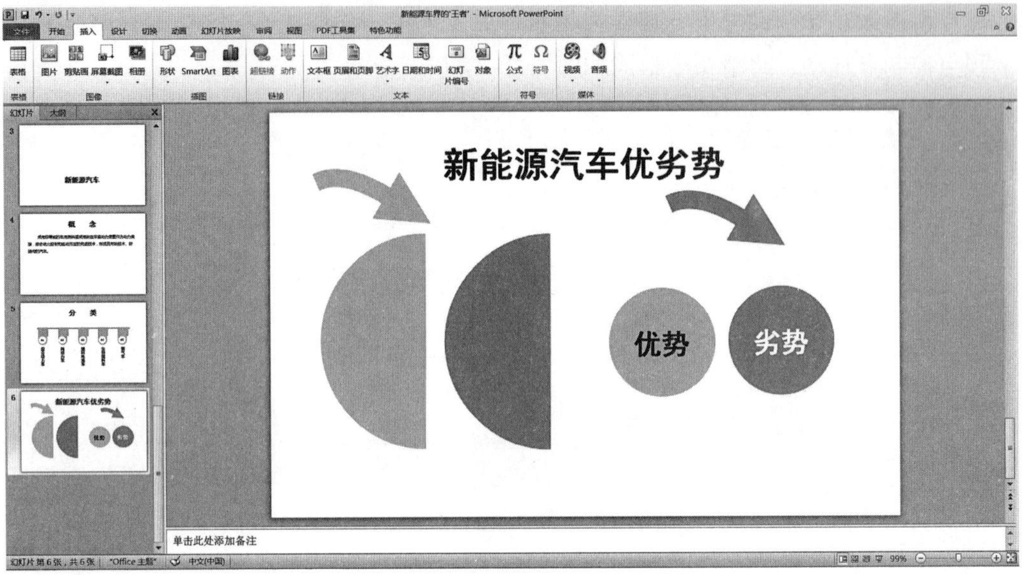

图 4-2-45　复制并修改箭头颜色

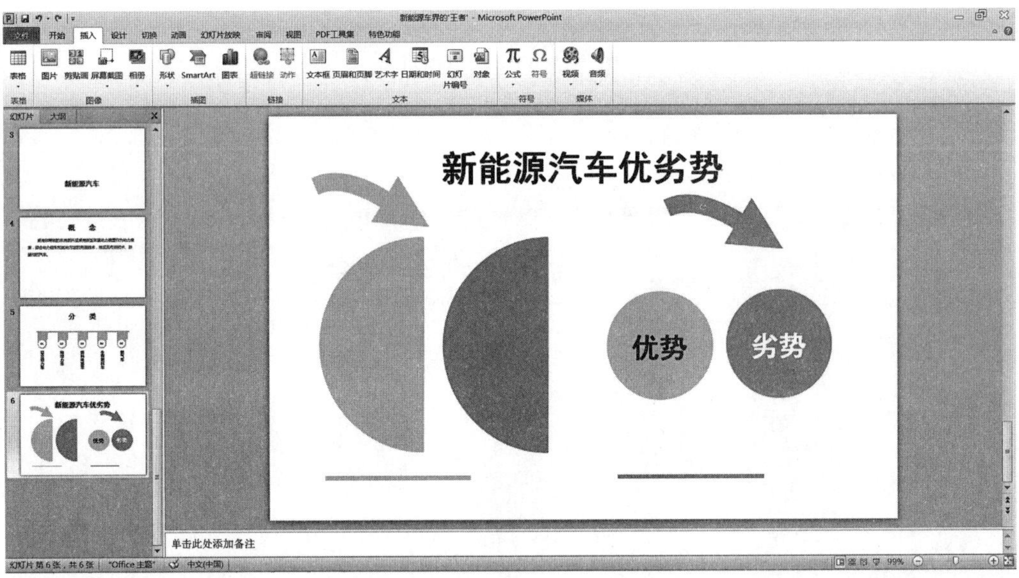

图 4-2-46　绘制并设置矩形

(6) 组合形状。①选择浅蓝色饼形，选择“格式”/“排列”组，单击旋转按钮，在下拉列表中选择水平翻转命令，完成效果如图 4-2-47 所示。②同时选中橙色和浅蓝色饼形，选择“格式”/“排列”组，单击对齐按钮，在下拉列表中选择“顶端对齐”和“左右居中”命令，将对齐后的形状组合成圆，完成效果如图 4-2-48 所示。③同时选中组合的圆和橙色小圆，在对齐按钮中选择“顶端对齐”和“左右居中”命令，将对齐后的图形组合，完成效果如图 4-2-49 所示。

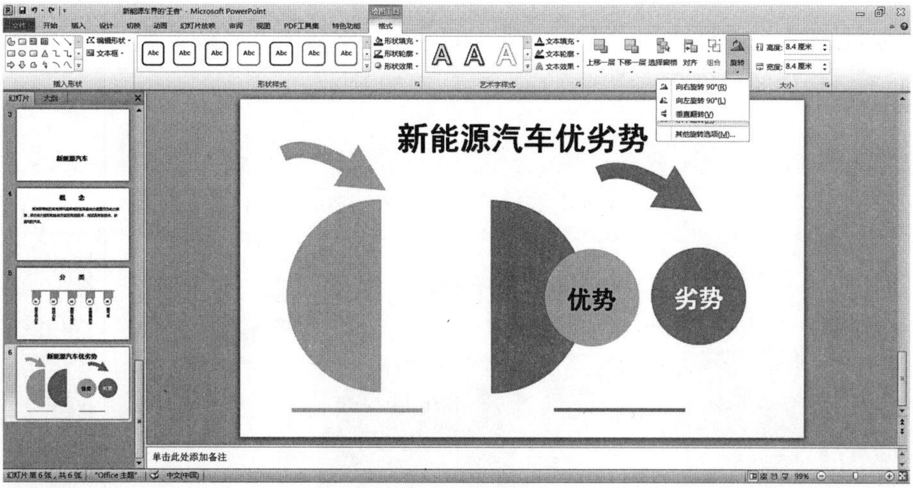

图 4-2-47　水平翻转饼形

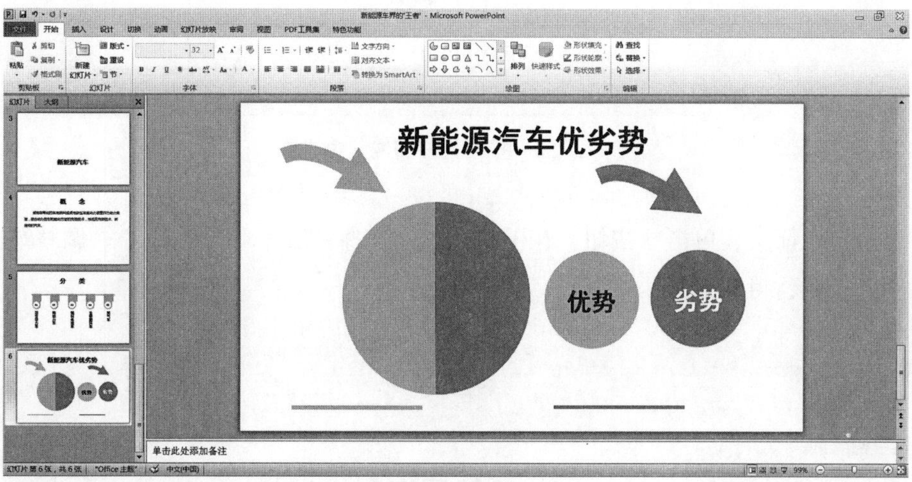

图 4-2-48　对齐饼形

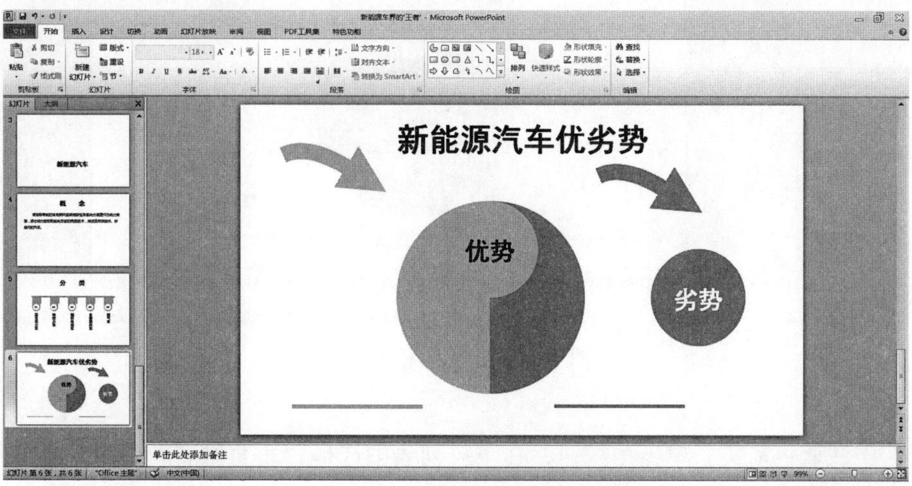

图 4-2-49　排列大圆和橙色小圆

④同时选中组合的形状和浅蓝色小圆，在对齐按钮中选择“底端对齐”和“左右居中”命令，将对齐后的图形组合，完成效果如图 4-2-50 所示。

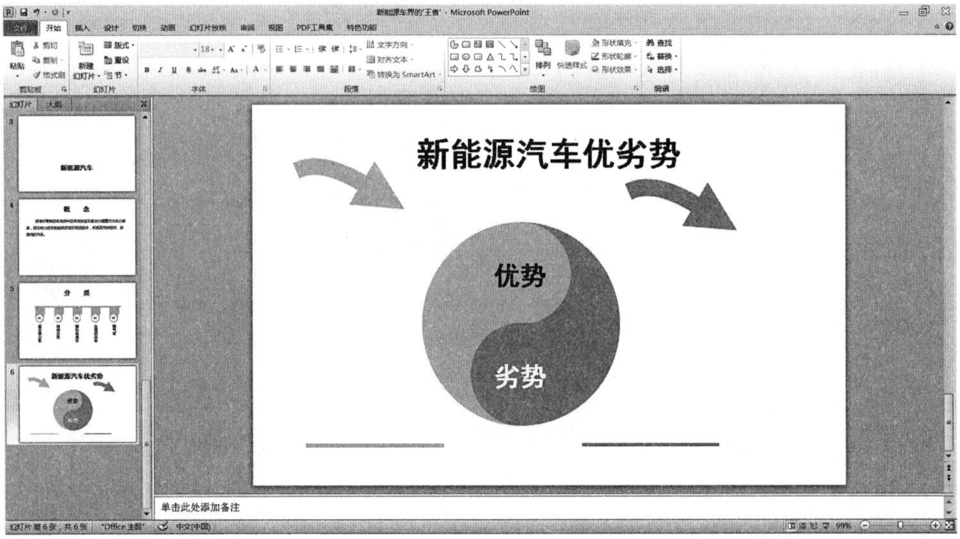

图 4-2-50　排列大圆和浅蓝色小圆

⑤选中橙色箭头，单击旋转按钮，在下拉列表中选择“水平翻转”命令。调整箭头的角度、大小和位置，得到如图 4-2-51 所示效果。

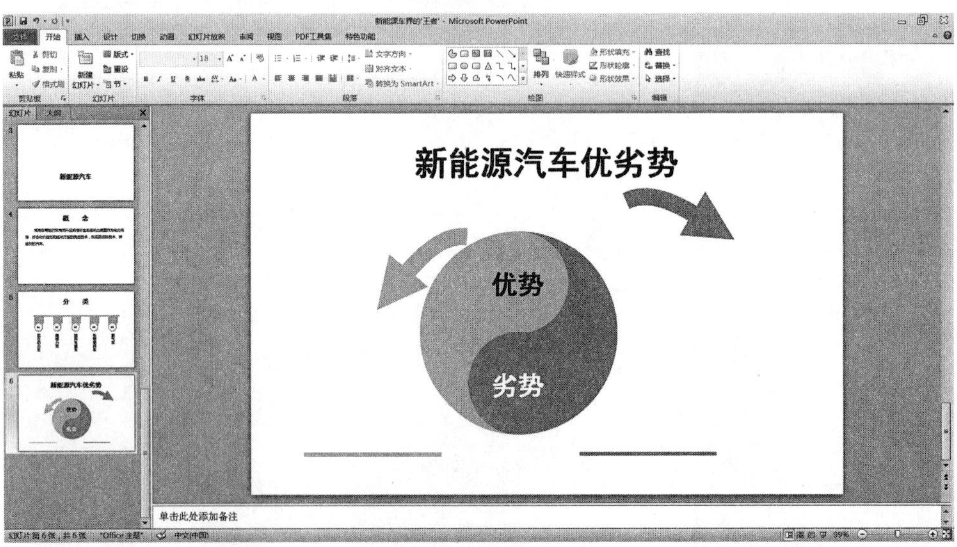

图 4-2-51　调整橙色箭头

⑥选中浅蓝色箭头，单击旋转按钮，在下拉列表中选择“垂直翻转”命令。调整箭头的角度、大小和位置，得到如图 4-2-52 所示效果。

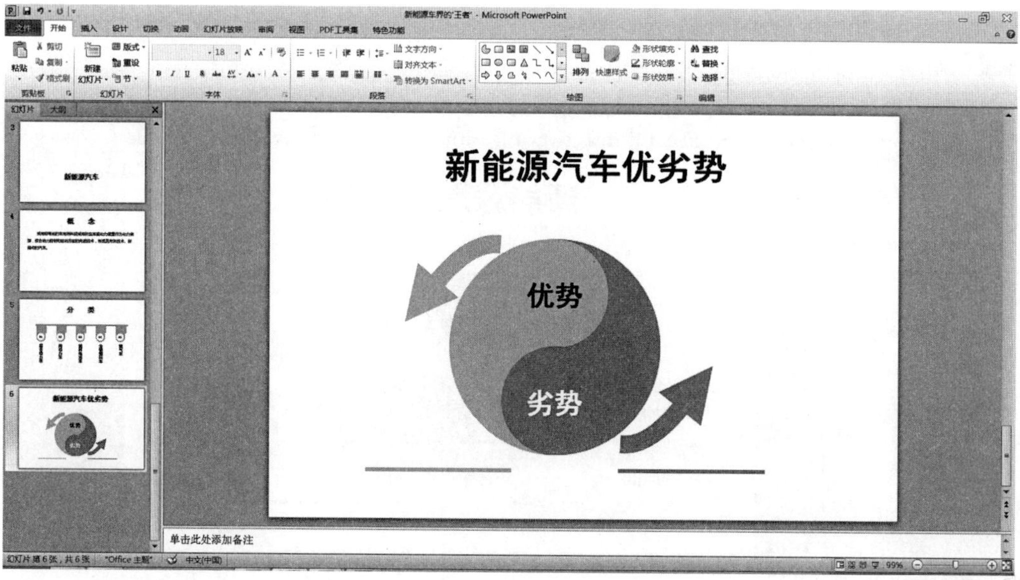

图 4-2-52　调整浅蓝色箭头

（7）绘制文本框并设置格式。①选择“插入”/“文本”组，单击文本框按钮，在下拉列表中选择 横排文本框(H)，在空白处绘制一个文本框，输入如图 4-2-53 所示的内容。②选中文本中内容，设置字体为微软雅黑，字号为 22，字体颜色为蓝色、深色 50%，1.3 倍行距，项目符号“◆”，完成效果如图 4-2-54 所示。③复制文本框，将内容改为如图 4-2-55 所示。④调整文本框大小，设置文本框中字体颜色为“橙色，强调文字颜色 6”，完成效果如图 4-2-56 所示。

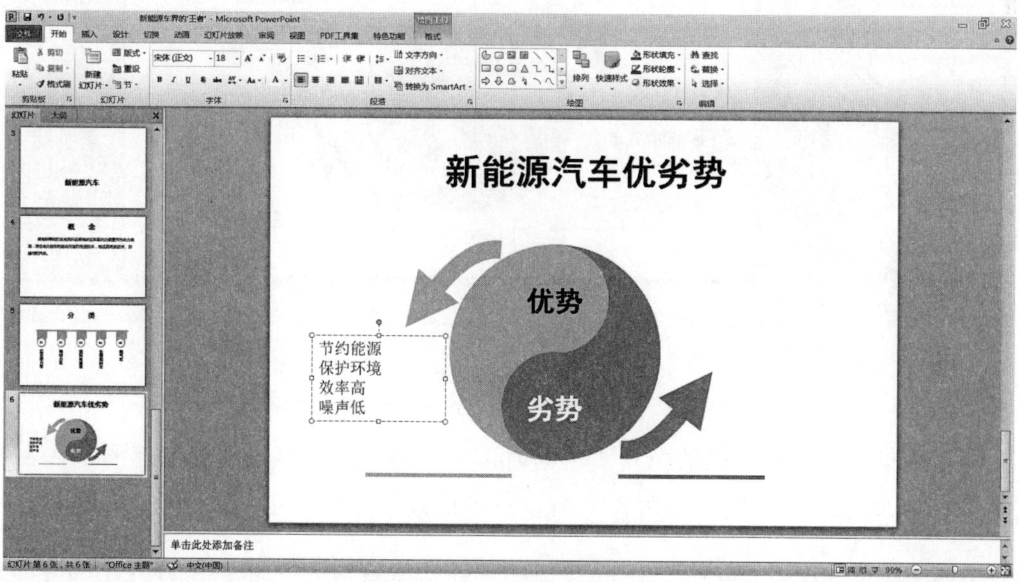

图 4-2-53　输入内容

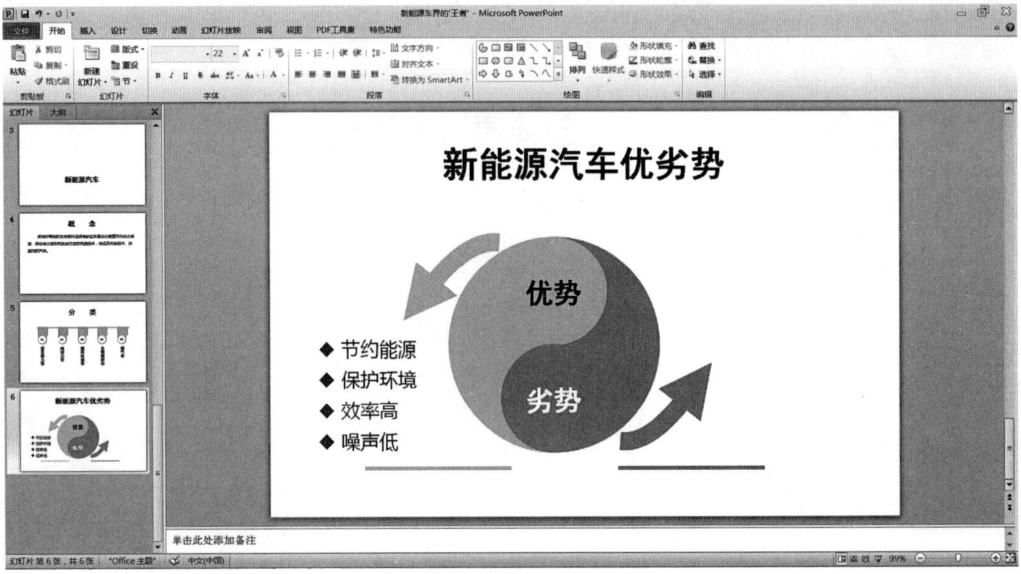

图 4-2-54　设置内容

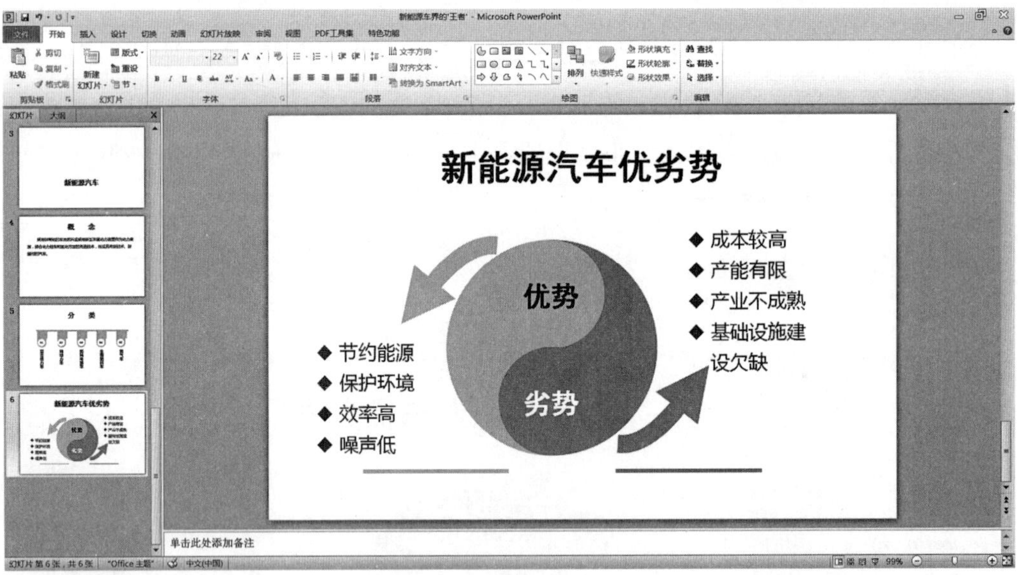

图 4-2-55　编辑内容

（8）调整矩形和文本框的位置。①同时选中蓝色字体文本框和橙色矩形，在"对齐"按钮中选择"顶端对齐"和"左对齐"命令，完成效果如图 4-2-57 所示。②同时选中橙色字体文本框和浅蓝色矩形，在"对齐"按钮中选择"底端对齐"和"左对齐"命令，移动对齐后的图形至右侧合适位置处。设置后效果如图 4-2-58 所示。

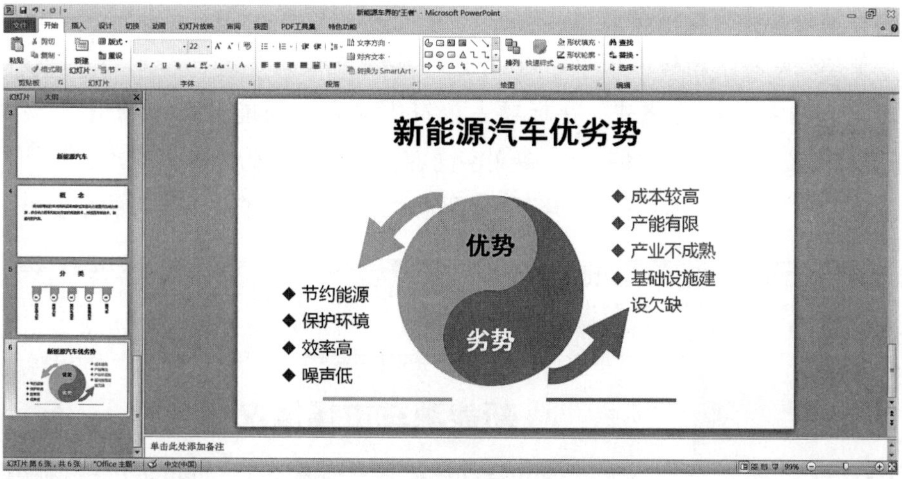

图 4-2-56　设置字体颜色

图 4-2-57　对齐文本框和橙色矩形

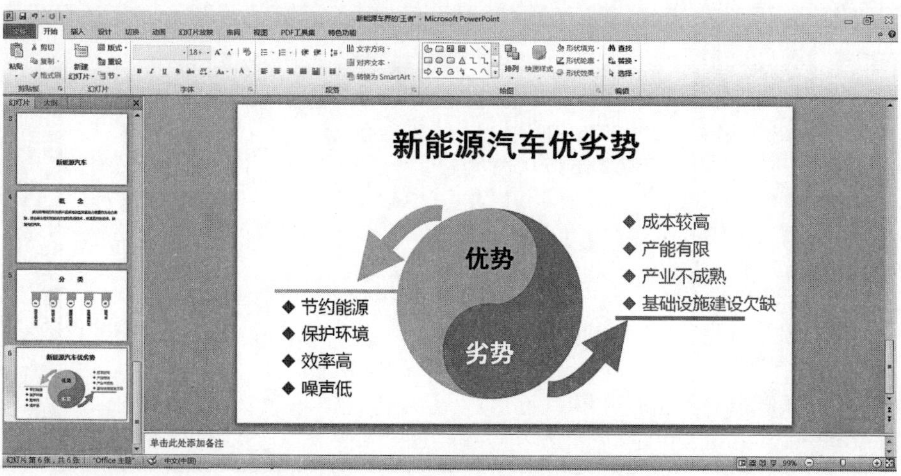

图 4-2-58　新能源汽车优劣势页效果

8. 制作新能源车市场情况页

操作演示

（1）新建幻灯片。新建一张“标题和内容”版式的幻灯片。

（2）输入内容并设置格式。在标题占位符中输入“新能源车市场情况”，在正文占位符中输入图 4-2-59 中文字内容。设置正文为 1.5 倍行距，首行缩进“1.27 厘米”，项目符号和编号设置为“无”，调整正文占位符的高度。

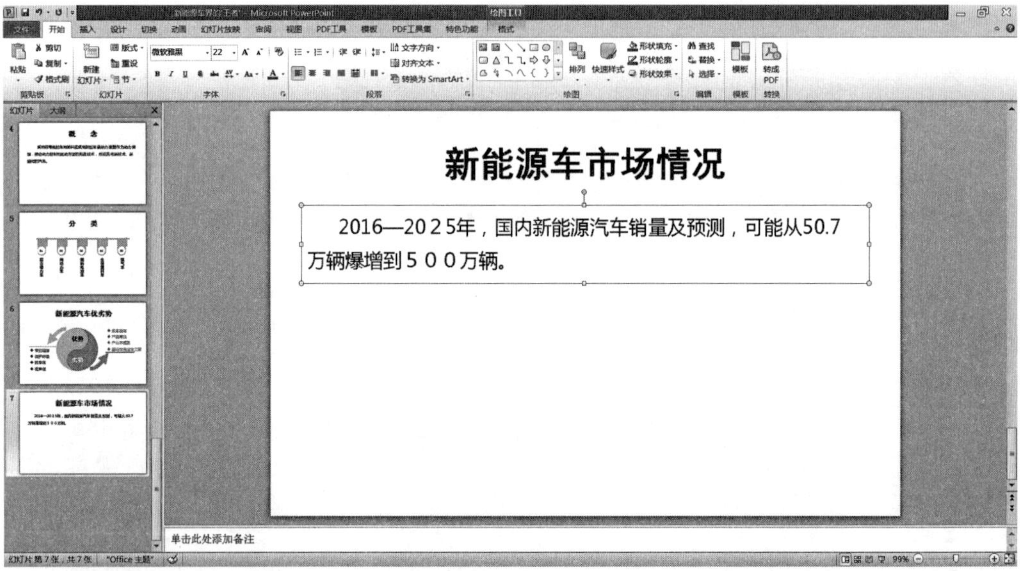

图 4-2-59　设置正文

（3）插入图表。①选择“插入”/“插图”组。②单击“图表”按钮。③弹出“插入图表”对话框，左侧选择“柱形图”类型。④右侧选择“簇状柱形图”。操作步骤如图 4-2-60 所示。

图 4-2-60　插入图表

⑤在弹出的 Excel 窗口中输入如图 4-2-61 所示内容。

	A	B	C
1		列1	
2	2016年	50.7	
3	2017年	81.0	
4	2018年	122.0	
5	2019年	121.0	
6	2020年	124.0	
7			

图 4-2-61　输入内容

⑥完成如图 4-2-62 所示的图表。

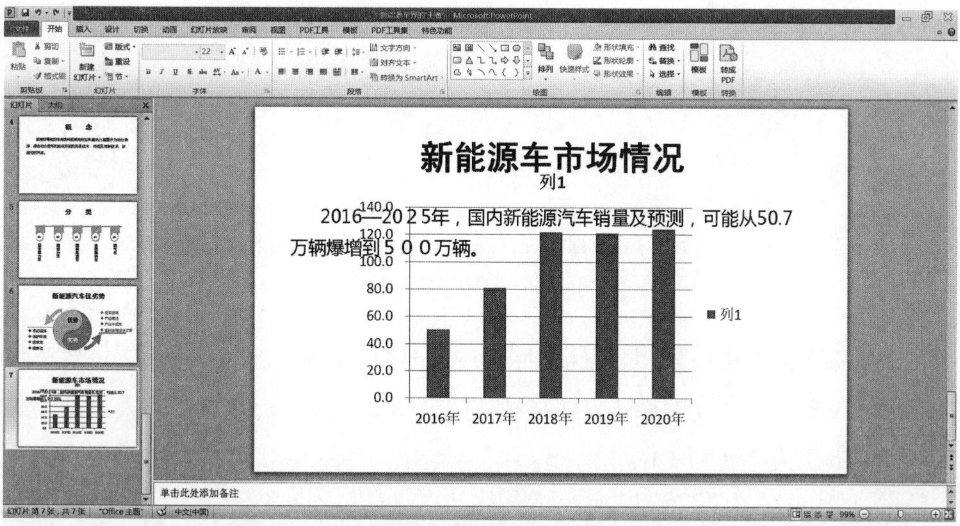

图 4-2-62　簇状柱形图表

(4) 设置图表。①按“Delete”键删除图表中图例，并将标题改为“全球新能源汽车销售总量（万辆)”，完成效果如图 4-2-63 所示。

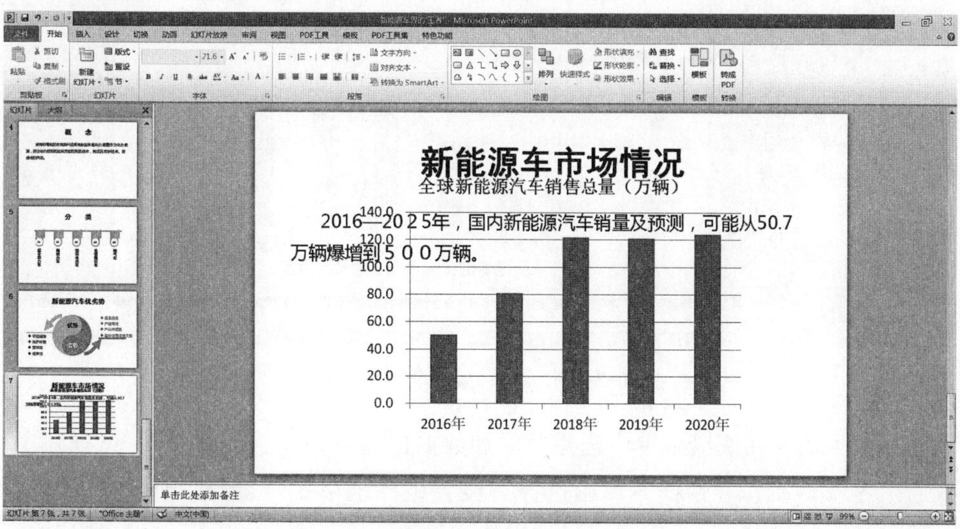

图 4-2-63　设置标题

②选中图表，选择“格式”/“大小”组，调整图表的大小，完成效果如图 4-2-64 所示。

图 4-2-64　调整图表大小

③移动鼠标至图表边框处，当鼠标指针变成✥按住左键不放，移动图表位置至幻灯片下方空白居中位置。用同样的操作方法移动标题至图表下方、绘图区至图表上方合适的位置，完成效果如图 4-2-65 所示。

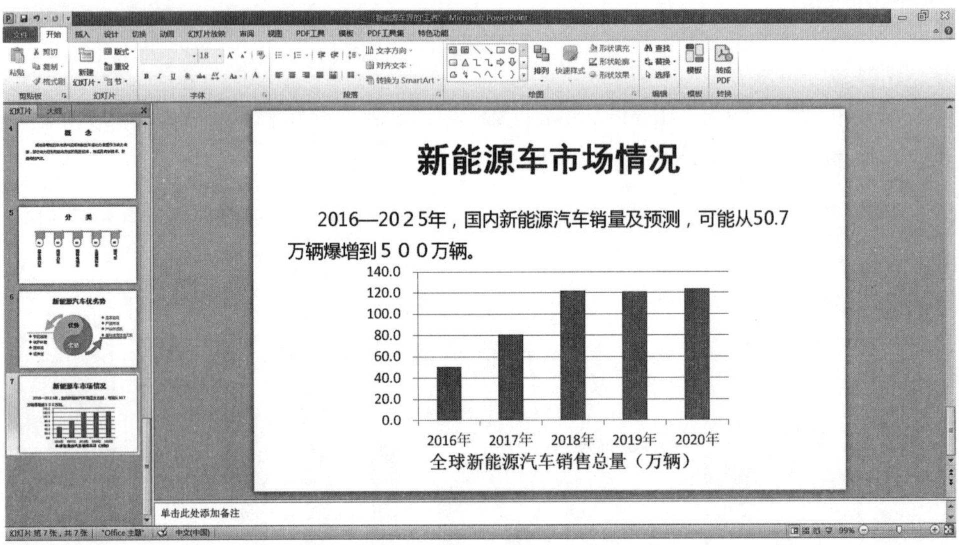

图 4-2-65　调整标题和绘图区位置

④右击柱形图，在快捷菜单中选择“添加数据标签”命令，如图 4-2-66 所示。

⑤右击 Y 坐标轴，在快捷菜单中选择“设置坐标轴格式”命令，弹出“设置坐标轴格式”对话框，设置数字中的小数位数为 1 位，如图 4-2-67 所示。

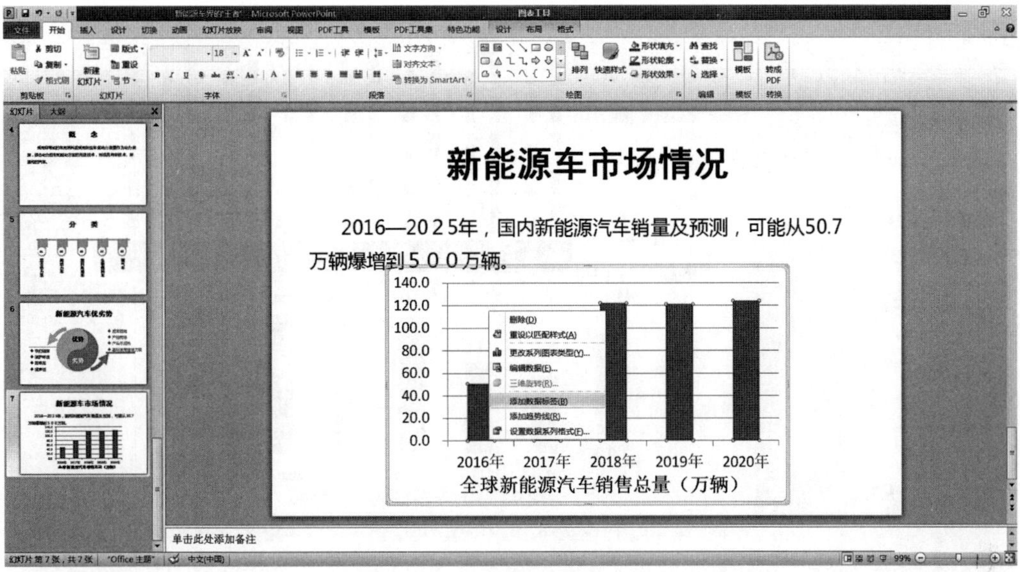

图 4-2-66　添加数据标签

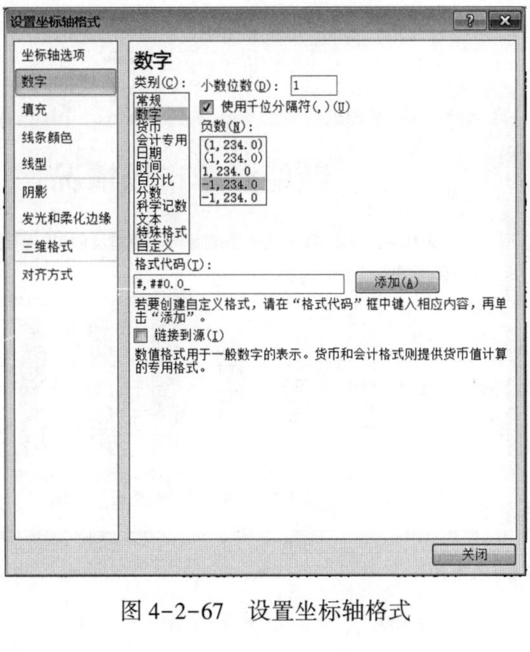

图 4-2-67　设置坐标轴格式

⑥选中柱形图，选择“设计”/“图表样式”组，在“图表样式”下拉列表中选择“样式 5”，如图 4-2-68 所示。

设置后的效果如图 4-2-69 所示。

9. 保存演示文稿

执行“文件”/“保存”命令。

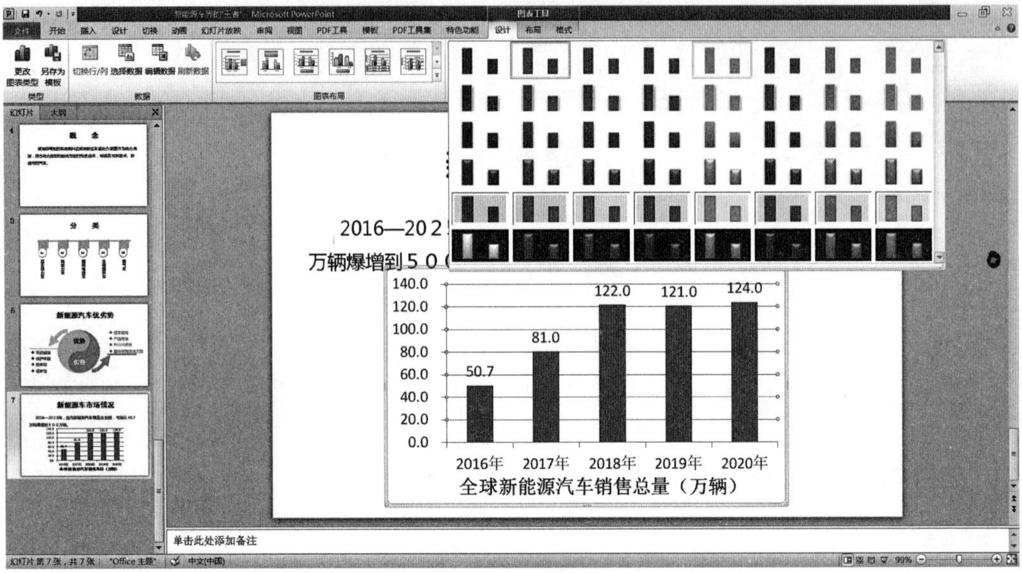

图 4-2-68　设置图表样式

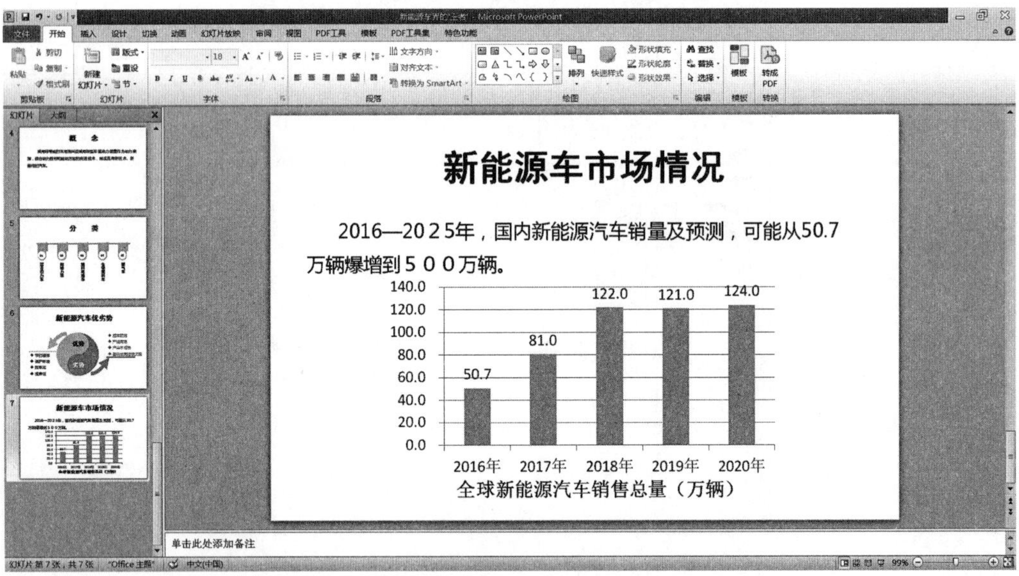

图 4-2-69　国际新能源车市场情况页效果

活动 3　制作能聚电动车内容

张健制作好新能源汽车内容后，紧接着准备制作能聚电动车内容，操作流程如图 4-3-1 所示。

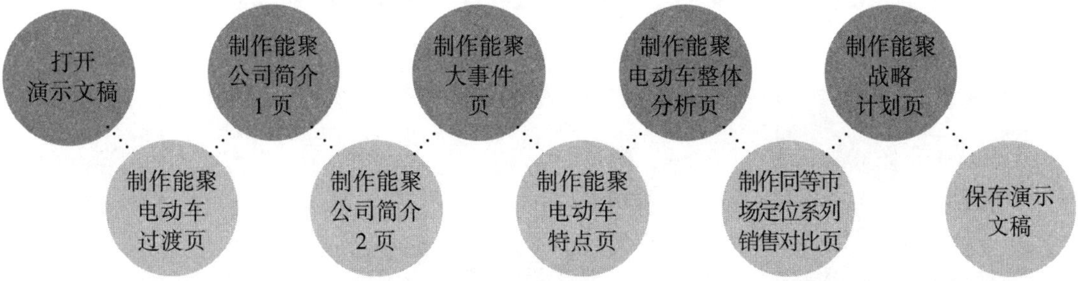

图 4-3-1　制作能聚电动车内容流程

1. 打开演示文稿

启动 PowerPoint 2010，打开创建好的“新能源车界的‘王者’”演示文稿。

2. 制作能聚电动车过渡页

（1）复制幻灯片。在幻灯片窗格处，右击新能源汽车幻灯片，在弹出的快捷菜单中选择“复制幻灯片”命令，复制 1 张幻灯片，如图 4-3-2 所示。

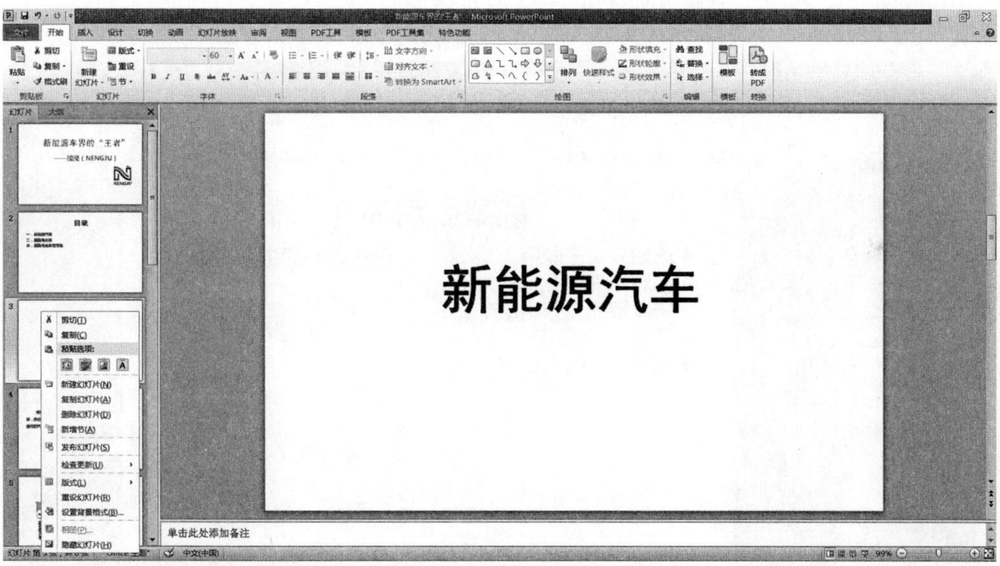

图 4-3-2　复制幻灯片

（2）移动幻灯片。在幻灯片窗格中将复制的幻灯片按住鼠标左键不放拖动至最后 1 页。

（3）输入内容。①将复制后的幻灯片内容改为“能聚电动车”。②插入图片（资料库/模块四/活动 3/素材/能聚标志 . png），并调整图片位置和大小，得到如图 4-3-3 所示效果。

3. 制作能聚公司简介 1 页

（1）新建幻灯片。新建 1 张“两栏内容”版式的幻灯片。

（2）输入内容并设置格式。①在标题占位符中输入“能聚公司简介”。

图 4-3-3　能聚电动车主页效果

②在左侧正文占位符中输入如图 4-3-4 所示内容。

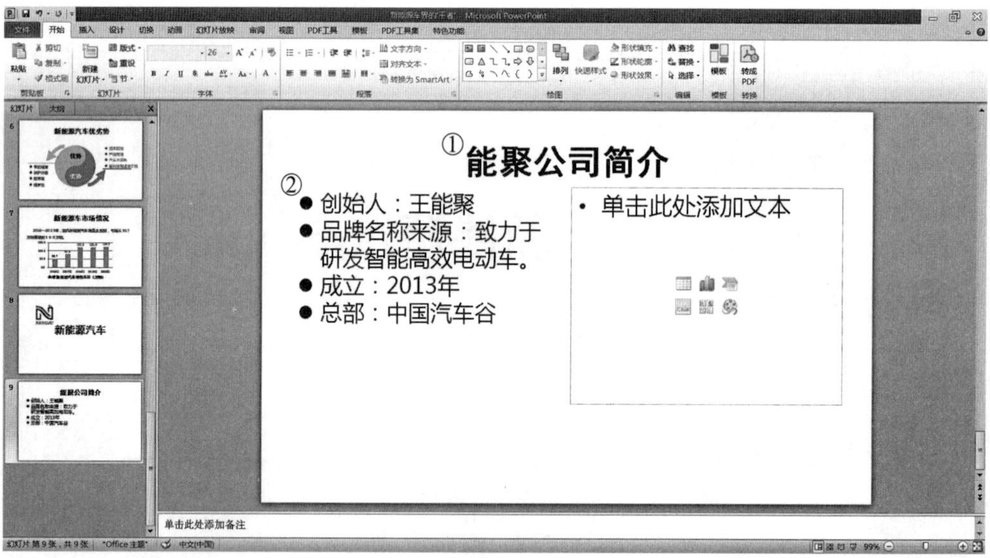

图 4-3-4　输入内容

③设置正文为 1.5 倍行距，项目符号为，并调整占位符的宽度，完成效果如图 4-3-5 所示。

（3）插入图片并设置格式。①在右侧占位符中单击，选择“能聚 . jpg”图片（资料库/模块四/活动 3/素材/能聚 . jpg）。②选择“格式”/“图片样式”组，在下拉列表中选择“柔化边缘椭圆”命令，如图 4-3-6 所示。

设置后效果如图 4-3-7 所示。

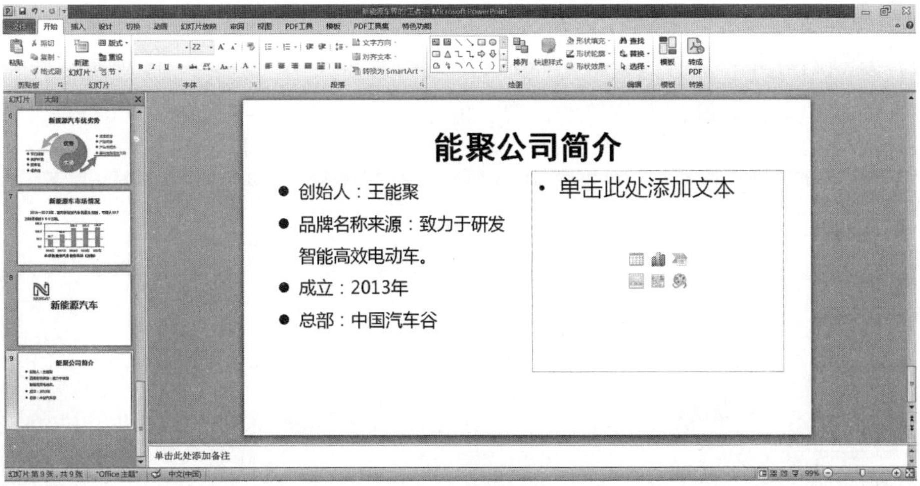

图 4-3-5　设置正文

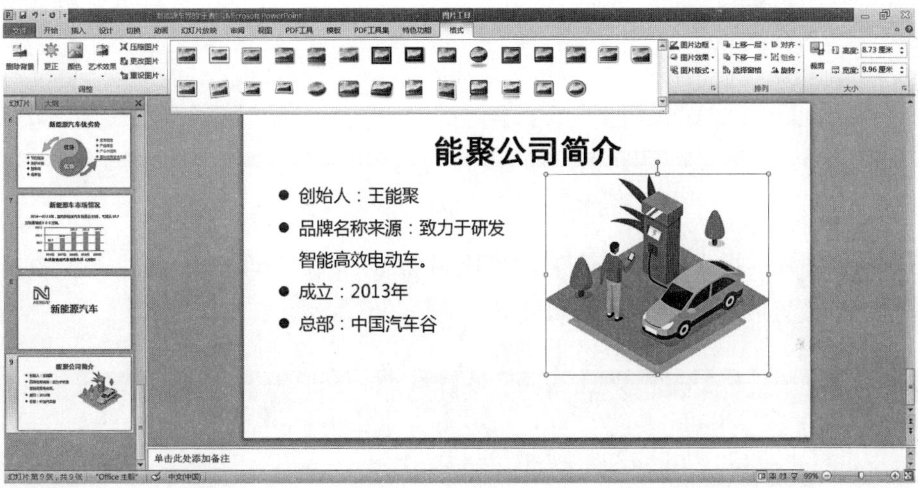

图 4-3-6　图片样式

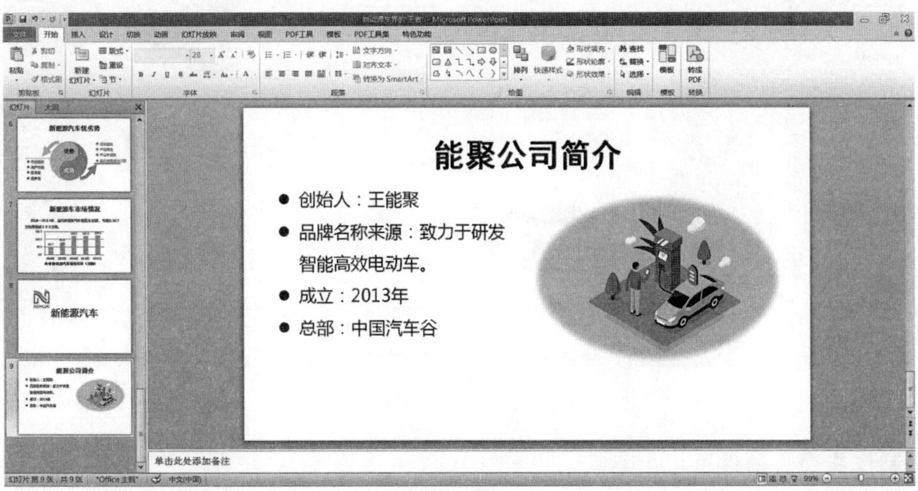

图 4-3-7　能聚公司简介 1 页效果

4. 制作能聚公司简介 2 页

（1）复制幻灯片。复制能聚公司简介 1 页幻灯片。

（2）输入内容，并调整占位符的位置，完成效果如图 4-3-8 所示。

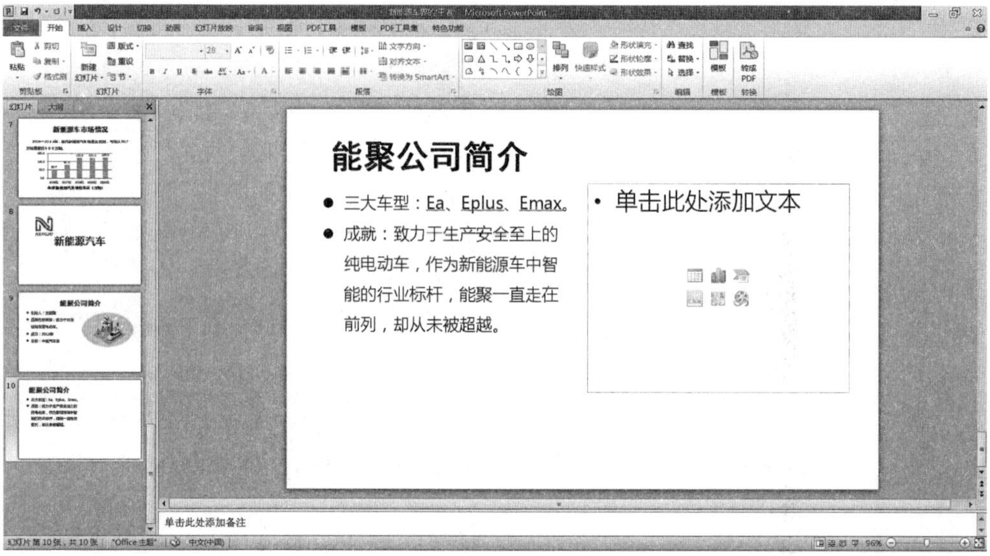

图 4-3-8　输入内容和调整位置

（3）插入图片。插入图片（资料库/模块四/活动 3/素材/车型 1. png、车型 2. png、车型 3. png），并设置成如图 4-3-9 所示效果。

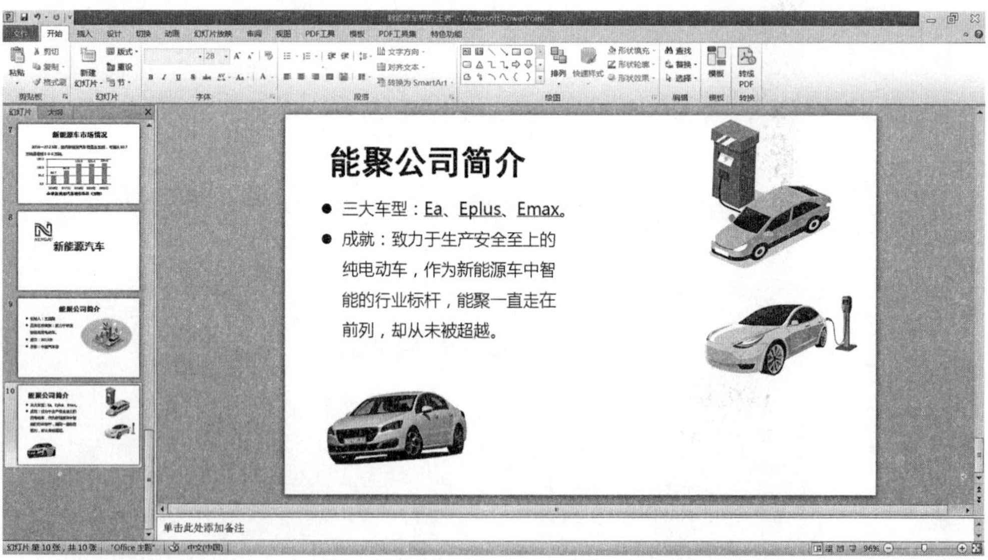

图 4-3-9　能聚公司简介 2 页效果

5. 制作能聚大事件页

（1）新建幻灯片。新建 1 张“标题和内容”版式的幻灯片。

（2）输入内容。在标题占位符中输入内容“能聚大事件”。

（3）插入表格。①单击下方文本框中的“插入表格”按钮 。②弹出“插入表格”对话框，设置列数为 2，行数为 8，得到一个 8 行 2 列的表格。③在表格中输入文字内容，完成效果如图 4-3-10 所示。

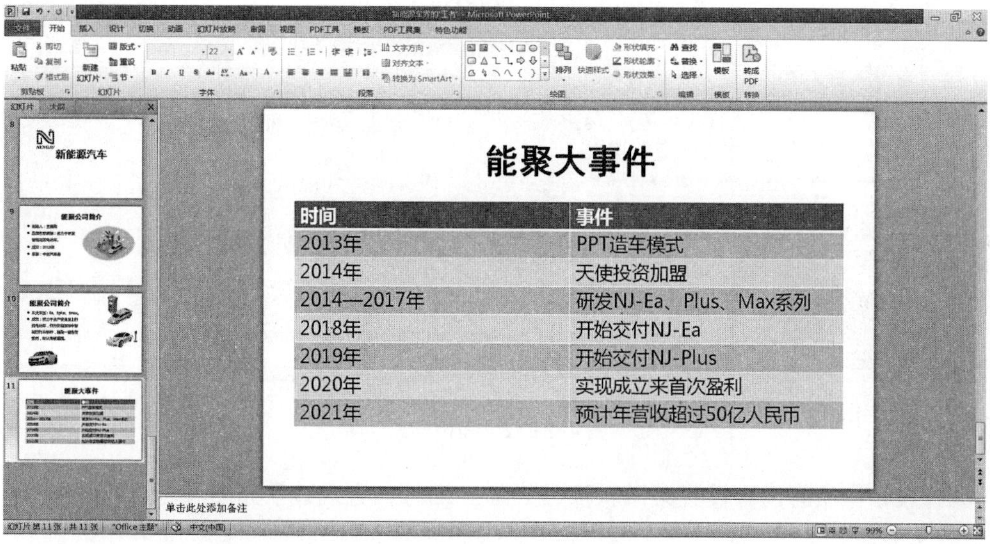

图 4-3-10　插入表格

（4）设置表格格式。①将标题和“时间”列分别居中对齐，“事件”列首行缩进 1. 27 厘米，完成效果如图 4-3-11 所示。

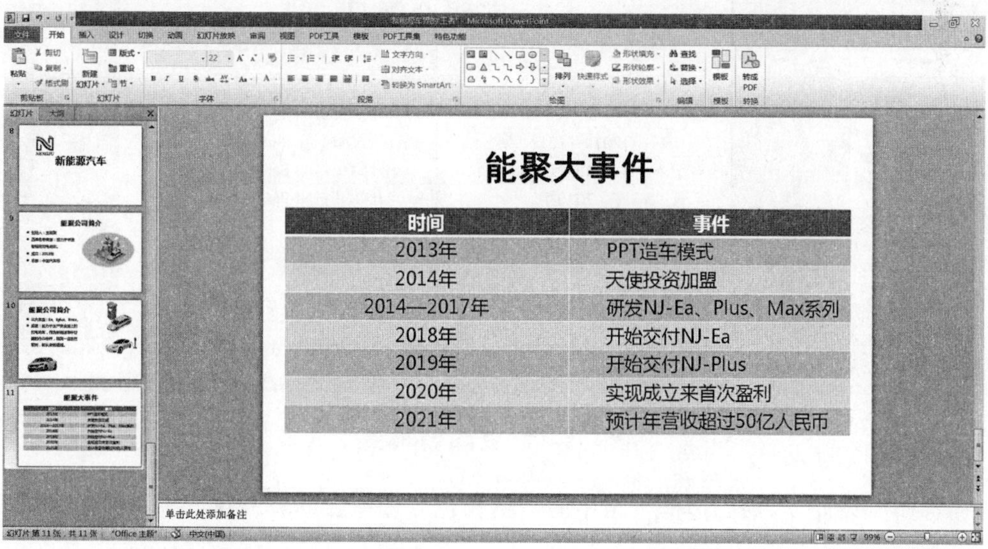

图 4-3-11　设置表格格式

②选择“设计”/“表格样式”组，单击“外观样式”下拉列表中选择“浅色样式 2—强调 3”，如图 4-3-12 所示。

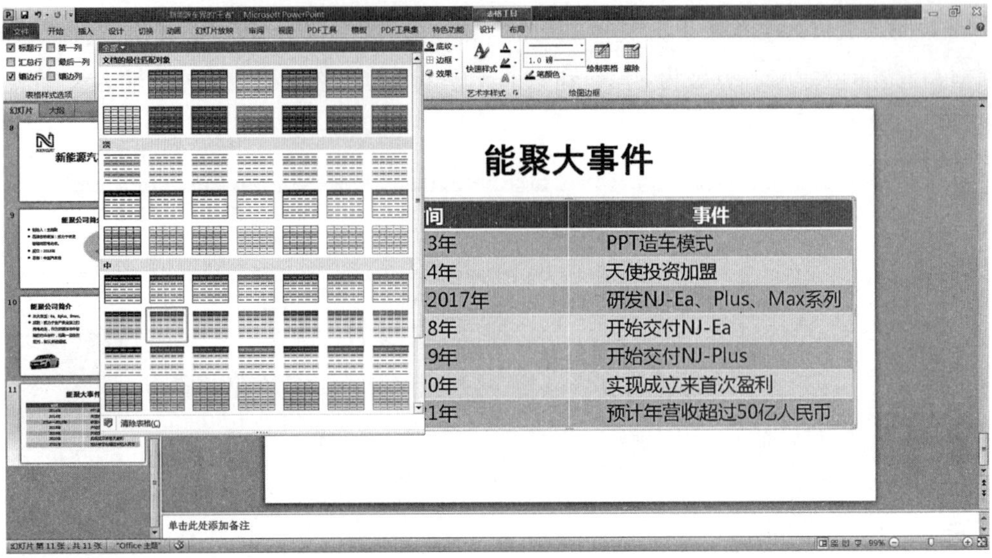

图 4-3-12　表格样式

③将表格中所有内容设置为微软雅黑字体、22 号，完成效果如图 4-3-13 所示。

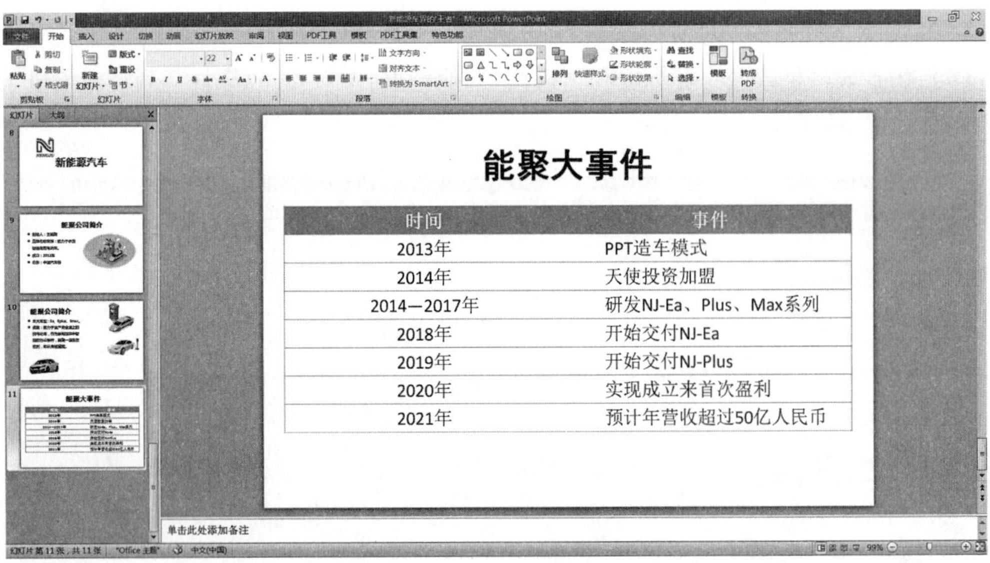

图 4-3-13　设置内容格式

④选择“设计”/“绘图边框”组中的“笔颜色”按钮笔颜色，在下拉列表中选择“浅绿色”，鼠标变成，按住鼠标左键不放绘制表格内部竖框线，完成效果如图 4-3-14 所示。⑤将光标移至“时间”和“事件”列之间的分隔线处，当光标变为时，按住左键不放向左拖动，拖到合适的位置释放左键。设置后效果如图 4-3-15 所示。

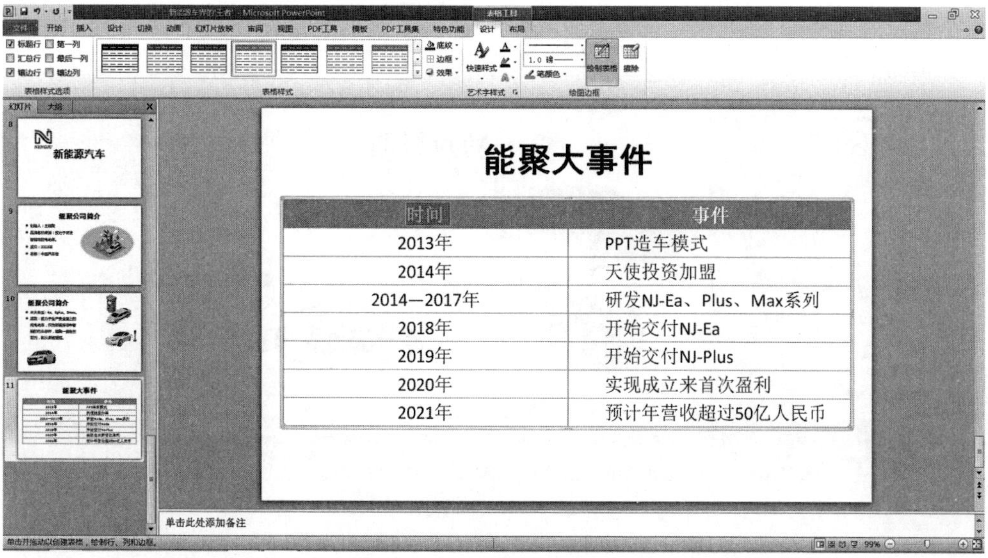

图 4-3-14　设置表格格式

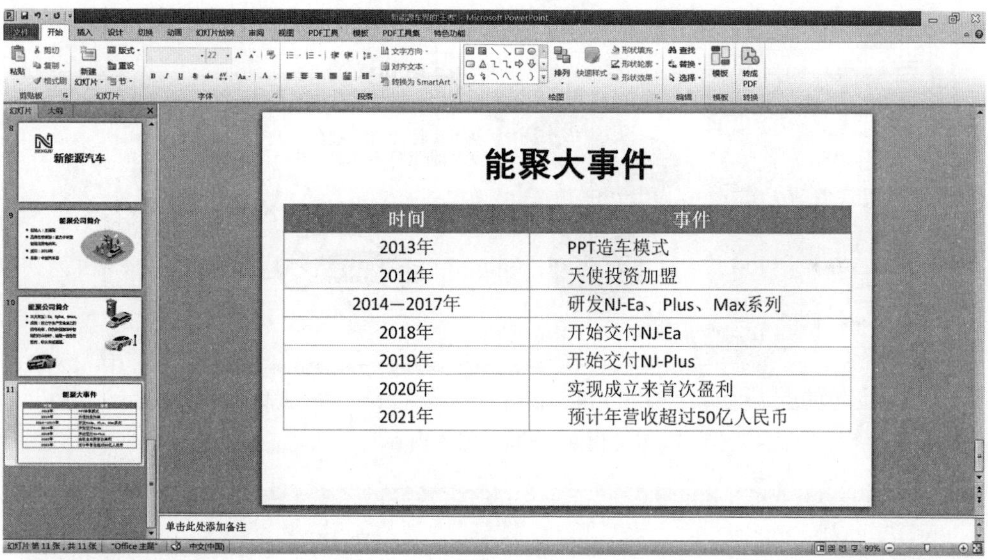

图 4-3-15　能聚大事件页效果

6. 制作能聚电动车特点页

（1）新建幻灯片。新建 1 张“仅标题”版式的幻灯片。

（2）输入内容。在标题占位符中输入“特点鲜明”。

（3）插入图片。插入图片（资料库/模块四/活动 3/素材/能聚汽车 . png、新能源汽车标识 . png、仪表 . png）并调整位置，完成效果如图 4-3-16 所示。

（4）插入文本框并设置格式。①在空白处插入一个横排文本框。②输入如图 4-3-17 所示内容。③设置文本框中内容字体为微软雅黑、22 号。④复制 2 个文本框并调整文本框的宽度，更改内容得到如图 4-3-18 所示效果。

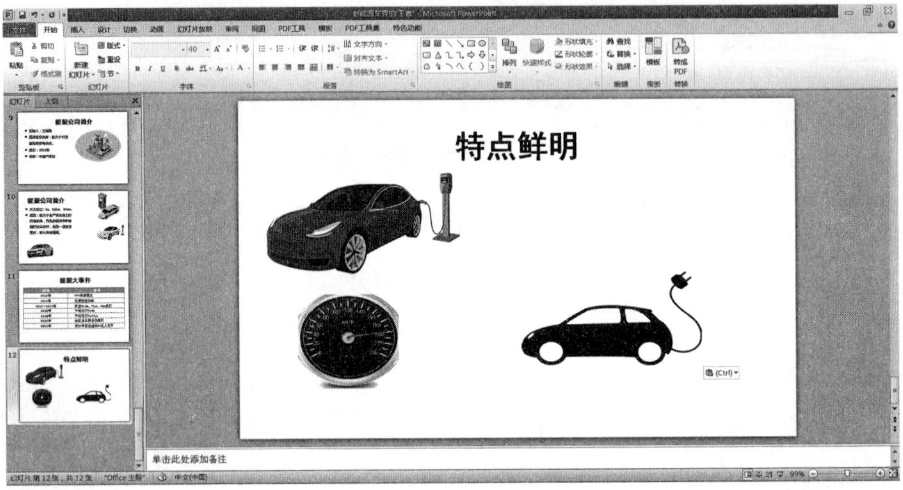

图 4-3-16　插入图片

图 4-3-17　输入内容

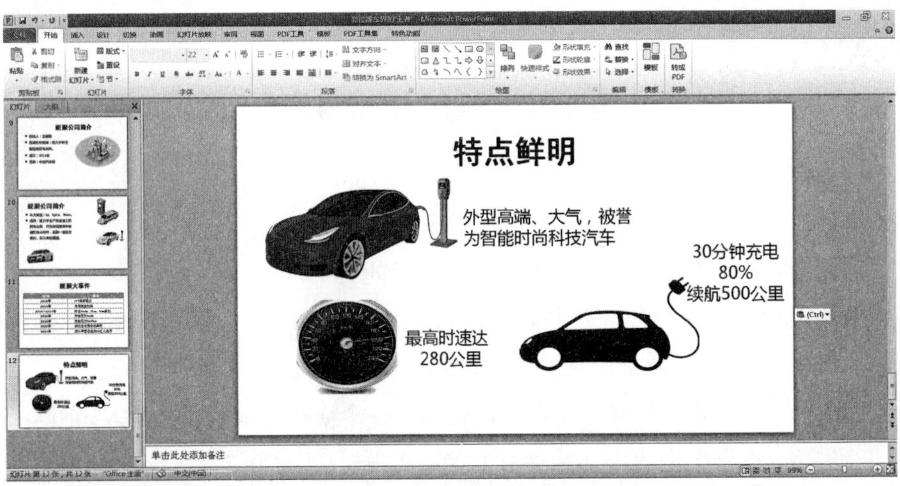

图 4-3-18　能聚电动车特点页效果

7. 制作能聚电动车整体分析页

（1）新建幻灯片。新建 1 张“两栏内容”版式的幻灯片。

（2）输入内容。①在标题占位符中输入“整体分析”。②在左侧正文占位符中输入如图 4-3-19 所示内容。

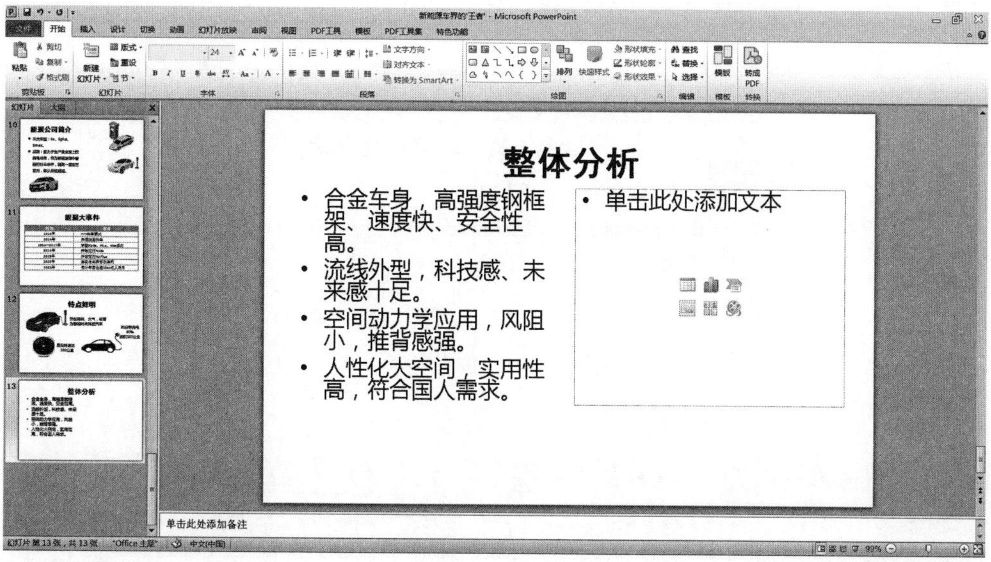

图 4-3-19　输入内容

（3）设置格式。设置左侧占位符中内容字体 22 号、1.5 倍行距，项目符号设置为“◆”。

（4）插入图片。插入图片“概念车 . png”（资料库/模块四/活动 3/素材/概念车 . png）。

（5）调整占位符。调整左侧占位符的位置和宽度，效果如图 4-3-20 所示。

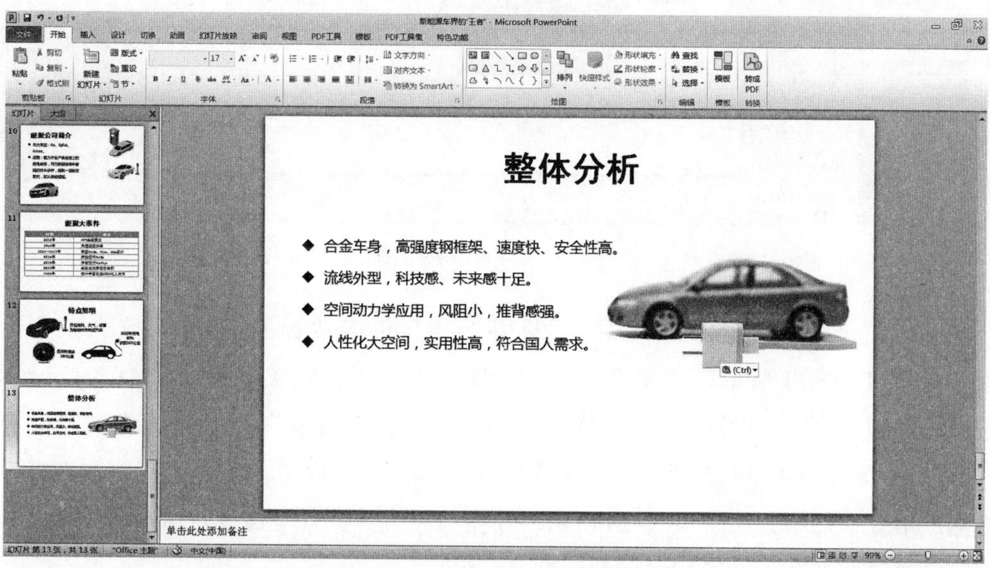

图 4-3-20　能聚电动车整体分析页效果

8. 制作同等市场定位系列销售对比页

（1）新建幻灯片。新建 1 张“标题和内容”版式的幻灯片。

（2）输入内容。在标题占位符中输入“同等市场定位系列销售对比”。

操作演示

（3）插入图表。①在正文占位符中插入“簇状条形图”。②在弹出的 Excel 窗口中输入如图 4-3-21 所示的内容，效果如图 4-3-22 所示。

	A	B	C	D
1		2020年第二季度销量（辆）		
2	A 7series	2338		
3	B -class	2577		
4	能聚-Ea	3750		
5				

图 4-3-21　输入内容

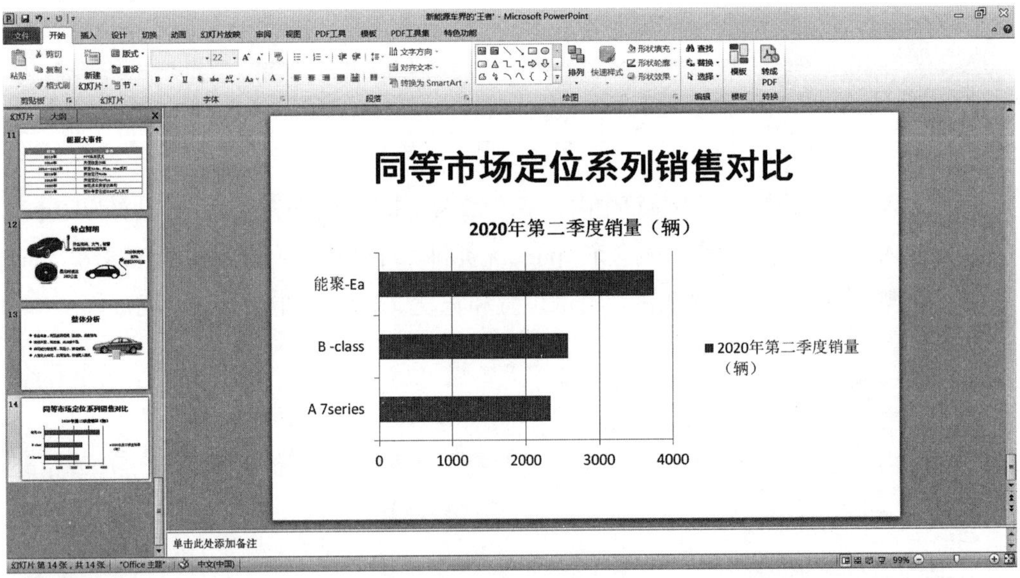

图 4-3-22　簇状条形图

（4）设置图表。①选择“布局”/“标签”组，单击“标签”下拉列表中选择“无”，如图 4-3-23 所示。②调换标题和绘图区的位置，完成效果如图 4-3-24 所示。③选中柱形图，选择“设计”/“图表样式”组，在“图表样式”下拉列表中选择“样式 26”，完成效果如图 4-3-25 所示。④右击“A7 series”柱形图，在快捷菜单中选择“添加数据点格式”命令，如图 4-3-26 所示。⑤在“设置数据点格式”对话框中选择“浅蓝色”纯色填充，如图 4-3-27 所示。

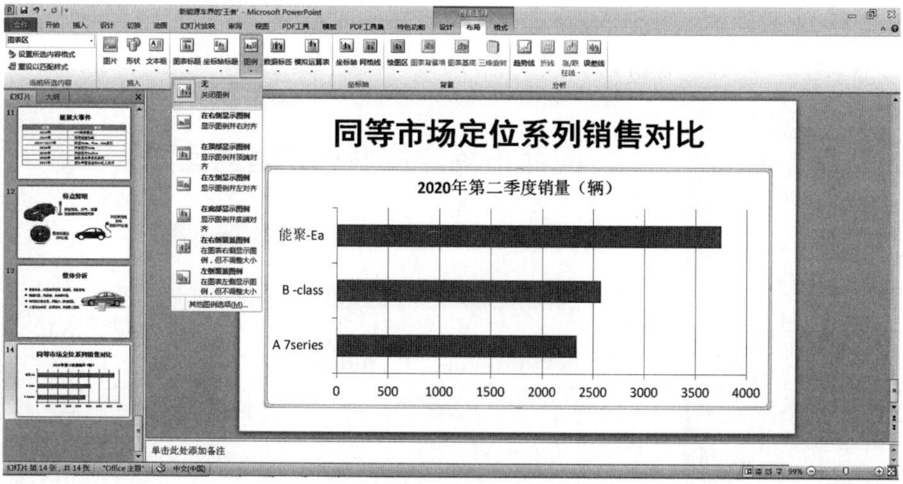

图 4-3-23　设置标签

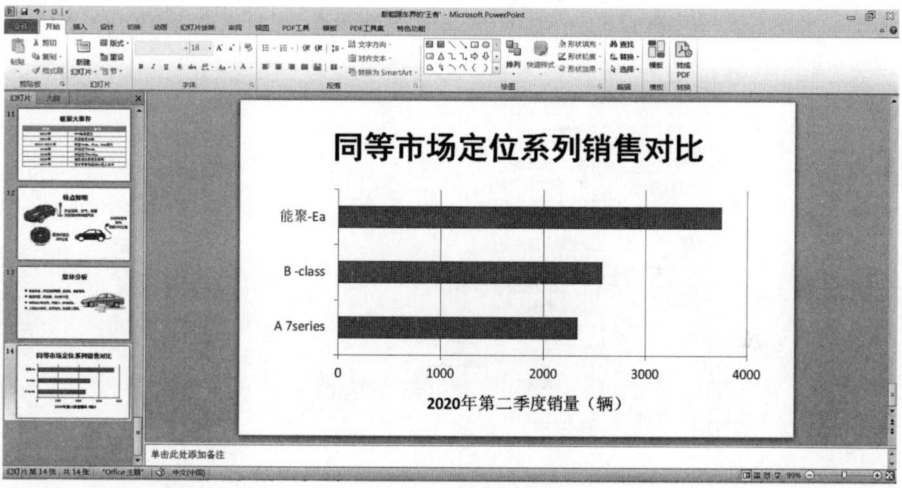

图 4-3-24　调换位置效果

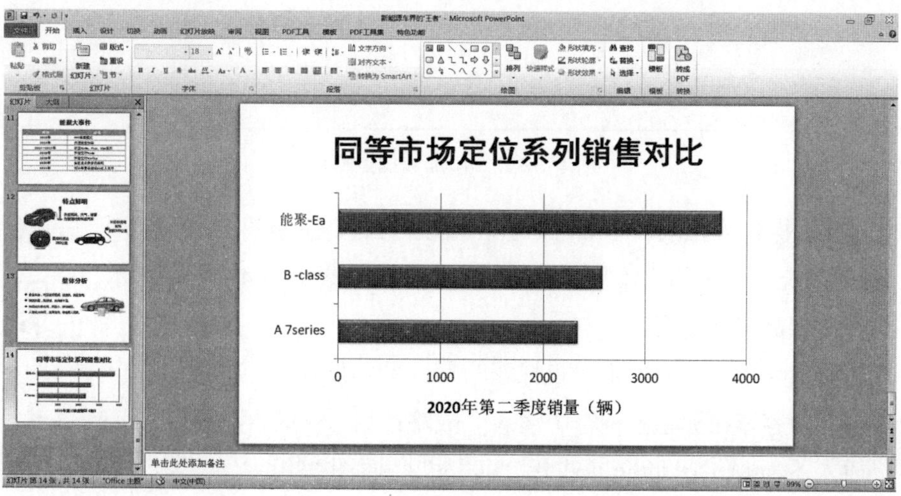

图 4-3-25　设置“图表样式”效果

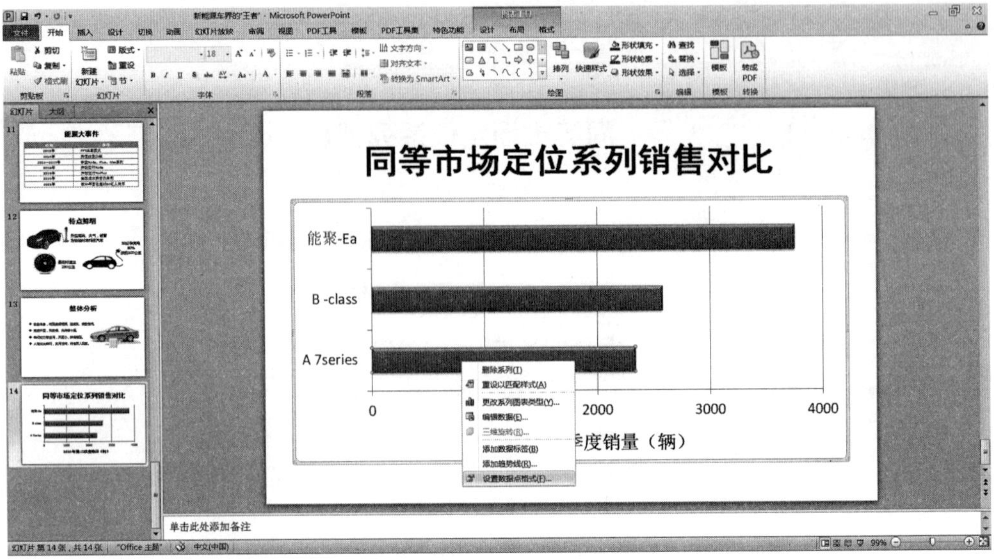

图 4-3-26　添加数据点

图 4-3-27　添加数据点格式

⑥用同样的操作方法将“B-class”和“能聚-Ea”柱形图分别设置成“酸橙色”和“紫色”纯色填充。⑦为图表添加数据标签。设置后效果如图 4-3-28 所示。

操作演示

9. 制作能聚战略计划页

（1）新建幻灯片。新建 1 张“仅标题”版式的幻灯片。

（2）输入内容。在标题占位符中输入“战略计划”。

（3）插入 SmartArt 图形。①选择“插入”/“插图”组。②单击“SmartArt”按钮。③在弹出的“选择 SmartArt 图形”对话框选择“列表”选项卡。④在列表框中选择“堆叠列表”选项。⑤单击“确定”按钮。操作步骤如图 4-3-29 所示，完成效果如图 4-3-30 所示。

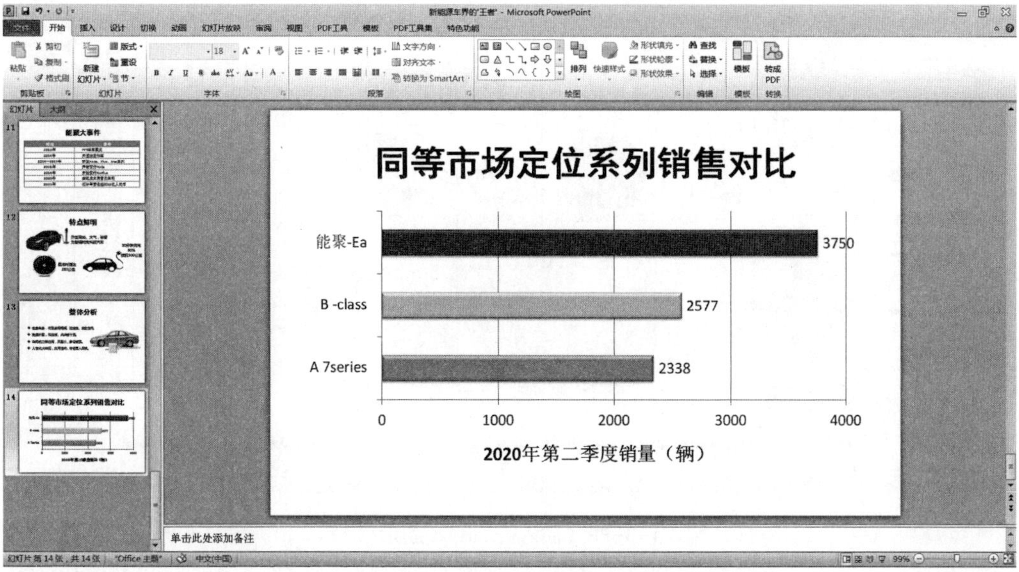

图 4-3-28　同等市场定位系列销售对比页效果

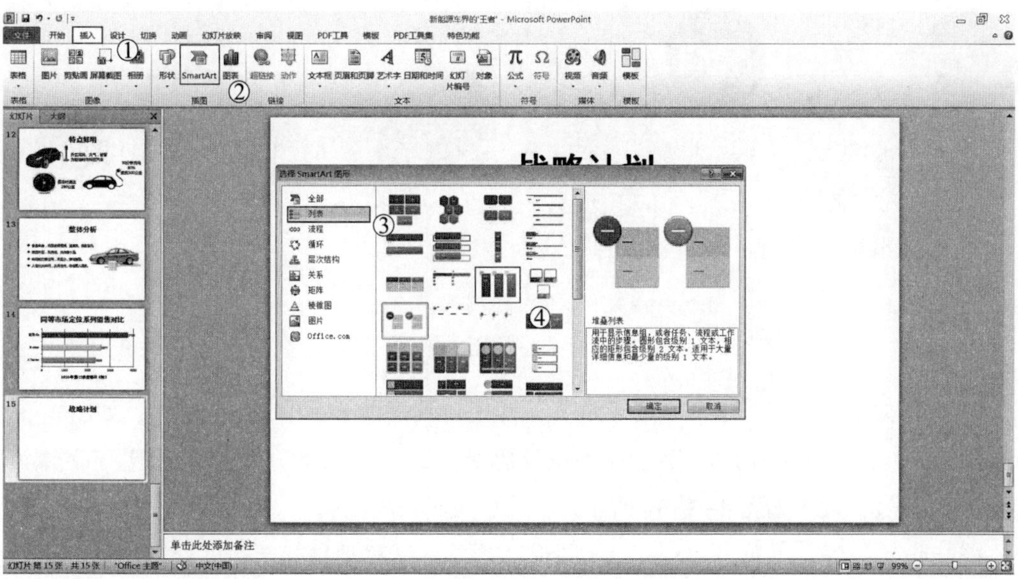

图 4-3-29　插入 SmartArt 图形步骤

（4）编辑 SmartArt 图形。①单击选中左侧底层文本框，按键盘上的“Delete”键删除，用同样的操作方法删除右侧底层文本框，得到如图 4-3-31 所示图形。②双击右侧圆形，选择“设计”/“创建图形”组。③单击按钮右侧的下拉按钮。④选择“在后面

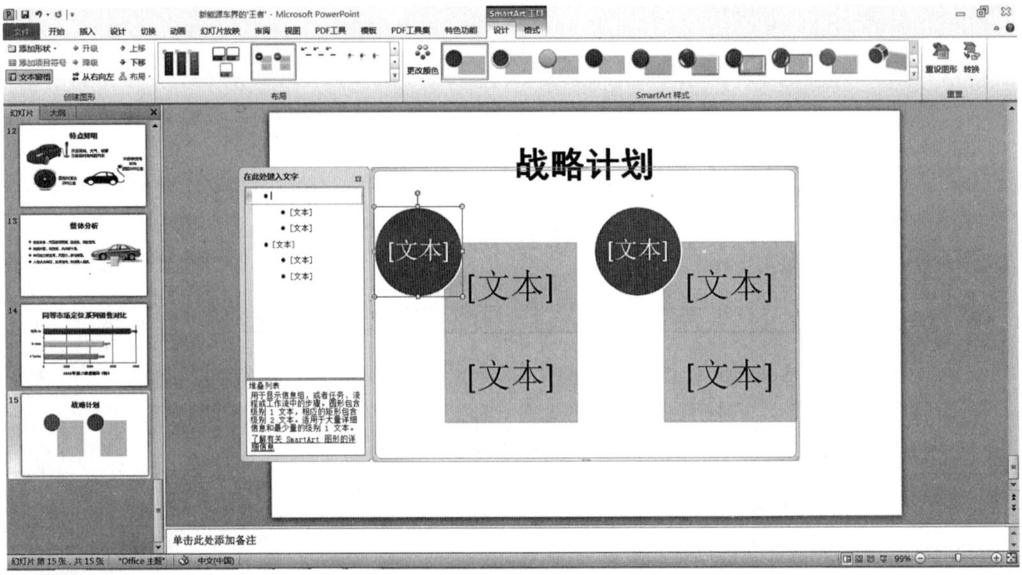

图 4-3-30　插入 SmartArt 图形效果

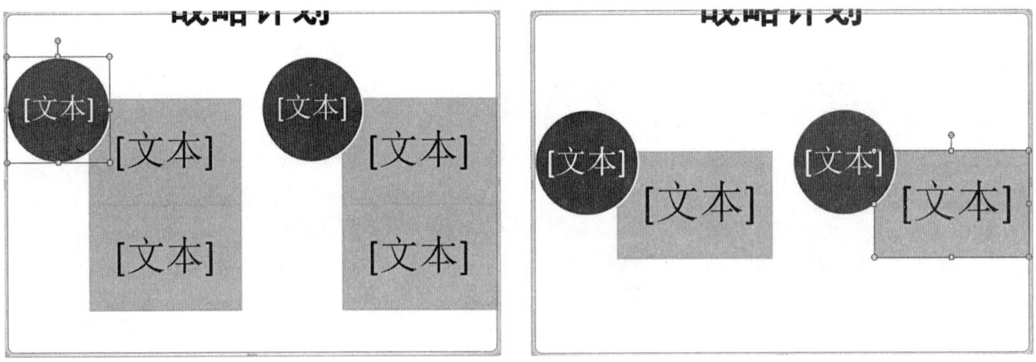

图 4-3-31　层次结构图

添加形状”，如图 4-3-32 所示。⑤依次将插入点定位到每个形状中，输入文本，如图 4-3-33 所示效果。⑥设置圆形中的文字字体为微软雅黑、24 号、加粗，矩形中的文字字体为微软雅黑、20 号，效果如图 4-3-34 所示。

（5）设置位置。①单击“SmartArt 图形”形状。②移动鼠标至边框处，当鼠标形状变为时，按住左键不放向左上角移动到合适位置，效果如图 4-3-35 所示。

（6）设置 SmartArt 图形大小。①单击“SmartArt 图形”形状，移动鼠标至边框右下角处，当鼠标形状变为时，按住左键不放向右移动到合适位置，效果如图 4-3-36 所示。

②同样的操作方法，单击中期矩形，将矩形拉宽至合适大小，如图 4-3-37 所示。

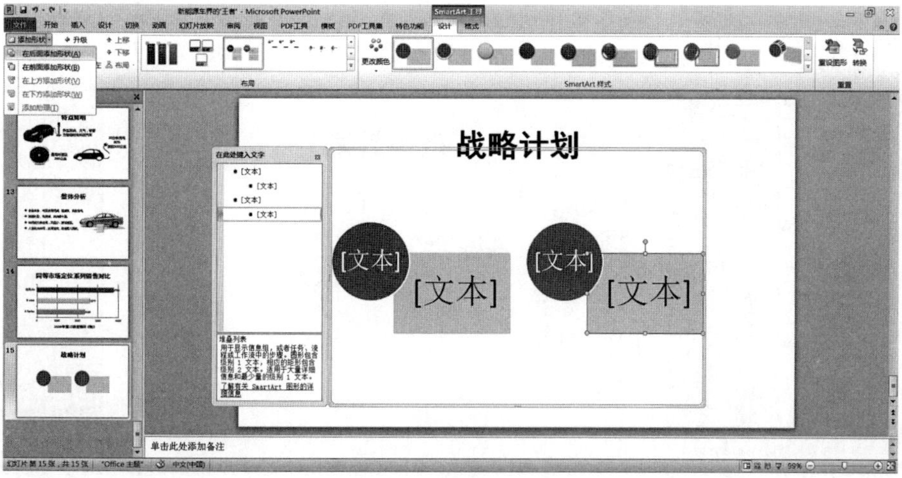

图 4-3-32　添加步骤

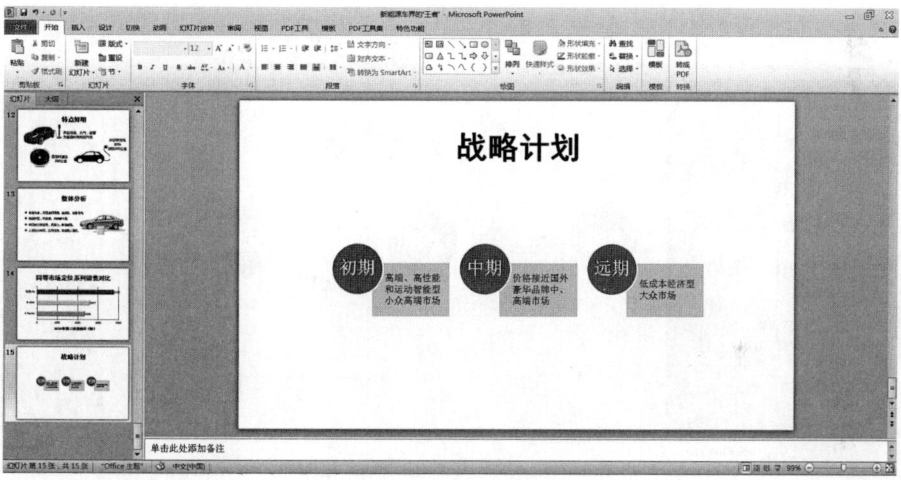

图 4-3-33　输入文字

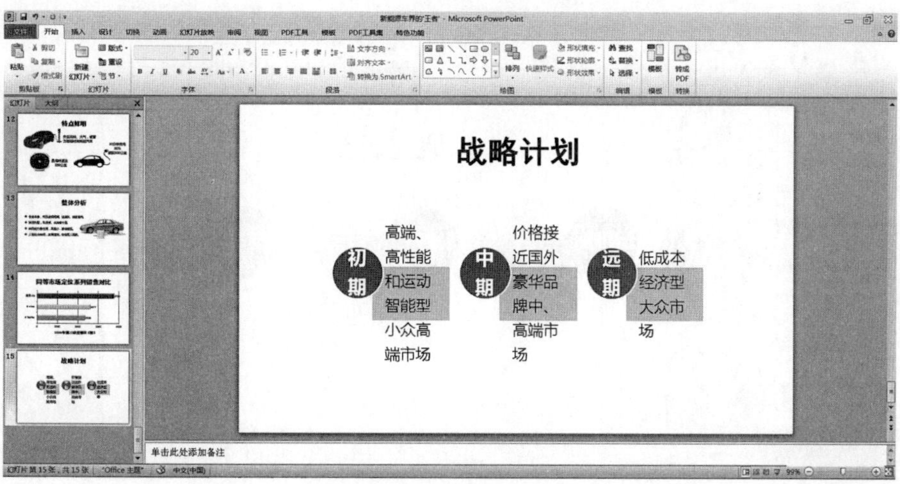

图 4-3-34　设置文字格式

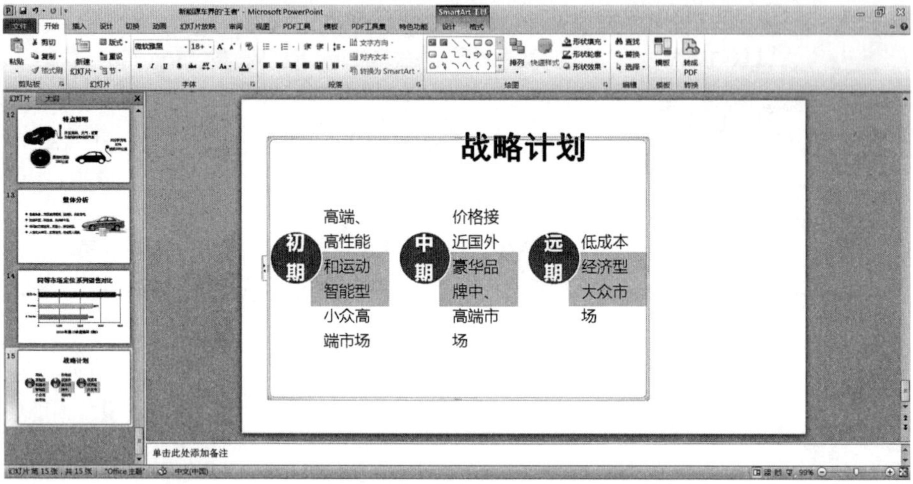

图 4-3-35　移动 SmartArt 图形

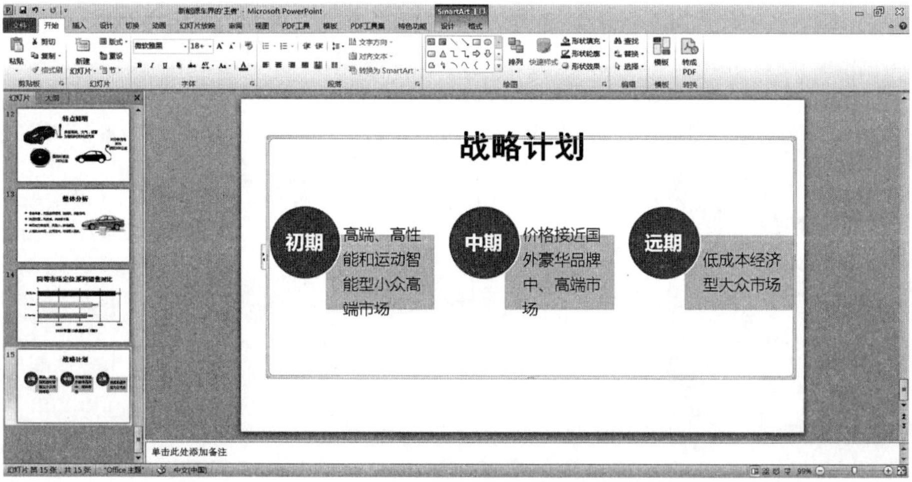

图 4-3-36　设置 SmartArt 图形大小

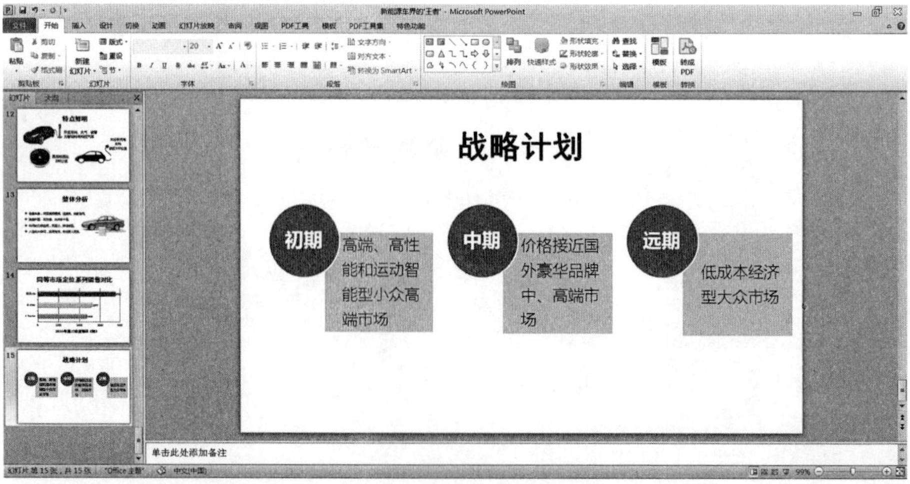

图 4-3-37　设置 SmartArt 中图形大小

（7）设置 SmartArt 图形颜色。双击 SmartArt 图形，选择“设计”中更改颜色按钮，在下拉列表中选择“彩色范围—强调文字颜色 5 至 6”命令，如图 4-3-38 所示。

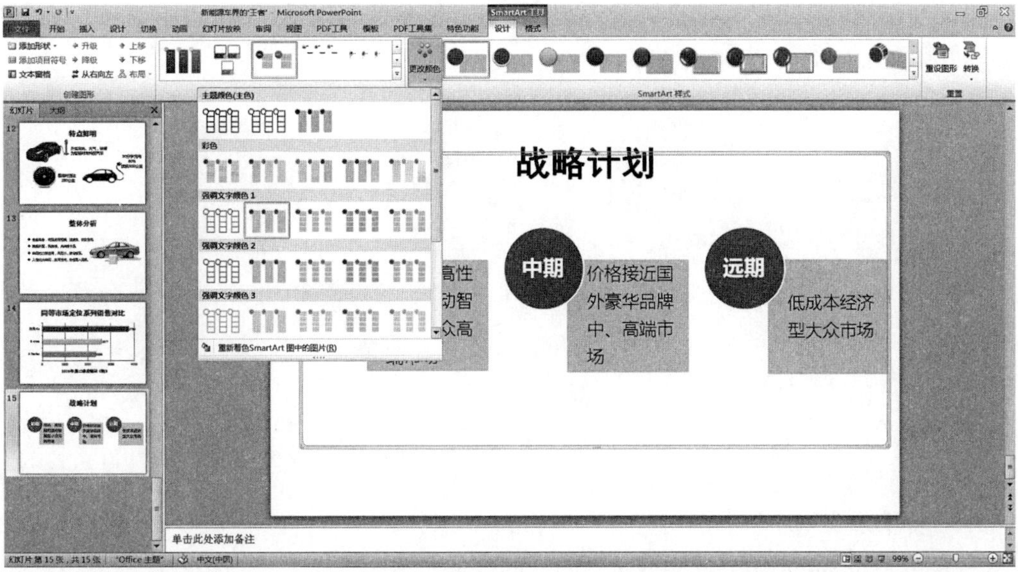

图 4-3-38　设置 SmartArt 图形颜色

设置后的效果如图 4-3-39 所示。

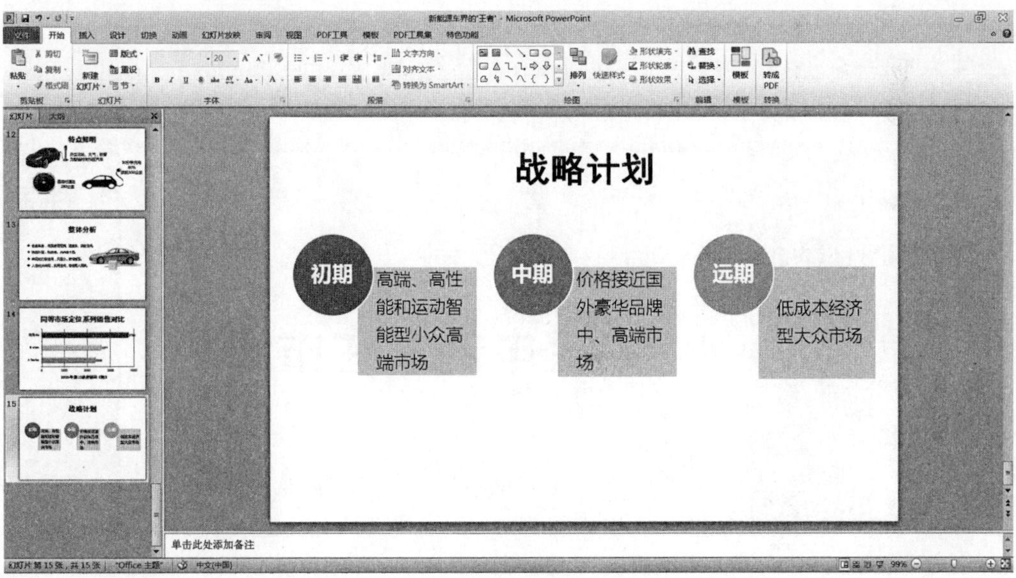

图 4-3-39　能聚战略计划页效果

10. 保存演示文稿

执行“文件”/“保存”命令。

活动 4　制作能聚电动车在中国内容页和结束页

张健制作好能聚电动车内容页后，紧接着准备制作能聚电动车在中国内容页，他的制作思路和步骤如图 4-4-1 所示。

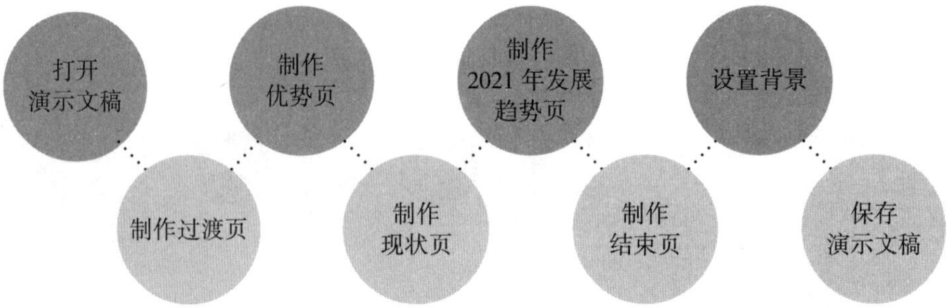

图 4-4-1　制作能聚电动车在中国内容页和结束页流程

1. 打开演示文稿

启动 PowerPoint 2010，打开创建好的“新能源车界的‘王者’”演示文稿。

2. 制作过渡页

复制“新能源汽车”主页，将内容改为“能聚电动车在市场”，并将幻灯片移至最后，如图 4-4-2 所示。

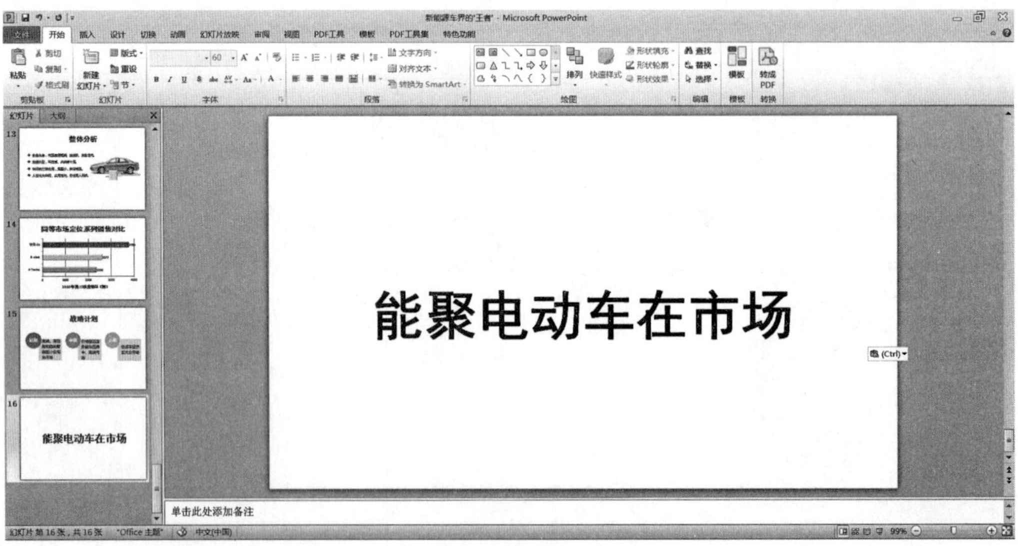

图 4-4-2　能聚电动车在市场过渡页效果

3. 制作优势页

（1）新建幻灯片。新建 1 张“两栏内容”版式的幻灯片。

（2）输入内容。①在标题占位符中输入“优势”。②在左侧正文占位符中输入如图 4-4-3 所示内容。

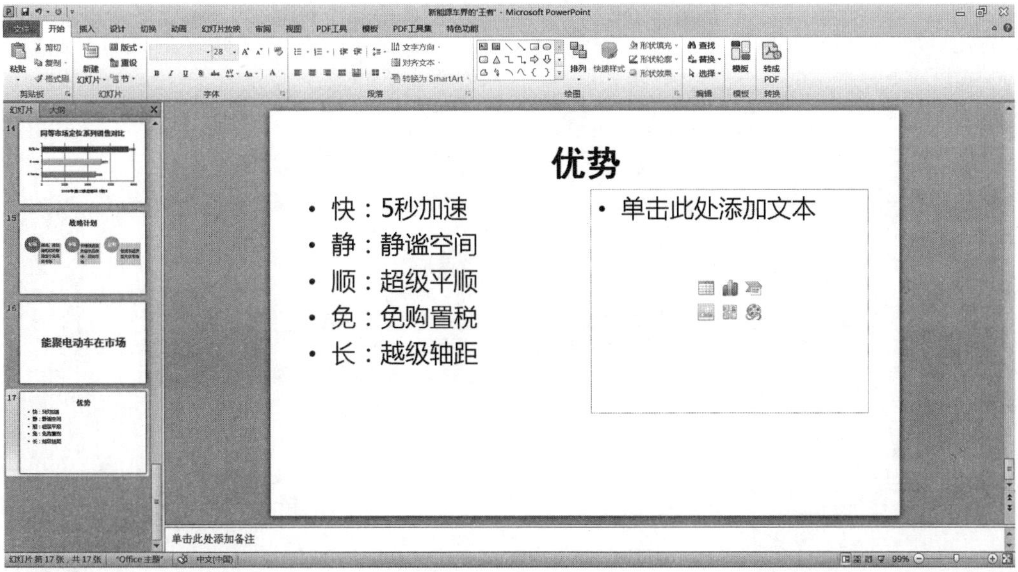

图 4-4-3　输入文字

（3）设置内容格式。①设置“优”“势”两字间空 4 个空格。②设置正文内容 22 号，1.5 倍行距，项目符号为“●”。

（4）插入图片并设置格式。①插入图片“能聚优势 . jpg”（资料库/模块四/活动 4/素材/能聚优势 . jpg）。②将图片向上移动至合适位置。设置后的效果如图 4-4-4 所示。

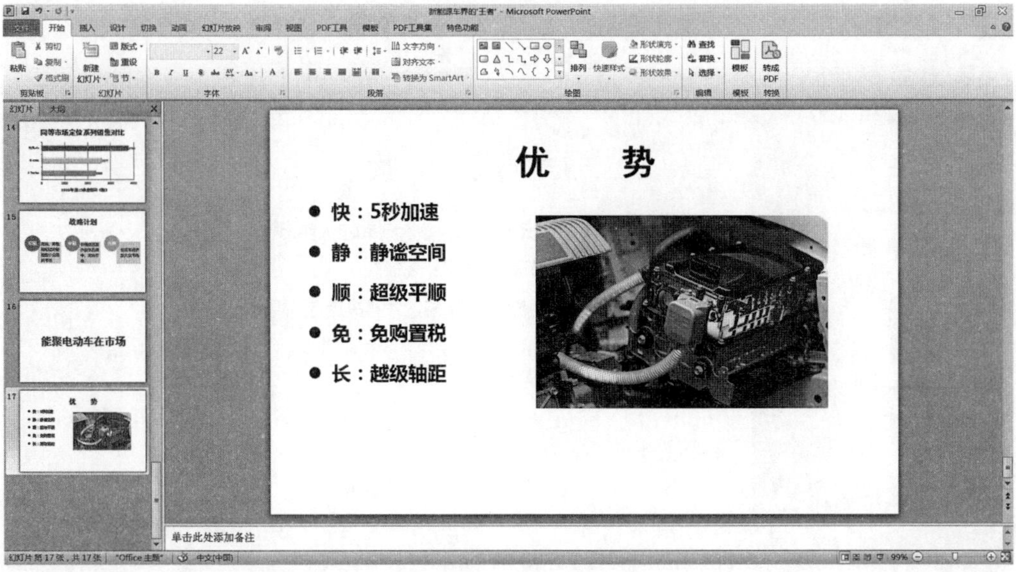

图 4-4-4　时间页效果

4. 制作现状页

（1）新建幻灯片。新建 1 张“标题和内容”版式的幻灯片。

（2）输入内容。①在标题占位符中输入“现状”。②在正文占位符中输入如图 4-4-5 所示内容。

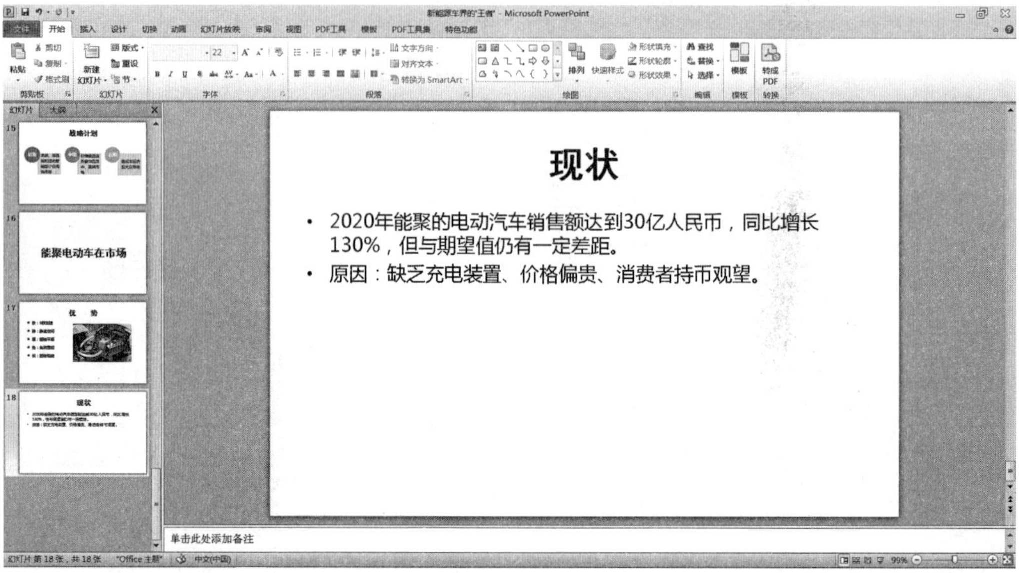

图 4-4-5　输入文字

（3）设置内容格式。①设置“现”“状”两字间空 4 个空格。②设置正文内容首行缩进 1.73 厘米，1.5 倍行距，项目符号为无。设置后效果如图 4-4-6 所示。

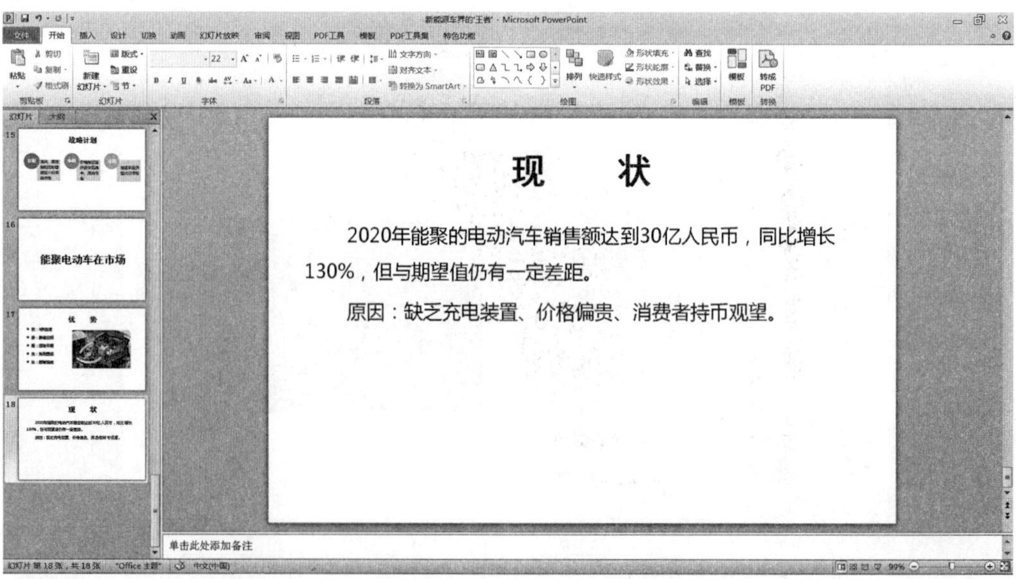

图 4-4-6　现状页效果

5. 制作 2021 年发展趋势页

（1）新建幻灯片。新建 1 张“标题和内容”版式的幻灯片。

（2）输入内容。①在标题占位符中输入“2021 年发展趋势”。②在正文占位符中输入如图 4-4-7 所示内容。

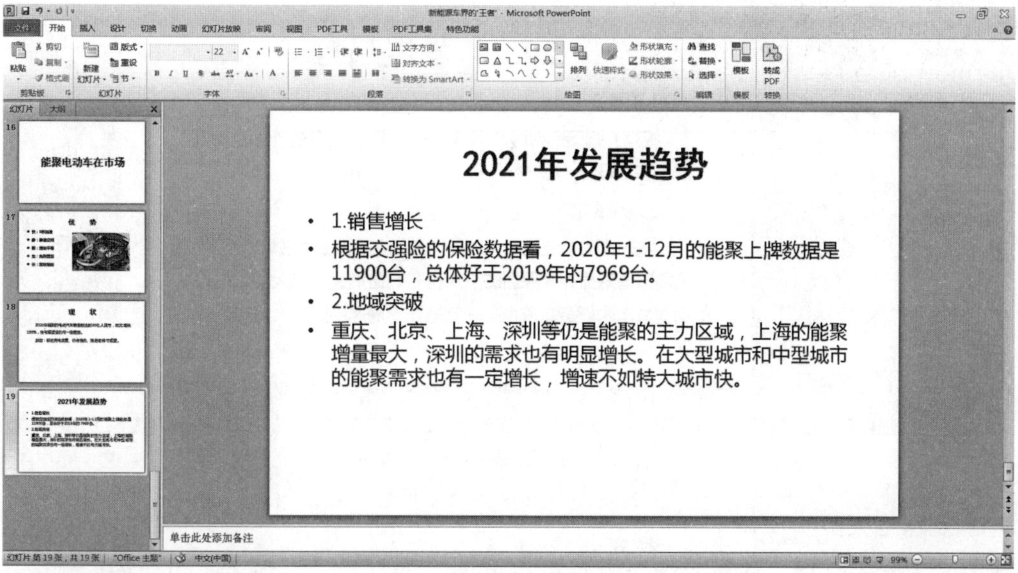

图 4-4-7 输入文字

（3）设置内容格式。设置正文内容首行缩进 1. 27 厘米，1. 5 倍行距，项目符号为无。效果如图 4-4-8 所示。

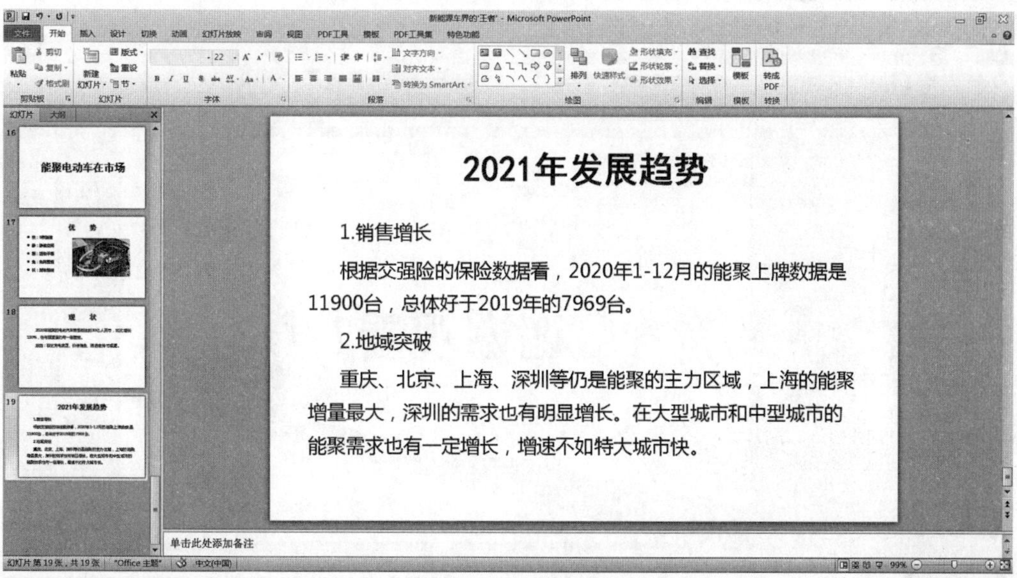

图 4-4-8 设置内容格式

（4）调整占位符的位置和大小。①移动正文占位符至左上角至合适位置。②将正文占位符拉宽至合适大小。设置后效果如图 4-4-9 所示。

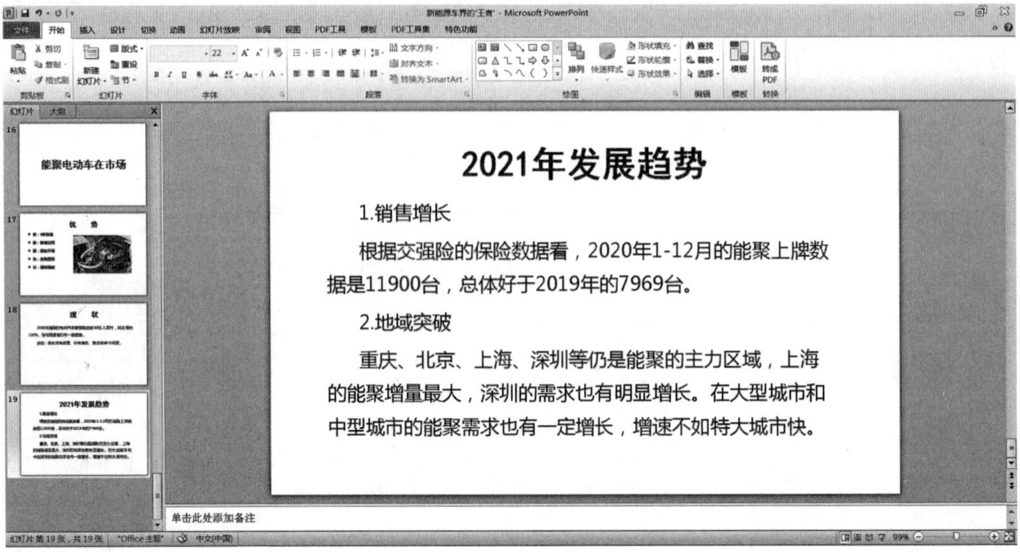

图 4-4-9　发展趋势页效果

6. 制作结束页

（1）复制幻灯片。复制“能聚电动车在市场”幻灯片，将内容改为“谢谢观看!”，并将幻灯片移至最后。

（2）插入图片。插入图片“公路 . png”（资料库/模块四/活动 4/素材/公路 . png）和“结束汽车 . png”（资料库/模块四/活动 4/素材/结束汽车 . png），并将图片移至合适位置。设置后的效果如图 4-4-10 所示。

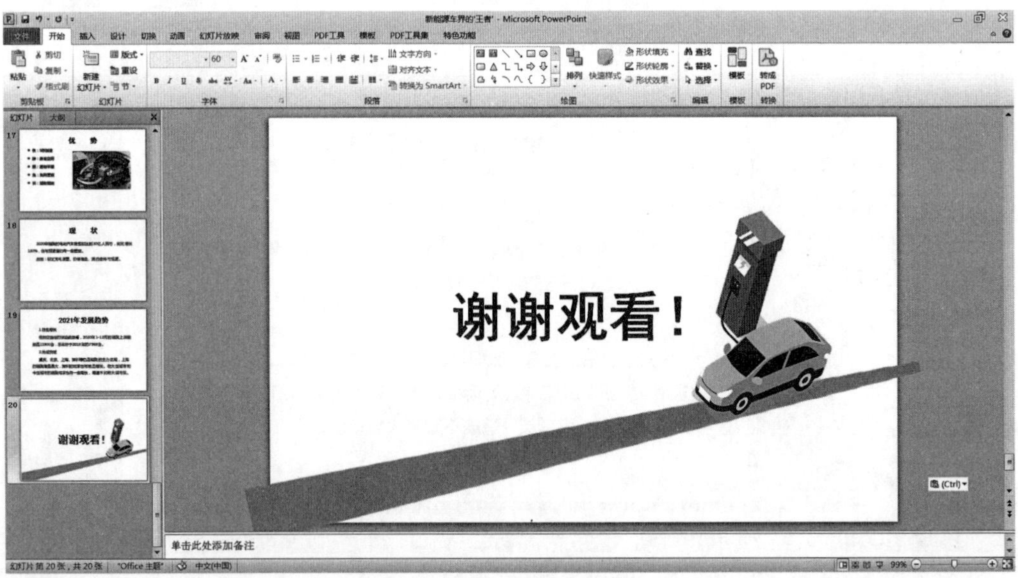

图 4-4-10　结束页效果

7. 设置背景

（1）设置主体背景。①在幻灯片窗格处，单击第 2 张幻灯片。②选择“设计”/“背景”组。③单击“背景样式”下拉菜单，选择“设置背景格式”。④在弹出对话框中选择“图片或纹理填充”。单击“文件”按钮，选择图片“背景 . jpg”（资料库/模块四/活动 4/素材/背景 . jpg）。⑤单击“全部应用”按钮。操作步骤如图 4-4-11 所示。

操作演示

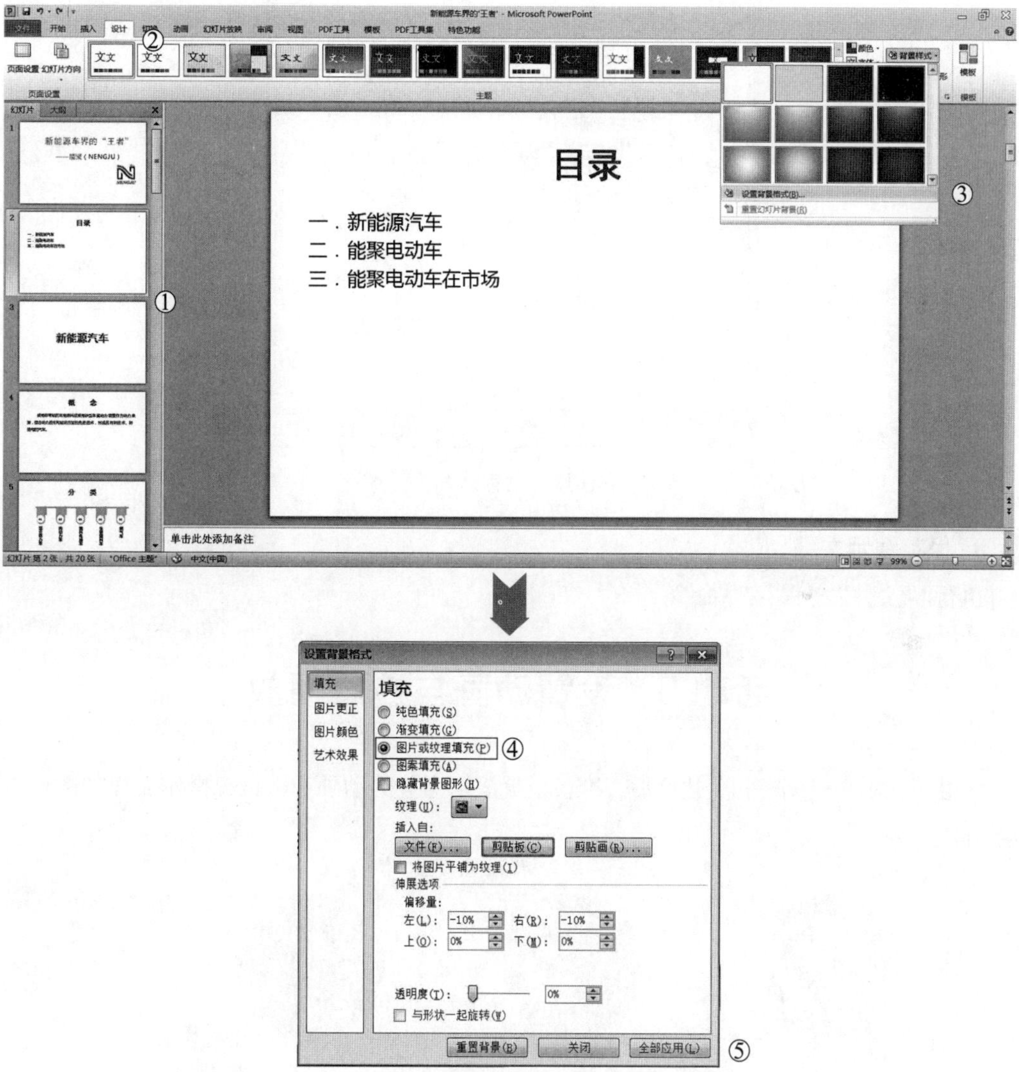

图 4-4-11　设置主体背景

（2）设置首页背景。①在幻灯片窗格处，单击第 1 张幻灯片。②按照设置主体背景操作方法②~④设置图片“封面 . jpg”（资料库/模块四/活动 4/素材/封面 . jpg）为首页背景。③单击“关闭”按钮。

（3）设置新能源汽车主页背景。①在幻灯片窗格处，单击第 3 张幻灯片。②按照设置主体背景操作方法②~④设置图片“章节.jpg”（资料库/模块四/活动4/素材/章节.jpg）为首页背景。③单击“关闭”按钮。

（4）设置其余主页背景。按照设置新能源汽车主页背景的操作方法设置。

（5）设置结束页背景。①在幻灯片窗格处，单击最后1张幻灯片。②在背景格式对话框填充项中选择“白色”纯色填充，如图4-4-12所示。③单击“关闭”按钮。

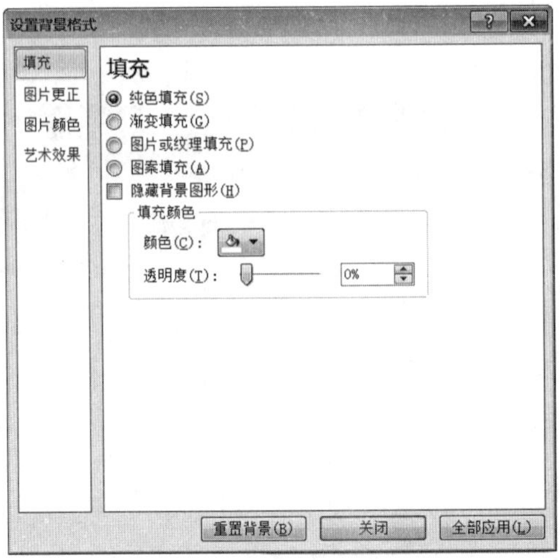

图4-4-12　设置结束页背景

8. 保存演示文稿

执行“文件”/“保存”命令。

活动5　设置动画与控制播放

张健将演示文稿创建和美化好后，准备设置演示文稿的动画和链接，操作流程如图4-5-1所示。

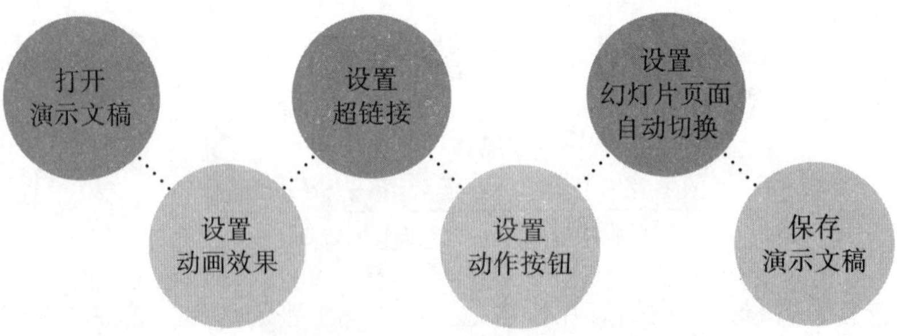

图4-5-1　设置动画和播放流程

1. 打开演示文稿

启动PowerPoint 2010，打开创建好的“新能源车界的‘王者’”演示文稿。

2. 设置动画效果

(1) 设置首页。①单击选中标题“新能源车界的‘王者’”文本框。②选择“动画”/“动画”组，在“动画样式”下拉列表框中选择“进入”栏的“缩放”命令，如图 4-5-2 所示。

操作演示

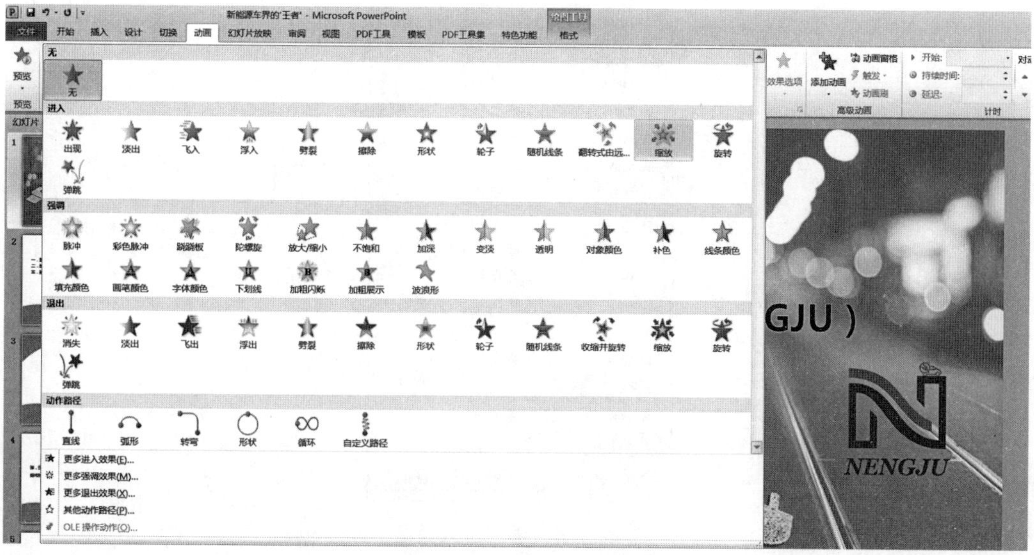

图 4-5-2　“缩放”效果

③单击“效果选项”，在下拉列表中选择“幻灯片中心”命令，如图 4-5-3 所示。

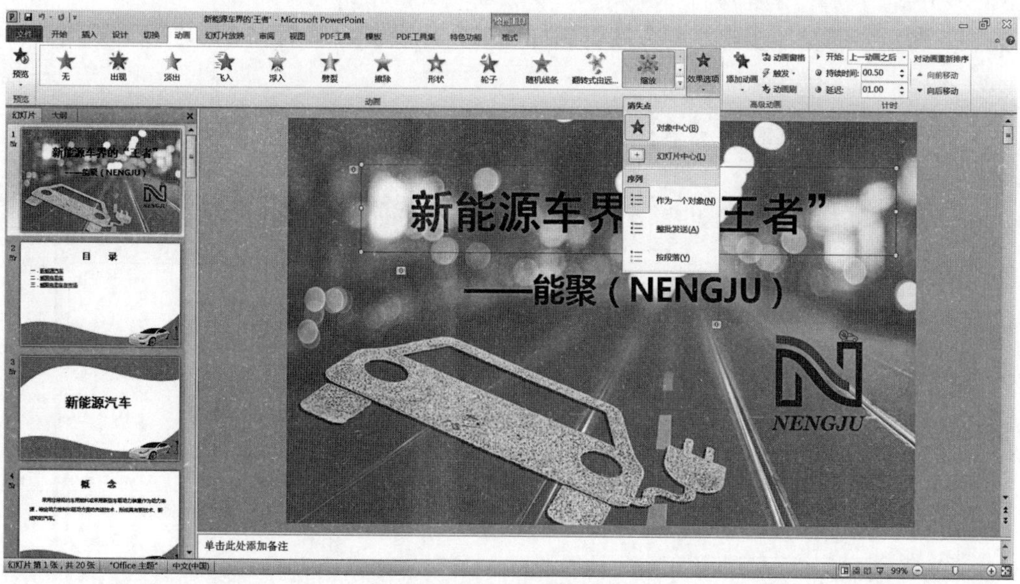

图 4-5-3　效果选项

④单击选中副标题“——能聚（NENGJU）”文本框。⑤选择“动画”/“动画”组，在“动画样式”下拉列表框中选择“更多进入效果”命令。在弹出的对话框中选择“温和型”的“基本缩放”命令，如图4-5-4所示。⑥参照步骤③的方法设置图片为“随机线条”效果。

图4-5-4　更多进入效果

⑦选择“动画”/“高级动画”组，单击“动画窗格”按钮 动画窗格。⑧在“动画窗格”中选择“标题”对象，单击标题对象右侧的下拉列表，在下拉列表中选择“计时”命令。⑨在“计时”对话框中，选择开始为“上一动画之后”，设置延迟时间为1秒，如图4-5-5所示。⑩参照步骤⑨的方法将副标题和图片设置为“上一动画之后1秒”。

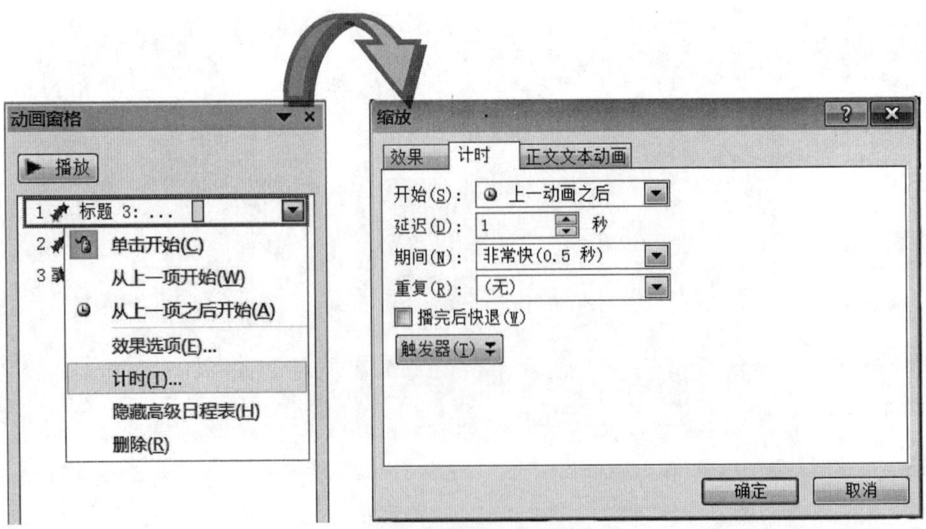

图4-5-5　设置“计时”命令

（2）设置第2~20张幻灯片中对象动画。设置要求见表4-5-1。

表4-5-1　设置要求

幻灯片	对象和顺序	效果	计时
第2张	目录	顶部飞入	上一动画之后1秒
	内容	左侧飞入	
第3张	新能源汽车	劈裂	
第4张	概念	顶部飞入	
	内容	右侧飞入	
第5张	01组合形状	右侧飞入	
	混合动力车	擦除	
	……	……	
	05组合形状	右侧飞入	
	燃气车	擦除	
第6张	新能源车优劣势	劈裂	
	圆	轮子	
	黄色箭头	右侧擦除	
	黄色矩形	左侧飞入	
	优势内容	棋盘	
	蓝色箭头	左侧擦除	
	蓝色矩形	右侧飞入	
	劣势内容	棋盘	
第7张	新能源车市场情况	底部擦除	
	正文内容	劈裂	
	图表	圆形扩展	
第8张	标志	缩放	
	能聚电动车	劈裂	
第9张	能聚公司简介	劈裂	
	正文内容	棋盘	
	图片	劈裂	

续表

幻灯片	对象和顺序	效果	计时
第 10 张	能聚公司简介	劈裂	上一动画之后 1 秒
	正文内容	棋盘	
	汽车图片 1、2、3	淡出	
第 11 张	能聚大事件	劈裂	
	表格	形状	
第 12 张	特点鲜明	劈裂	
	红色汽车图片	底部擦除	
	介绍内容	左侧擦除	
	速度表	轮子	
	介绍内容	左侧擦除	
	侧面汽车图片	右侧擦除	
	介绍内容	左侧擦除	
第 13 张	整车分析	劈裂	
	正文内容	底部擦除	
	图片	形状	与上一动画同时
第 14 张	标题	劈裂	上一动画之后 1 秒
	图表	左侧擦除	
第 15 张	战略计划	底部擦除	
	SmartArt 形状	缩放	
第 16 张	能聚电动车在市场	劈裂	
第 17 张	优势	劈裂	
	内容	左侧飞入	
	图片	右侧飞入	
第 18 张	现状	劈裂	
	内容	段落浮入	
第 19 张	2021 年发展趋势	劈裂	
	内容	段落浮入	
第 20 张	道路	左侧擦除	
	汽车	右侧飞入	
	谢谢观看！	劈裂	

3. 设置超链接

操作演示

①在幻灯片窗格处，单击第 2 张幻灯片。②选择“新能源汽车”。③选择“插入”/“链接”组，单击“超链接”按钮 。④选择“链接到”中“本文档中的位置”。⑤单击“请选择文档中的位置”中的“新能源汽车”。⑥单击“确定”按钮。操作步骤如图 4-5-6 所示。⑦使用上述操作方法设置“能聚电动车”和“能聚电动车在市场”的超链接。

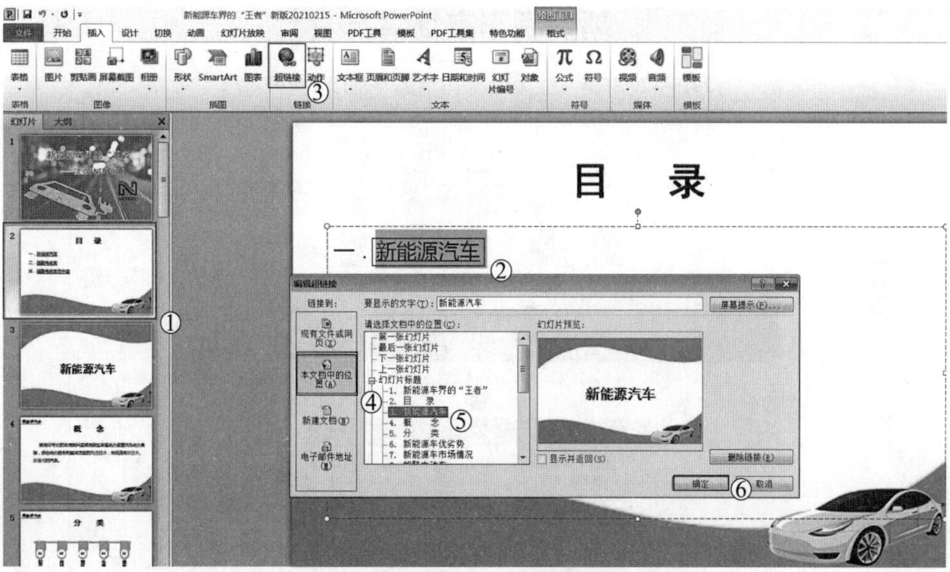

图 4-5-6　设置超链接

4. 设置动作按钮

操作演示

（1）插入动作按钮。在幻灯片窗格处，单击第 7 张幻灯片。①选择“插入”/“插图”组，单击“形状”按钮。②在弹出的下拉列表“动作按钮”中选择按钮。③待鼠标指针变为＋时，移动至幻灯片的左下角拖动绘制动作按钮。④在弹出的“动作设置”对话框中选择超链接到“幻灯片…”。⑤在超链接到幻灯片对话框中选择“目录”。⑥先后单击“超链接到幻灯片”和“动作设置”对话框中“确定”按钮。操作步骤如图 4-5-7 所示。

（2）设置动作按钮。①右击动作按钮，在快捷菜单中选择“设置形状格式”命令，如图 4-5-8 所示。②在填充项中选择渐变填充，类型“线性”。在渐变光圈设置左侧和右侧滑块颜色“白色”，中间滑块颜色“橄榄色”，如图 4-5-9 所示。③设置“线条颜色”项中为“无”。④设置“大小”项中高度“1.4 厘米”，宽度“2.8 厘米”。⑤单击“关闭”按钮。

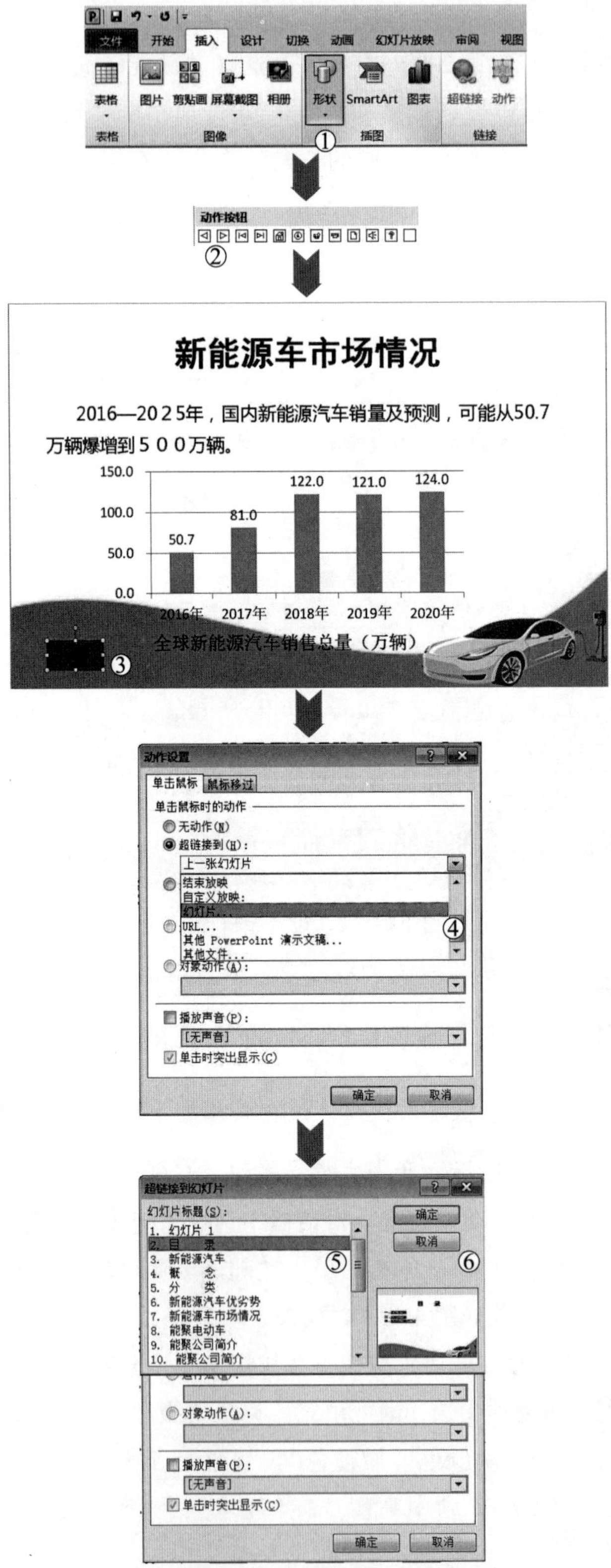
文件
开始
插入
设计
切换
动画
幻灯片放映
审阅
视图
表格
图片
剪贴画
屏幕截图
相册
形状
SmartArt
图表
超链接
动作
图像
插图
链接
①
动作按钮
②
新能源车市场情况
2016—2025年，国内新能源汽车销量及预测，可能从50.7万辆爆增到500万辆。
150.0
100.0
50.0
0.0
50.7
81.0
122.0
121.0
124.0
2016年
2017年
2018年
2019年
2020年
全球新能源汽车销售总量（万辆）
③
动作设置
单击鼠标
鼠标移过
单击鼠标时的动作
无动作(N)
超链接到(H)：
上一张幻灯片
结束放映
自定义放映：
幻灯片...
URL...
其他 PowerPoint 演示文稿...
其他文件...
④
对象动作(A)：
播放声音(P)：
[无声音]
单击时突出显示(C)
确定
取消
超链接到幻灯片
幻灯片标题(S)：
1. 幻灯片 1
2. 目　录
3. 新能源汽车
4. 概　念
5. 分　类
6. 新能源汽车优劣势
7. 新能源车市场情况
8. 能聚电动车
9. 能聚公司简介
10. 能聚公司简介
⑤
确定
取消
⑥
对象动作(A)：
播放声音(P)：
[无声音]
单击时突出显示(C)
确定
取消

图 4-5-7　插入动作按钮

图 4-5-8　“设置形状格式”命令

（3）设置“能聚电动车”和“能聚电动车在市场”章节。①右击动作按钮，在快捷菜单中选择“复制”命令。②在幻灯片窗格处，单击第 15 张幻灯片。③右击幻灯片空白区域，在快捷菜单中选择“粘贴选项”命令，如图 4-5-10 所示。④用同样的操作方法将动作按钮粘贴到第 19 张幻灯片中。

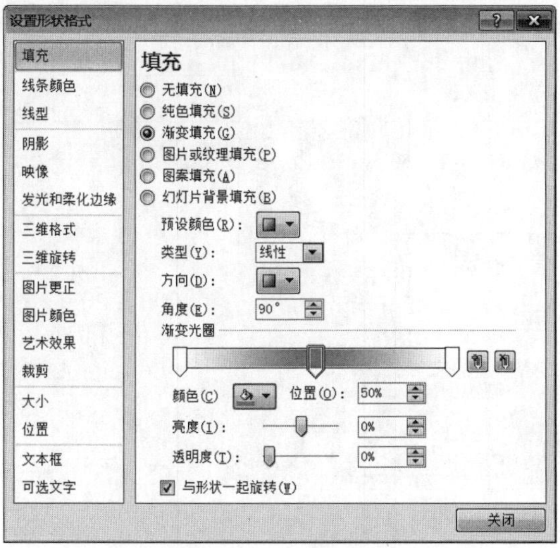

图 4-5-9　设置形状颜色

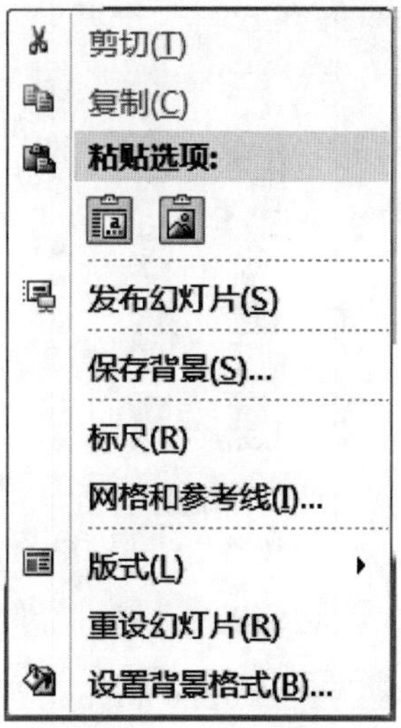

图 4-5-10　粘贴选项

5. 设置幻灯片页面自动切换

操作演示

（1）设置目录页。在幻灯片窗格处，单击第 2 张幻灯片。①选择“切换”/“切换到此幻灯片”组，单击下拉列表选择“华丽型”“溶解”效果。②单击“全部应用”按钮全部应用。操作步骤如图 4-5-11 所示。

图 4-5-11　设置目录页页面自动切换

（2）设置首页。在幻灯片窗格处，单击第 1 张幻灯片。①选择“切换”/“切换到此幻灯片”组，单击下拉列表选择“华丽型”“涡流”效果。②勾选“设置自动换片时间”前复选框。操作步骤如图 4-5-12 所示。

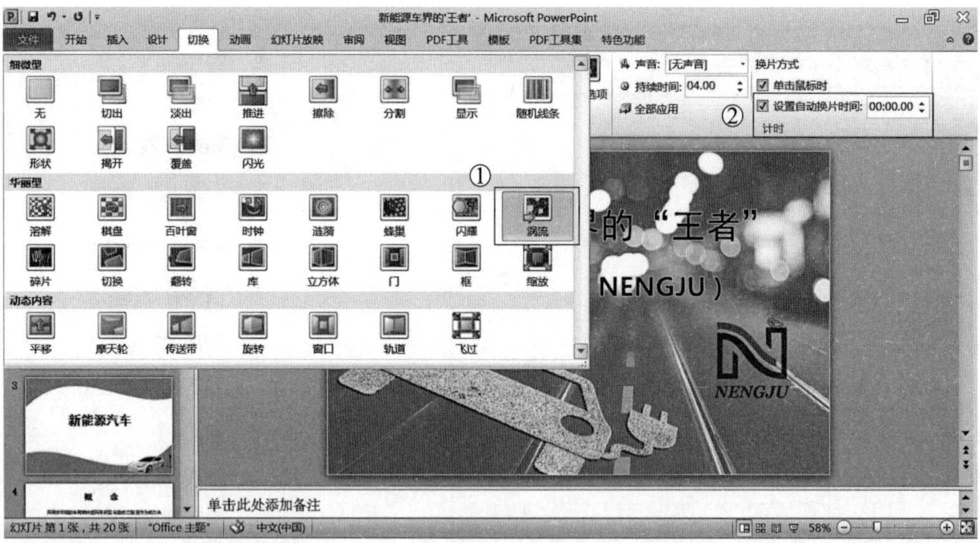

图 4-5-12　设置目录页页面自动切换

（3）设置其他页。将除了设置动作按钮外的其他页全部勾选“设置自动换片时间”前复选框。

6. 保存演示文稿

执行“文件”/“保存”命令。

模块五
制作电子相册

实训介绍

马彦林是一名勤奋好学的学生，在技能学习的环境中找到了自己的学习兴趣和奋斗目标。为了记录自己认真学习的精彩瞬间，他用手机记录了学习生活中的点点滴滴，并用光影魔术手软件对拍摄的照片进行了美化，用 GoldWave 软件处理了背景音乐素材，用数码大师软件将处理好的图片素材编辑成了一部电子相册。

电子相册部分照片美化效果如图 5-0-1 所示。

图 5-0-1　部分照片美化效果

实训分析

电子相册可以记录人生的美好时光，如婚纱影像、儿童写真、个人写真等，人们还可以根据需要将其刻录成 VCD、DVD 光盘。

制作电子相册的一般流程和马彦林制作电子相册的具体流程如图 5-0-2 所示。

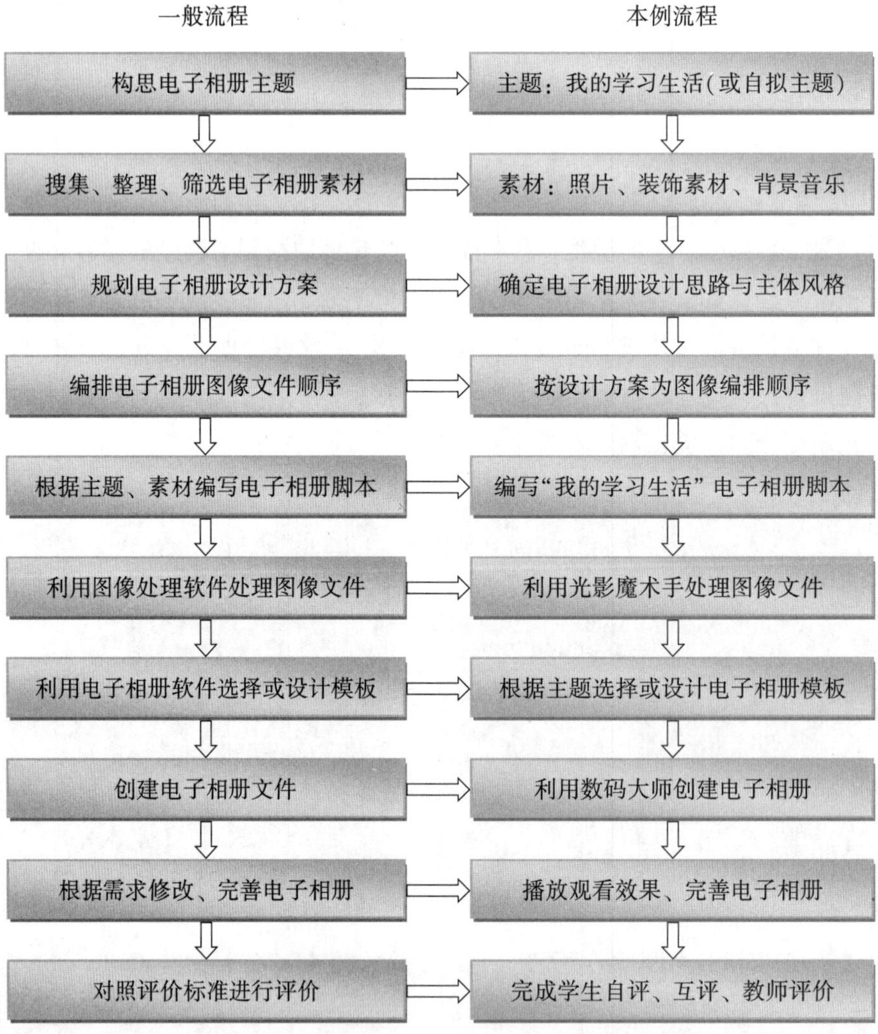

图 5-0-2　制作电子相册思路

活动 1　搜集资料

1. 整理资料

使用手机、数码相机拍摄学习生活中的精彩瞬间，挑选、整理出需要的图片资料、文字素材资料并保存，为相册设计、制作做好准备。

2. 制定制作方案

以“我的学习生活”为主题，设计并确定制作方案，撰写制作方案文稿。

（1）设计制作方案。从以下几个方面设计电子相册整体制作方案。

1）总体设计思路：着重突出学生的技能学习过程及学习收获。

2）整体色调：清新、淡雅。

3）装饰性素材：与学习生活相适应的点缀作品图片。

4）背景音乐：积极向上的励志歌曲。

（2）撰写制作方案。依据设计的制作方案撰写详细的制作方案文稿。为选定的照片素材编排顺序，编写电子相册脚本。“我的学习生活”相册脚本见表 5-1-1。

表 5-1-1　　“我的学习生活”电子相册脚本

序号	示例照片	示例文本
1	封面	我的学习生活
2		慢跑，是我的一种习惯
3		阅读，让我更好地学习技能
4		读工件图纸，是完成技能操作任务的第一步
5		自动编程可以大大节省复杂零件程序编制时间

续表

序号	示例照片	示例文本
6		清洁产品是必不可少的环节
7		对产品进行外圆尺寸检测
8		对产品进行深度尺寸检测
9		产品完成后，我要把一直陪伴我的工具放回家
10		对机械零部件进行测绘和建模也是我每天必不可少的学习内容
11		单个零件建模后，我要对它们进行组装

续表

序号	示例照片	示例文本
12	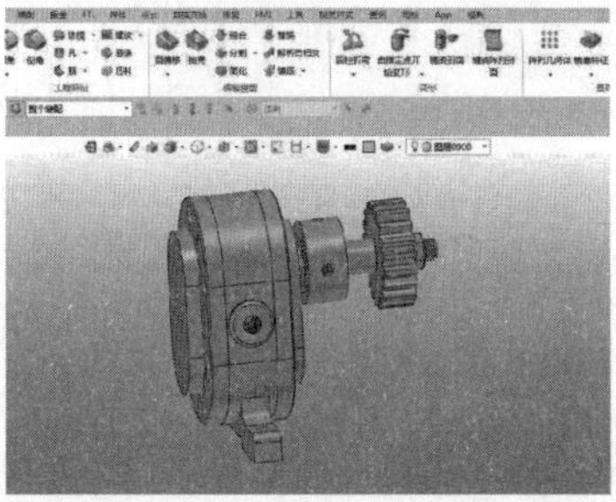	齿轮泵组件装配体
13	封底	学习让我成长，我爱学习

活动 2　美化素材

马彦林准备好素材，拟订好电子相册制作方案后，为了确保电子相册作品质量，他首先开始了素材的甄选和美化工作。操作流程如图 5-2-1 所示。

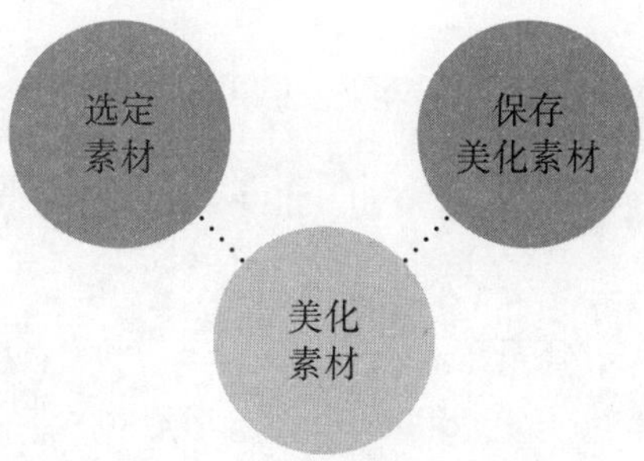

图 5-2-1　美化素材流程

1. 选定素材

以电子相册制作方案为依据，从原始素材中选择拍摄效果较好的原始照片，并保存到新建“选定电子相册图片”文件夹中。

2. 美化素材

打开“资料库/模块五/活动 2/选定电子相册图片/慢跑 . jpg”图片，美化效果如图 5-2-2 所示。

操作演示

（1）素材选择。按照电子相册制作方案，在拍摄的素材中选择同一主题画面效果最好的照片，修改为脚本对应的文件名“慢跑+序号 . jpg”，保存到“选定电子照片处理”文件夹，以方便后续处理。选定素材如图 5-2-3 所示。

图 5-2-2 “慢跑”美化效果

图 5-2-3 “慢跑”素材

（2）素材美化编辑。使用光影魔术手软件对选定素材进行美化编辑。①打开光影魔术手软件，依次选择“拼图”“模板拼图”，进入工作界面。②浏览选择模板，如图 5-2-4 所示。

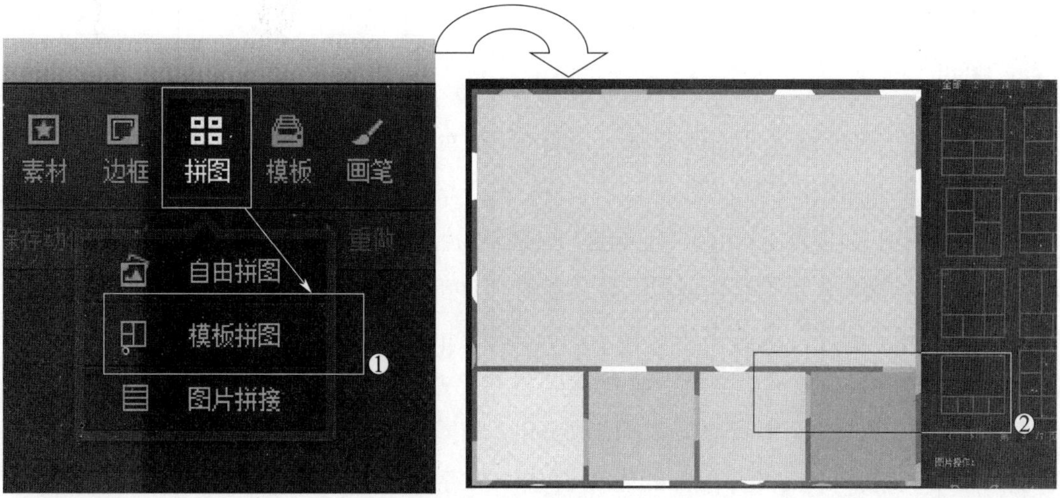

图 5-2-4　“拼图”模板

③单击“添加多张照片”，从“选定电子相册图片”中选择“慢跑”系列照片，单击“打开”。④拖动照片到相应位置。操作步骤如图 5-2-5 所示。

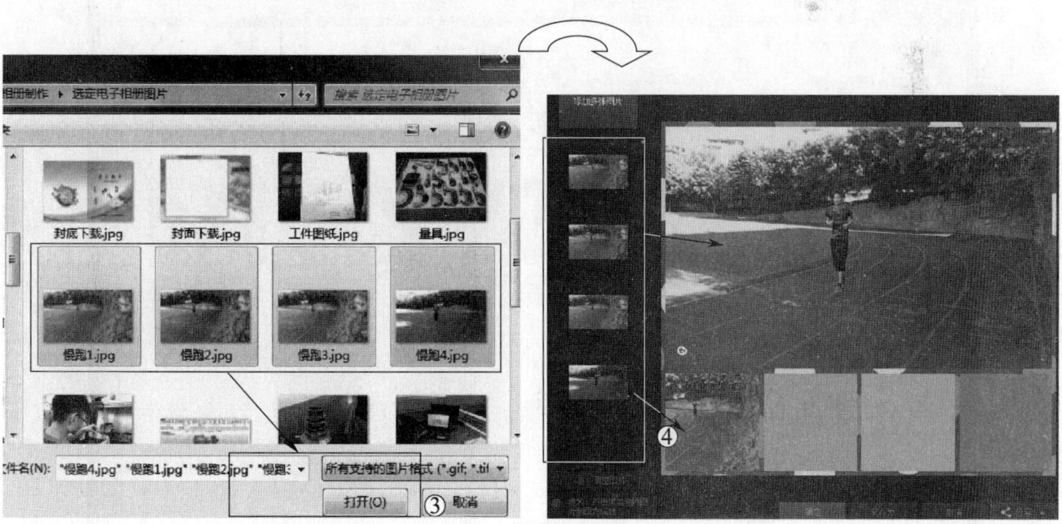

图 5-2-5　添加、放置图片

⑤重复④操作，完成所有图片放置，另存图片为“慢跑处理后 . jpg”到“选定电子照片处理”文件夹。

小提示

同一张照片可以多次放置到不同地方，还可以试试“图片操作按钮”带来的奇妙效果。

（3）其余素材美化。根据电子相册制作方案及个人喜好对选定的图片素材进行裁减、亮度调整（曲线调整）、拼图（画布设置、边框设置）、数码暗房负片等美化操作。

操作演示

打开“资料库/模块五/活动 2/选定电子相册图片/组建装配 . jpg”图片，进行“裁剪+一键减光”处理，启动光影魔术手。①单击“打开”按钮。②在“电子相册制作/选定电子相册图片”文件夹中选择“组件装配 . jpg”。③单击“打开”按钮打开图片。操作步骤如图 5-2-6 所示。④单击“裁剪”按钮，选定合适的裁剪区域，单击确定，如图 5-2-7 所示。⑤单击“一键减光”，完成美化，如图 5-2-8 所示。⑥单击“另存”按钮，选定保存文件夹为“选定电子照片处理”，单击“保存”按钮，如图 5-2-9 所示。

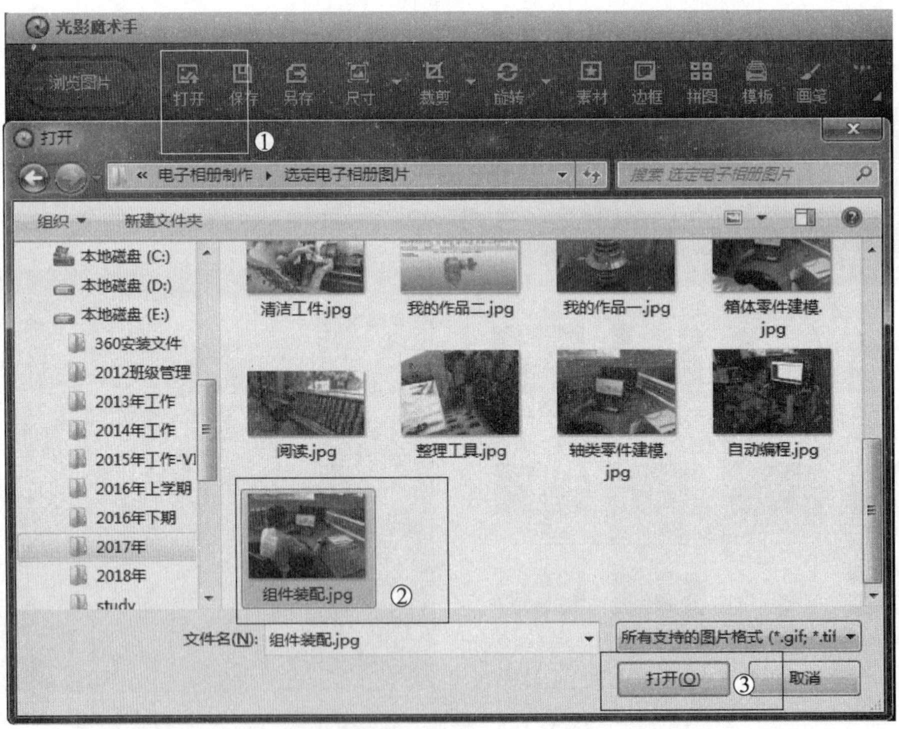

图 5-2-6　打开“组件装配”

3. 保存美化素材

将美化后的照片分别保存到“选定电子照片处理”文件夹中。

图 5-2-7　执行“裁剪”操作

图 5-2-8　“一键减光”美化操作

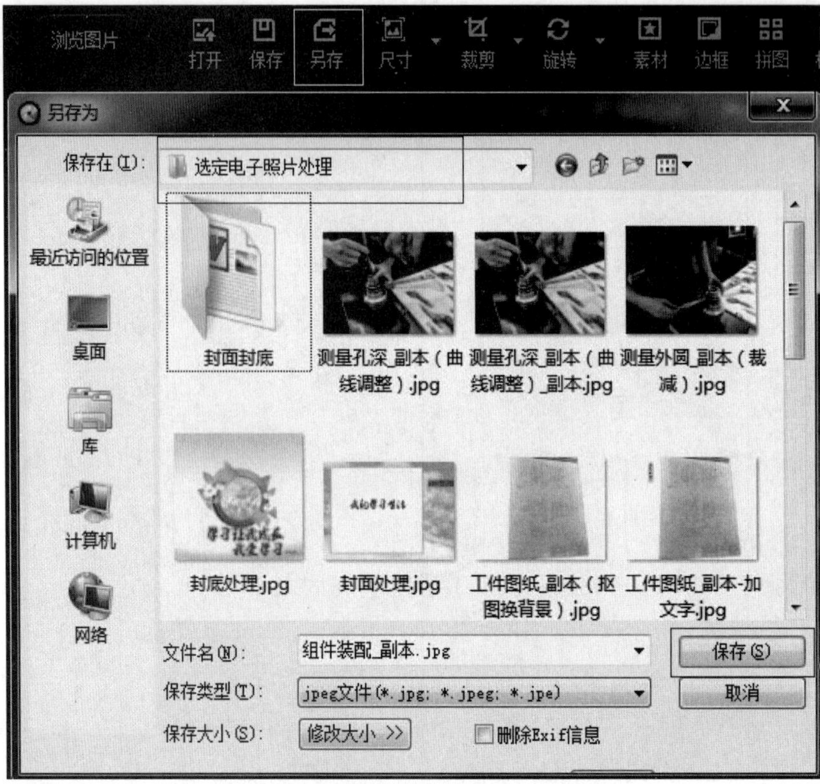

图 5-2-9 保存文件

活动 3 制作封面与封底

为了使相册看起来更完整，还需设计并制作相册的封面和封底，操作流程如图 5-3-1 所示。

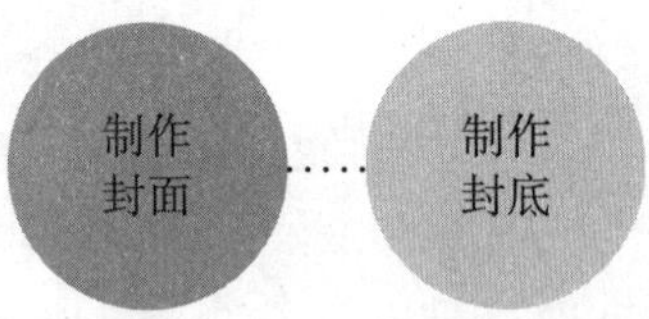

图 5-3-1 封面、封底制作流程

1. 制作封面

操作演示

（1）打开背景图片。根据预先选定的配色方案，打开“资料库/模块五/活动 3/选定电子相册图片/封面下载 . jpg”，如图 5-3-2 所示。

（2）添加文字操作。在光影魔术手中对封面进行添加文字操作。①将图片尺寸调整到打开时的 150%。②添加新的文字“我的学习生活”。③设置文字字体

图 5-3-2　电子相册封面背景图片

“叶根友毛笔行书”，设置文字大小“44”号，设置颜色为“蓝色”。效果如图 5-3-3 所示，并保存图片至“选定电子照片处理”文件夹中。

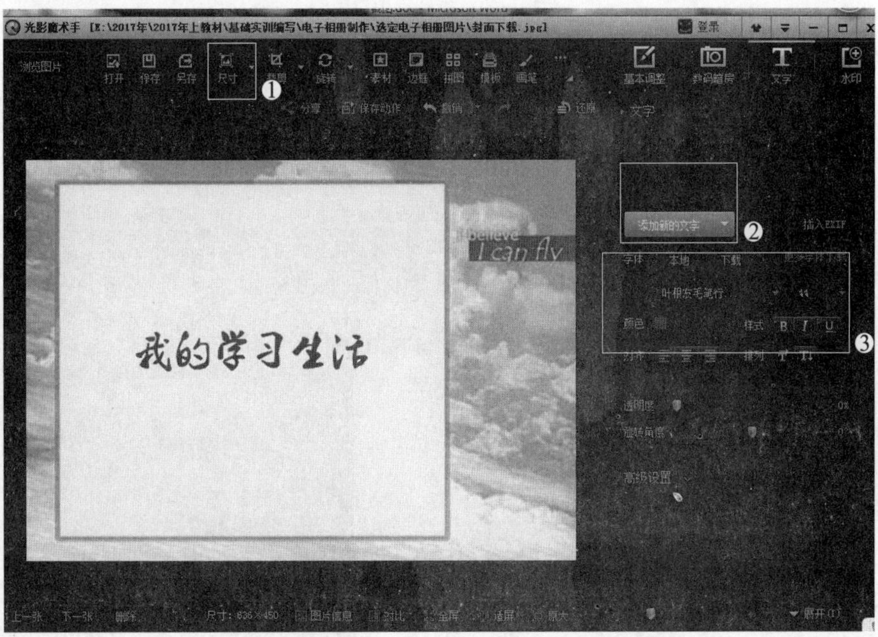

图 5-3-3　封面效果图

小提示

还可以试试“透明度”“旋转角度”和“高级设置”选项，可以制作出更酷更炫的文字效果。

2. 制作封底

（1）打开背景图片。根据预先选定的配色方案，打开“资源库/模块五/活动 3/选定电子相册图片/封底下载 . jpg”，如图 5-3-4 所示。

操作演示

图 5-3-4 电子相册封底背景图片

（2）完善封底。在光影魔术手中对封底进行添加文字操作。①将图片选择合适的区域进行裁减。②添加新的文字“学习让我成长，我爱学习……”。③设置文字字体为叶根友毛笔行书，设置文字大小 44 号，设置颜色为蓝色，设置透明明为 22%。④启用高级设置，设置发光为绿色，阴影颜色为黄色，上下值为 8，左右值为 3。将处理好的图片保存到“选定电子照片处理”文件夹。制作效果如图 5-3-5 所示。

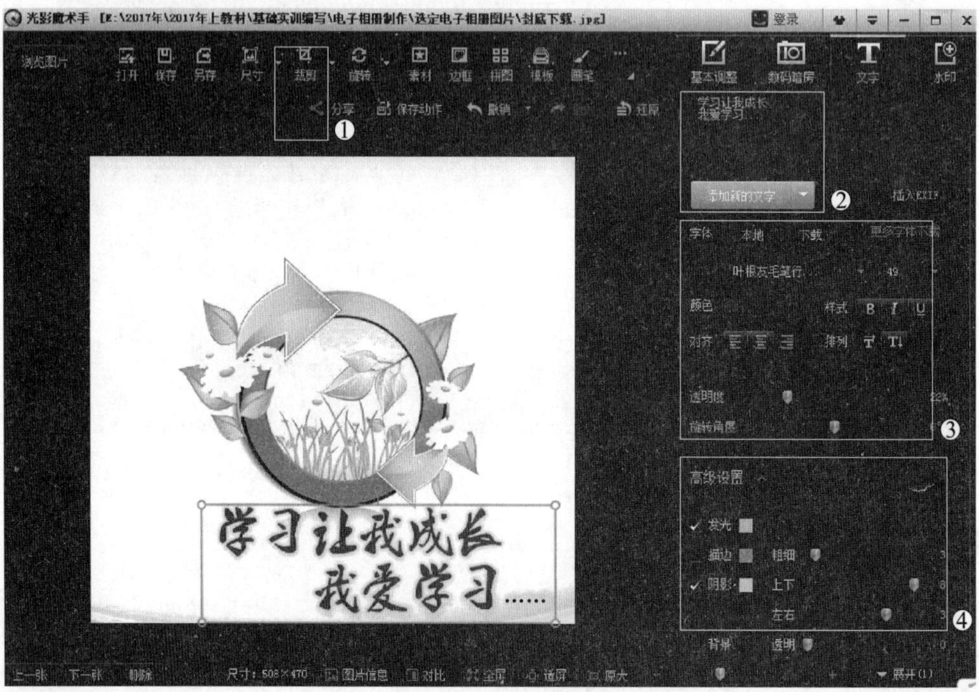

图 5-3-5 封底效果图

活动 4　制作电子相册

在对选定的素材图片进行必要的美化处理，完善了相册封面、封底的制作后，马彦林使用数码大师软件来完成电子相册的整体编排和具体制作。操作流程如图 5-4-1 所示。

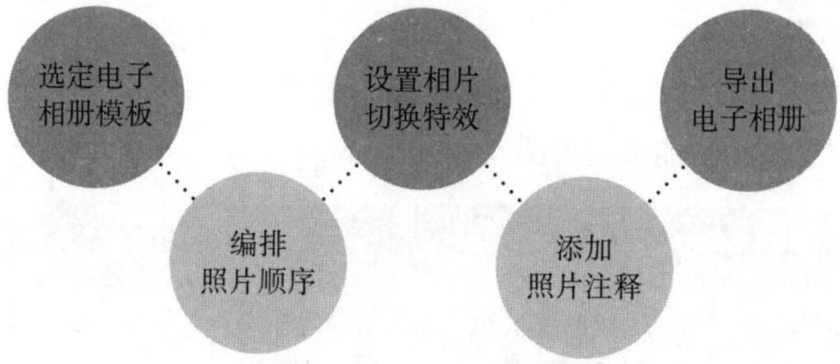

图 5-4-1　相册制作流程

1. 选定电子相册模板

打开数码大师软件，选择“视频相册”模板。

操作演示

2. 编排照片顺序

单击“添加相片”按钮，从“选定电子照片处理”文件夹中选择已经处理好的照片，单击“打开”完成照片添加。按照脚本顺序对照片进行正确排序，结果如图 5-4-2 所示。

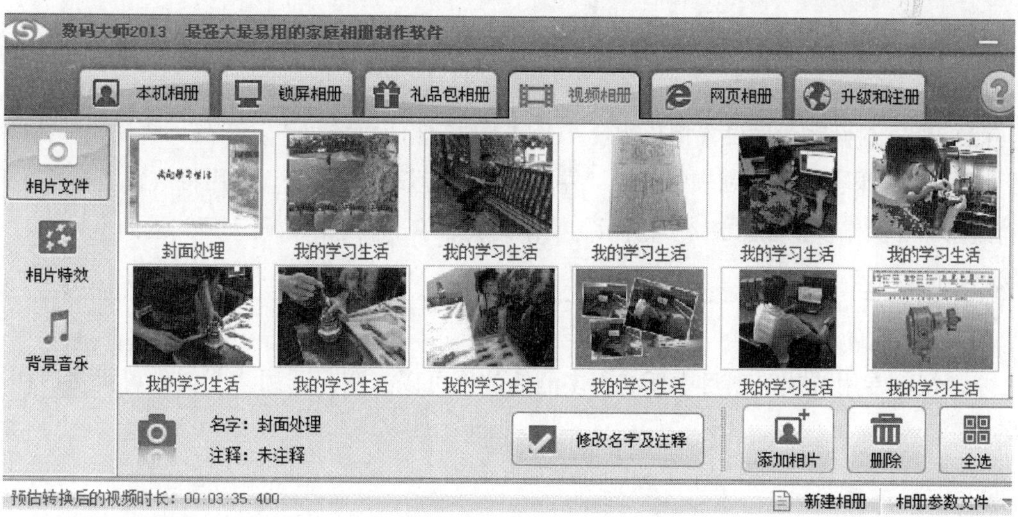

图 5-4-2　照片顺序

小提示

添加照片时可以随机选择照片顺序，在“相片文件”面板中可以随意拖动照片，将其调整到目标位置。

3. 设置相片切换特效

（1）单击“相片特效”，启用特效设置功能，单击“应用特效到指定相片”可根据需要对具体相片设置特效，功能按钮如图 5-4-3 所示。

图 5-4-3 相片特效设置启用

（2）以“封面”为例设置相片特效。①单击选定相片“封面”。②在“常规相片特效”项，“开关门效果类”下拉列表中拾取“左右开门”特效。③单击“应用特效到该相片”完成特效添加。操作步骤如图 5-4-4 所示。操作完成后单击“返回数码大师”返回主界面。

小提示

“视频专用特效”项目中还有很多酷炫效果可以选用，选用多个文件可批量应用特效。

4. 添加相片注释

（1）单击“相片文件”，选择“封面”相片，点击“修改名字及注释”，如图 5-4-5 所示。

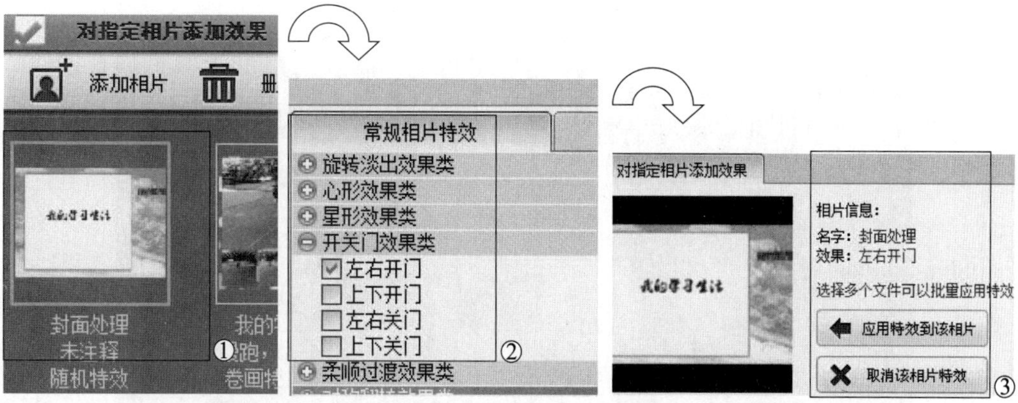

图 5-4-4　相片特效设置

图 5-4-5　点击“修改名字及注释”

（2）在“名字”“注释”栏输入需要添加的具体名字和注释，单击“确认修改”，如图 5-4-6 所示。操作完成后单击“返回数码大师”返回主界面。

用同样的方法可以对相册中其他相片文件添加脚本文件中对应的“名字”“注释”。一般名字与相册名字相同，注释则可注写相片文件拍摄的一些感悟或是需要留念的语言等。

（3）单击“名字/注释”可对其显示样式进行设置，如图 5-4-7 所示。

5. 导出电子相册

相片顺序编排、相片特效设置、添加“名字”“注释”等操作完成后，可以导出电子相

图 5-4-6　添加“名字”“注释”

图 5-4-7　“名字/注释”样式设置

册。具体操作步骤如下：①选定文件导出路径。②输入文件名“我的学习生活”。③单击主界面右下角“开始生成”按钮，导出电子相册到指定文件夹“选定电子照片处理”中。

活动5　完善电子相册

马彦林对制作好的电子相册进行播放预览，发现电子相册没有背景音乐显得非常呆板、不活泼。他决定使用 GoldWave 软件编辑处理出合适的音频文件，然后为电子相册配上自己喜欢的背景音乐。操作流程如图 5-5-1 所示。

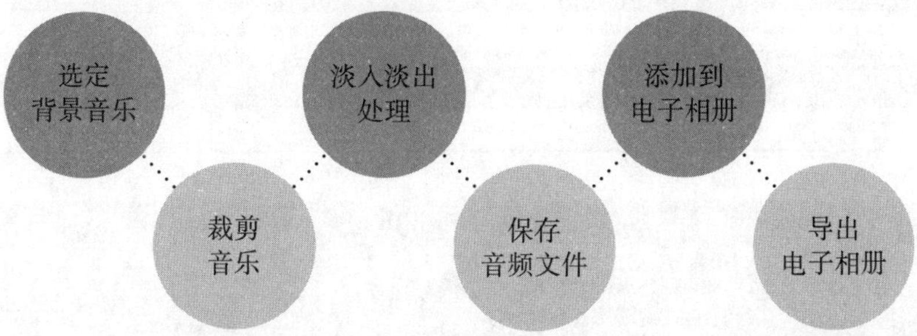

图 5-5-1　完善电子相册流程

1. 选定背景音乐

马彦林结合自己学习生活实际，选择“我的未来不是梦”作为背景音乐素材，并从音乐网站下载了原始素材。

2. 裁剪音乐

马彦林使用自己熟悉的 GoldWave 软件来编辑处理下载的音频文件，根据电子相册的时长确定背景音乐时间裁剪点为 00∶00∶00 到 03∶41∶44，然后进行“复制”“粘贴”等操作，如图 5-5-2 所示。

3. 淡入淡出处理

背景音乐片段裁剪后，对其进行淡入淡出处理，淡入处理时间点为音乐前 5 秒和淡出处理时间点为音乐后 8 秒，如图 5-5-3 所示。

4. 保存音频文件

将处理好的音频文件以“我的未来不是梦裁剪定稿 . mp3”为文件名保存到“选定电子相册处理”文件夹中。

5. 添加到电子相册

（1）在数码大师软件中打开“我的学习生活”文件，单击“背景音乐”“添加媒体文件”，选择“我的未来不是梦裁剪定稿 . mp3”，单击“打开”完成背景音乐添加，如图 5-5-4 所示。

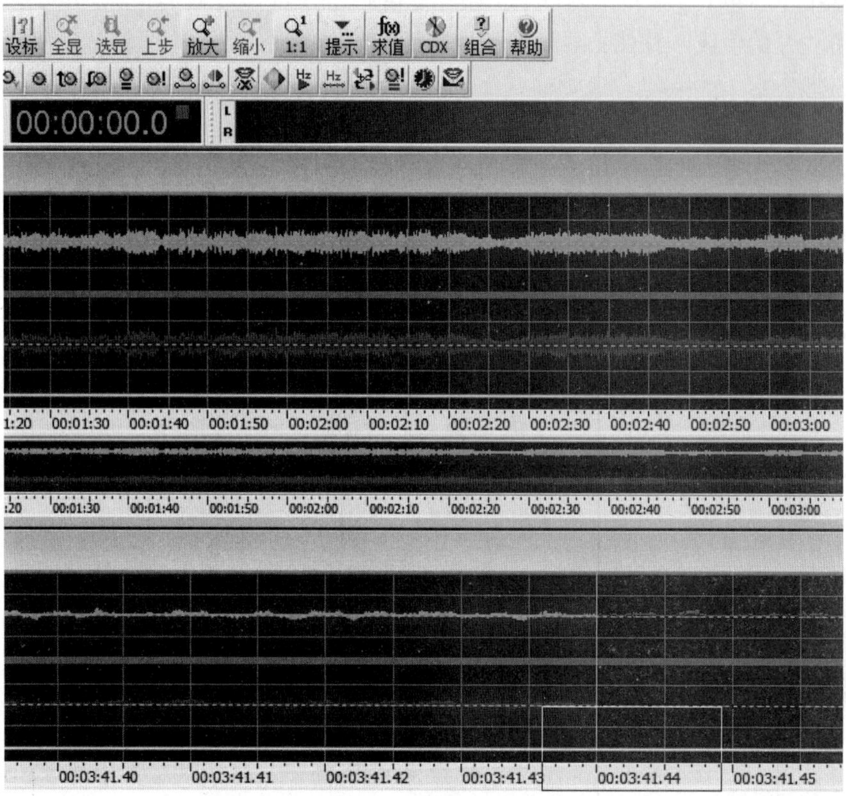

图 5-5-2　背景音乐素材裁剪

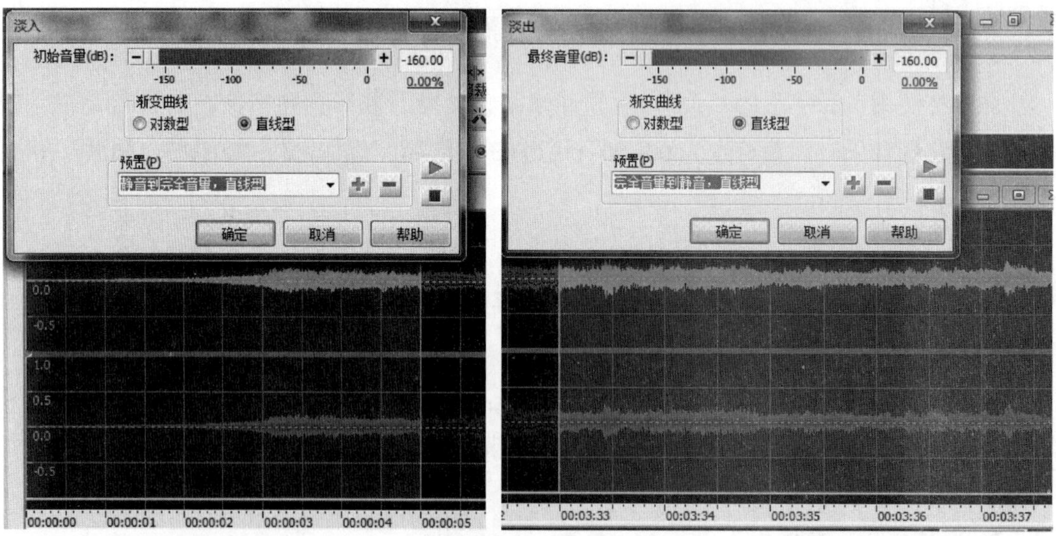

图 5-5-3　片头片尾淡入淡出处理

（2）设置背景音乐。单击“背景音乐及歌词”，在“音乐与相片同步方案”下拉列表中选择“相片适应音乐时间长度”，如图 5-5-5 所示。

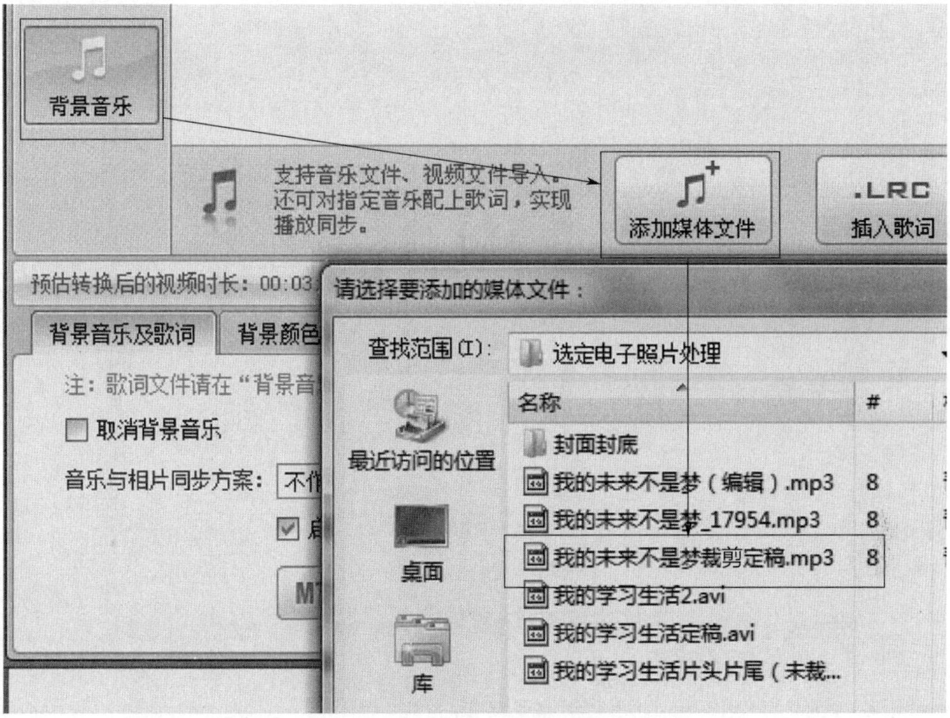

图 5-5-4　背景音乐文件添加

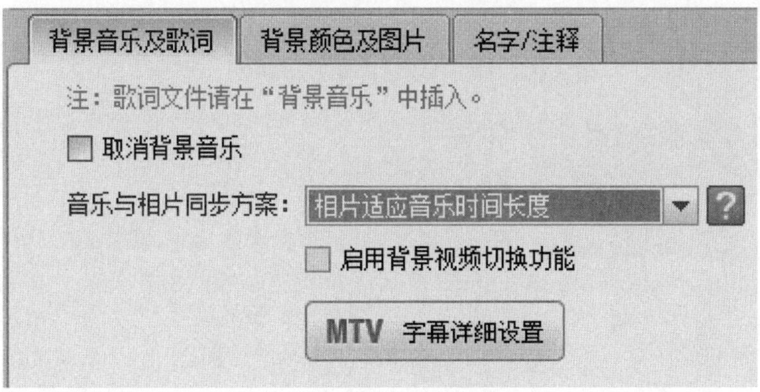

图 5-5-5　设置背景音乐

6. 导出电子相册

背景音乐添加、设置完成后，选定好保存路径，输入文件名，单击“开始导出”，完成电子相册导出，如图 5-5-6 所示。

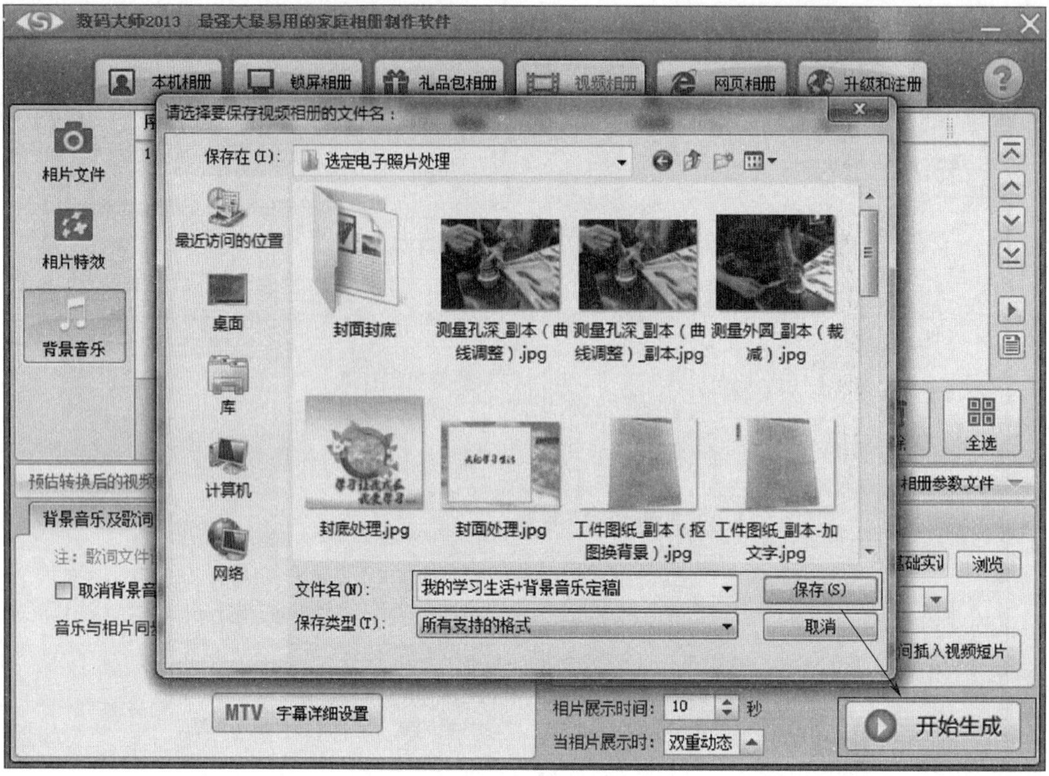
数码大师2013 最强大最易用的家庭相册制作软件
本机相册
锁屏相册
礼品包相册
视频相册
网页相册
升级和注册
相片文件
相片特效
背景音乐
请选择要保存视频相册的文件名：
保存在(I)：
选定电子照片处理
最近访问的位置
桌面
库
计算机
网络
封面封底
测量孔深_副本（曲线调整）.jpg
测量孔深_副本（曲线调整）_副本.jpg
测量外圆_副本（裁减）.jpg
封底处理.jpg
封面处理.jpg
工件图纸_副本（抠图换背景）.jpg
工件图纸_副本-加文字.jpg
文件名(N)：
我的学习生活+背景音乐定稿
保存(S)
保存类型(T)：
所有支持的格式
取消
全选
相册参数文件
浏览
间插入视频短片
MTV 字幕详细设置
相片展示时间：
10
秒
当相片展示时：
双重动态
开始生成

图 5-5-6　导出电子相册

模块六
制作数字视频

实训介绍

临近毕业了，同学们都有些依依不舍。为了表达对学校的学习生活和对老师们、同学们的留恋之情，班长许伟决定联合其他班干部一起组织大家录制毕业纪念视频，并制作成数字视频（DV）供大家保存，以作纪念。要完成这部毕业纪念 DV 的制作，首先需要编写制作脚本，大家根据制作脚本分头录制视频，搜集音频、图像等各种素材，再对搜集的素材进行裁剪、合成、设置特效等操作，最终制作出高质量的 DV。视频制作成品可打开“资料库/模块六/毕业留念 .mp4”观看，制作视频使用的软件“爱剪辑”如图 6-0-1 所示。

图 6-0-1 用“爱剪辑”制作视频

实训分析

DV（Digital Video）是数字视频的简称，也是计算机多媒体技术应用的一项重要技术。

它不仅可以将模拟的动态视频以数字方式存储在计算机中，并可以在数字视频处理软件的支持下，对采集的视频进行加工处理，实现酷炫的视频特效。要完成一部高质量 DV 的制作，需要完成的工作和基本流程如图 6-0-2 所示。

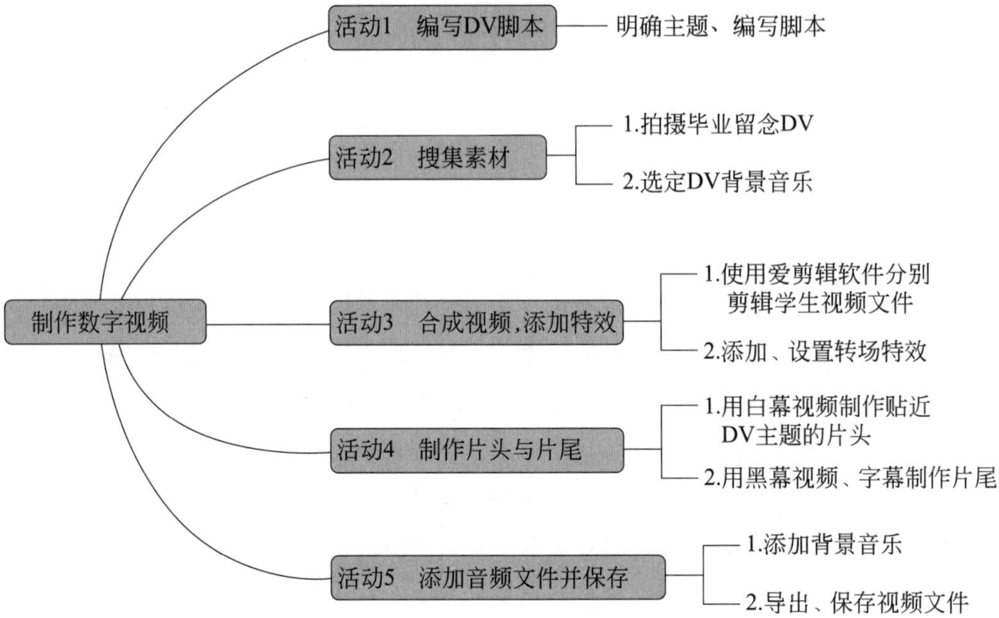

图 6-0-2　制作 DV 思路

活动 1　编写 DV 脚本

制作 DV 首先要明确主题，确定拍摄哪种题材的视频，展示什么具体内容，并依据主题拍摄和收集素材。本次 DV 拍摄由班委会干部成员根据“毕业”这一主题，编写《毕业留念》DV 脚本，见表 6-1-1。

表 6-1-1　《毕业留念》DV 脚本

顺序	镜头	画面内容	解说词	音响	时长
1	片头	片头动画 片头字幕	我们毕业了……		10 秒内
2	马林视频	毕业感言视频	字幕：永远爱你们	毕业纪念歌曲背景音乐	每个 30 秒以内
3	李君视频	毕业感言视频	字幕：永远的兄弟		
4	牛杰视频	毕业感言视频	字幕：我会记得你们的		
5	胡松视频	毕业感言视频	字幕：我会想你们哟		
6	……	毕业感言视频	……		

续表

顺序	镜头	画面内容	解说词	音响	时长
7	片尾	结束动画 班主任寄语 鸣谢字幕	字幕：孩子们，在人生的长河里，你们即将迈出重要的一步，祝愿大家在社会大学堂里不断成长，实现自我！		15 秒内

活动 2　搜集素材

视频素材准备的途径很多，例如用数码摄像机拍摄视频，用数码相机拍摄照片或视频，使用网络下载的图像或视频，纸质图像扫描的文件，录制或下载的音频等。为了让本次制作的毕业留念视频更全面、更有纪念意义，需要班级每一名同学提供自己录制的毕业留言视频、学习生活图像，或是参加班级活动的视频资料等。搜集素材的基本流程如图 6-2-1 所示。

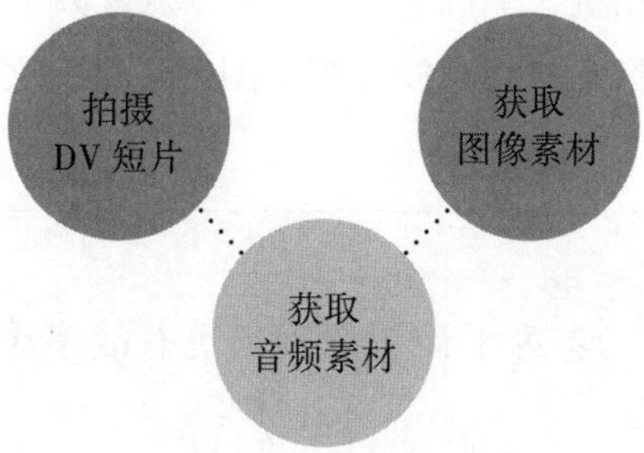

图 6-2-1　收集素材流程

1. 拍摄 DV 短片

拍摄 DV 短片要依据视频内容的题材、风格等来确定使用的器材。如果是家庭拍摄，一般不需要其他辅助设备；如果拍摄广告、音乐片之类的作品，则需要更专业的设备。

本模块制作的毕业纪念视频，首先要求每位同学根据脚本内容拍摄原始素材。为了使拍摄画面清晰、色彩鲜明、音质好，可以选用数码摄像机拍摄；为了拍摄方便，也可以利用自己随身的手机等简易设备进行拍摄。将拍摄好的视频素材统一放置在“视频素材”文件夹。

小提示

DV 拍摄实用技巧：①手持拍摄时，持机要稳定。②在拍摄过程中注意保持画面稳定，尽量采用固定镜头。③巧妙进行动态拍摄，恰当应用“摇”“移”等动态镜头，把握好运动的节奏和速度。

2. 获取音频素材

DV 视频除了要画面清晰、故事情节丰富外，还需要音频素材来支持。音频素材主要包括解说词、背景音乐等。音频素材可以通过手机中的“录音机”录制，或是从 CD 中获取，也可以直接从 MP3、WMA、WAV、FLAC 等格式的音频文件中截取。将选取好的音频素材统一放置在“音频素材”文件夹。

小提示

从 CD 中获取音频文件实用技巧：CD 中的音频文件，可以通过格式工厂、会声会影等软件提取出来，并转换成自己需要的其他格式的音频。

3. 获取图像素材

图像虽然是一种静态的影像，但在 DV 中也是不可缺少的一部分。适当地在 DV 中穿插一些静止的图像画面，能让作品获得更好的效果。

图像素材可以通过数码相机、手机等拍摄，可以从视频中截屏获得，也可以使用专门的软件绘制。将选取好的图像素材统一放置在“图像素材”文件夹。

小提示

获取图像素材实用技巧：为了让图像资料更有故事感，可以利用光影魔术手、Photoshop 等软件进行美化。

活动 3　合成视频，添加特效

为了制作出高质量的毕业留念 DV，在同学们分别准备好各自的 DV 素材后，班长许伟要进一步对素材进行剪辑、合成，并添加转场特效。操作流程如图 6-3-1 所示。

操作演示

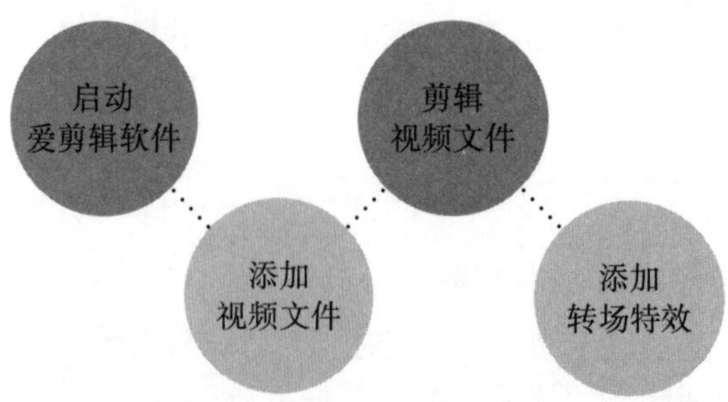

图 6-3-1　合成视频与添加特效流程

1. 启动爱剪辑软件

双击爱剪辑图标“”，启动软件，弹出如图 6-3-2 所示主界面。

图 6-3-2　打开软件

此时可以在“新建”对话框中填写片名、制作者信息，选择视频大小、临时目录，并选择是否为视频自动加入随机转场特效等。

2. 添加视频文件

①在主面板“视频”选项卡界面，单击“添加视频”。②在视频素材保存目录下选定视频素材。③单击“打开”按钮，将视频素材添加到软件中来。操作步骤如图 6-3-3 所示。

小提示

添加视频文件实用技巧：添加视频文件时，不必刻意按照脚本的顺序添加，在软件中可以通过拖动视频文件的方式排序。

3. 剪辑视频文件

剪辑视频文件主要是为了更好地保证整个 DV 的质量，将每个视频素材拍摄过程中有瑕疵的部分裁剪掉，留下贴合 DV 脚本主题的视频片段。

为了把这次毕业留念视频制作得有收藏价值，班长许伟逐一浏览了同学们录制的视频，并对视频进行了精心的筛选，之后裁剪出合适的片段并合成在一起。

①编排视频顺序。按照脚本要求，班长许伟将导入的视频拖动到指定的顺序，如图 6-3-4 所示。②选中“马林”的视频文件，单击“预览/截取”窗口中的播放按钮，播放选择合适的视频时间段，经过浏览，选中截取时间区间为 35~49 秒，单击确定，如图 6-3-5 所示。③同样的操作，完成对“李君”“牛杰”“胡松”等同学的视频文件的截取，如图 6-3-6 所示。

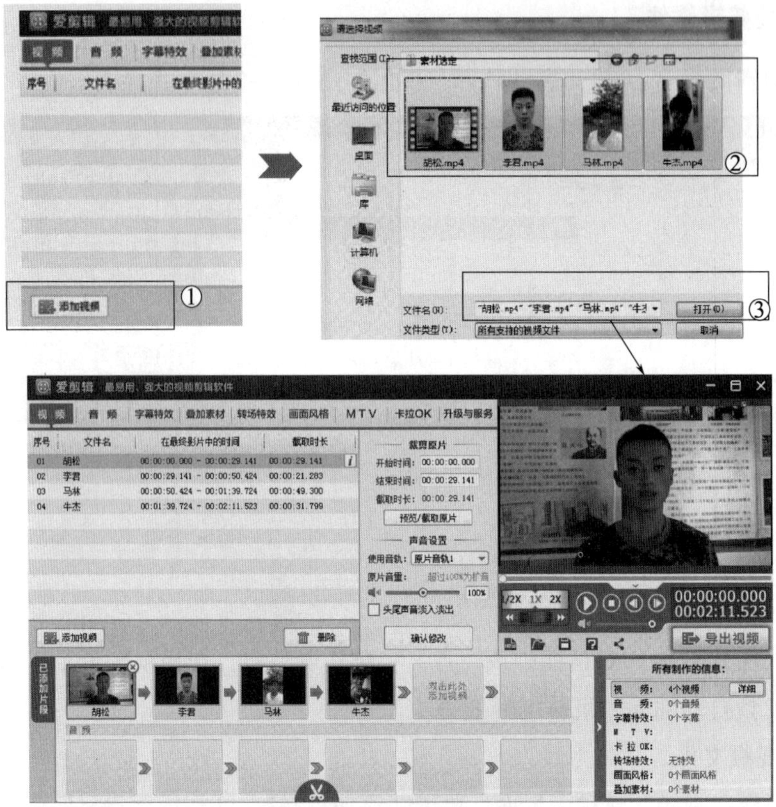

图 6-3-3　添加视频文件

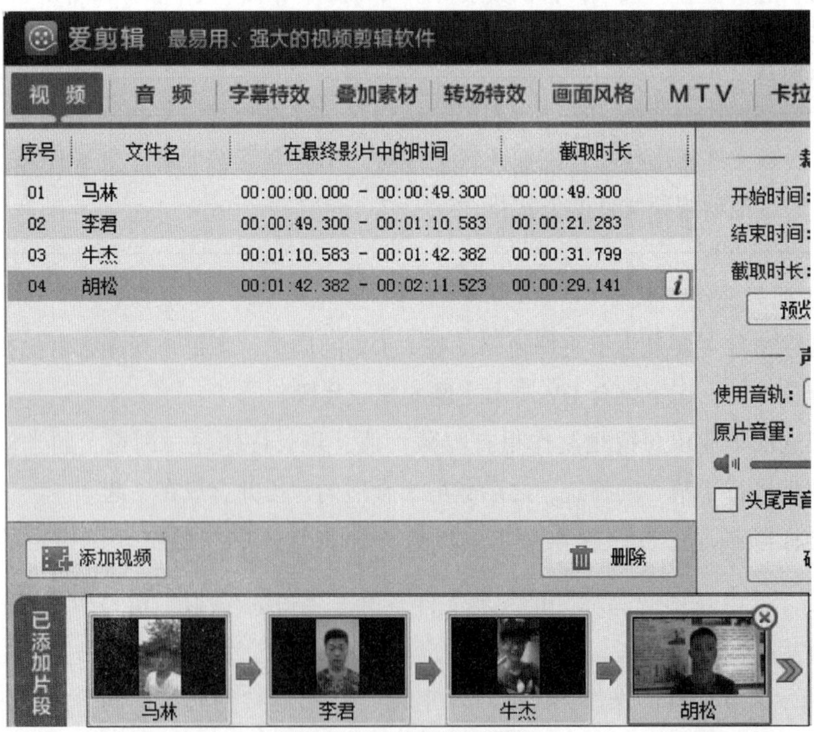

图 6-3-4　编排视频顺序

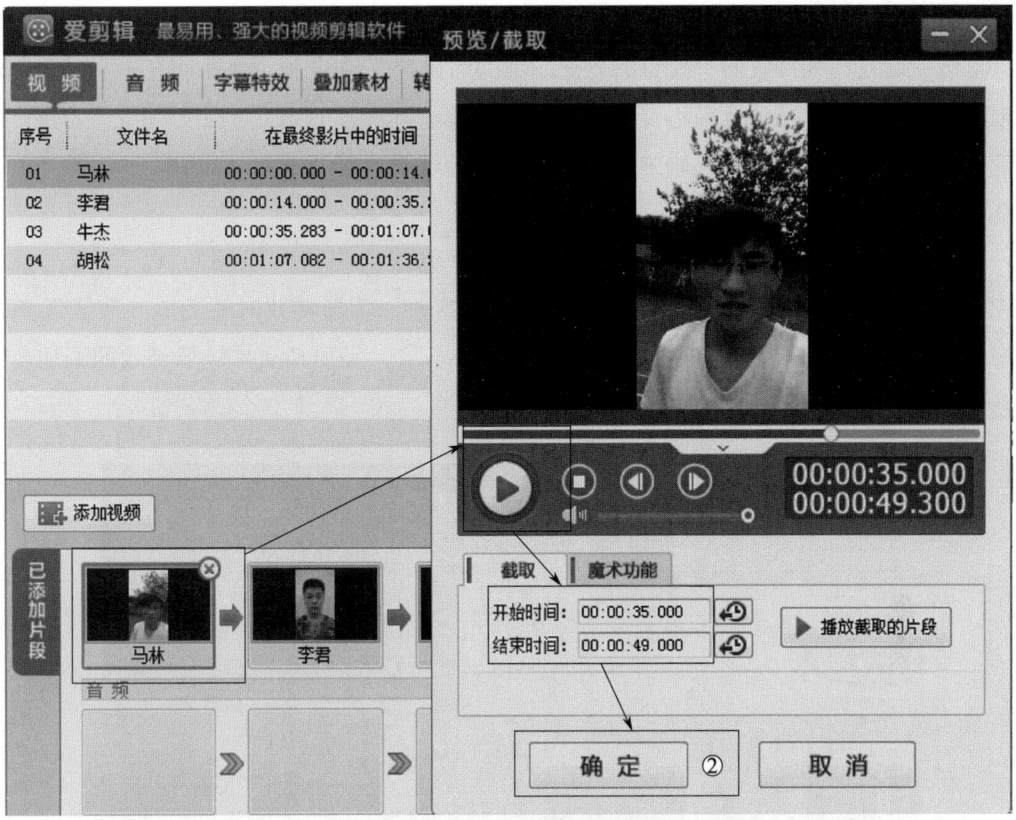

图 6-3-5　截取视频 1

图 6-3-6　截取视频 2

4. 添加转场特效

转场是影视行业里约定俗成的一个术语，从字面意思上理解，“转”代表转换，“场”代表场景，所以转场的意思就是场景转换。从实际意义上来看，转场最基本的作用是分隔内容，就是把两个场景所发生的情节内容分隔开，避免观众在剧情上产生混淆。在转场的过程中，要尽量用一种流畅连贯的方式予以过渡。对于一部影视作品来说，转场尤为重要，但也不能只图花俏而随意运用各种酷炫的转场特效。

本例中设置转场特效的主要目的是把同学们的视频分隔开来，给每个人一个独立呈现的画面时空。为了让视频效果不受转场特效的冲击，充分展现同学们在毕业之际的不舍，对老师、同学的美好祝福，视频中间采用同一转场效果“变亮式淡入淡出”，转场特效时长 0.5 秒。

①单击“转场特效”选项。②在视频预览框单击“胡松”视频素材。③单击选择“变亮式淡入淡出”效果。④修改“转场设置”参数，转场特效时长为 0.5 秒。⑤单击“应用/修改”。用同样的方法，完成对“牛杰”“李君”等视频文件转场特效的添加与特效参数设置。操作步骤如图 6-3-7 所示。

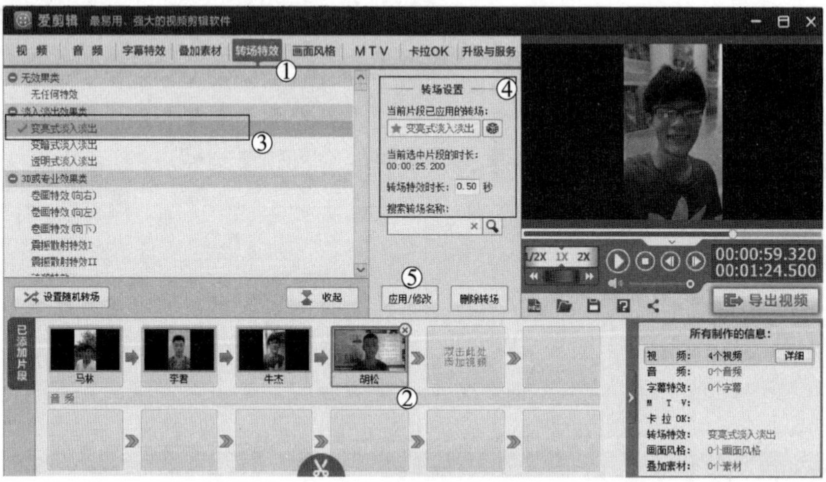

图 6-3-7 添加转场特效

活动 4 制作片头与片尾

为了使视频文件看起来更完整，可以为视频文件添加片头和片尾。为了制作出贴合主题的效果，许伟在毕业留念视频开头与最后分别添加了白幕视频和黑幕视频来进行剪辑与合成。操作流程如图 6-4-1 所示。

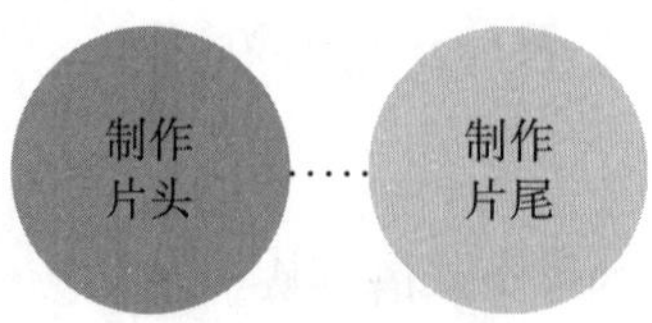

图 6-4-1 制作片头与片尾流程

操作演示

1. 制作片头

（1）添加视频。单击“添加视频”按钮 添加视频 。在安装目录下选择“MediaEditor/VideoClip”，如图 6-4-2 所示。

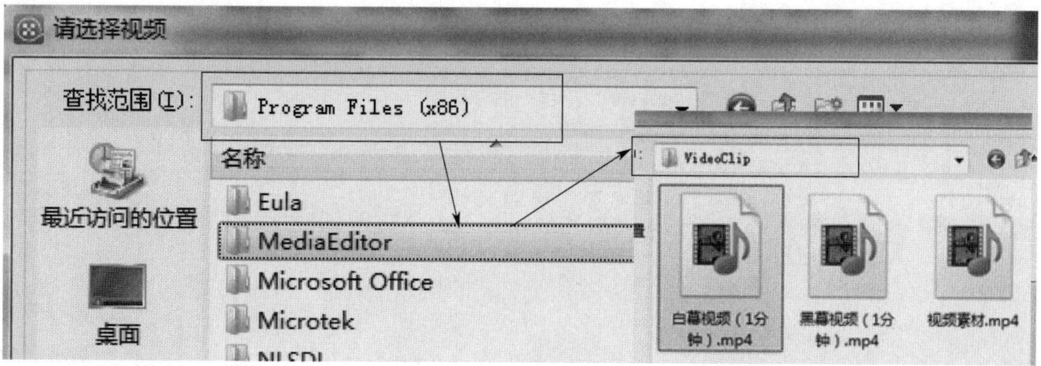

图 6-4-2　视频添加路径

（2）添加“白幕视频”。①单击“白幕视频（1 分钟）. mp4”。②单击“打开”按钮。操作步骤如图 6-4-3 所示。

图 6-4-3　添加“白幕视频”

（3）鼠标左键拖动“白幕视频”至片头位置，如图 6-4-4 所示。

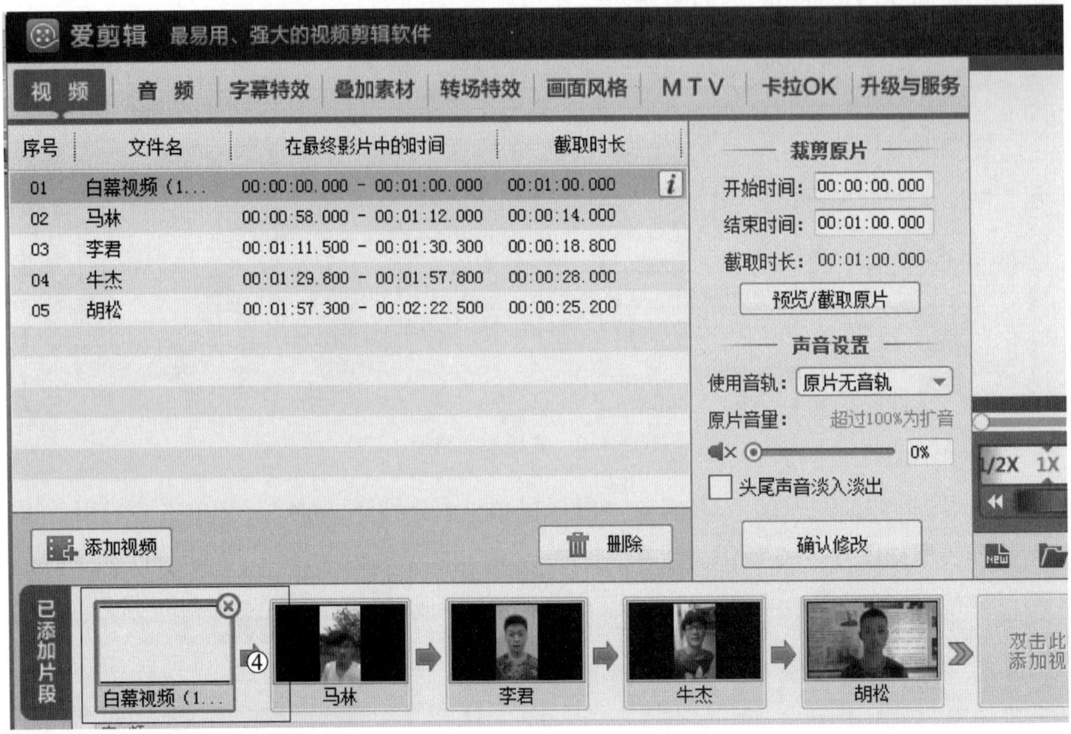

图 6-4-4　移动视频

（4）添加片头字幕。单击“字幕特效”选项卡，在“白幕视频预览”窗口双击鼠标左键，弹出“输入文字”对话框，输入“我们毕业啦”，单击“确定”，如图 6-4-5 所示。

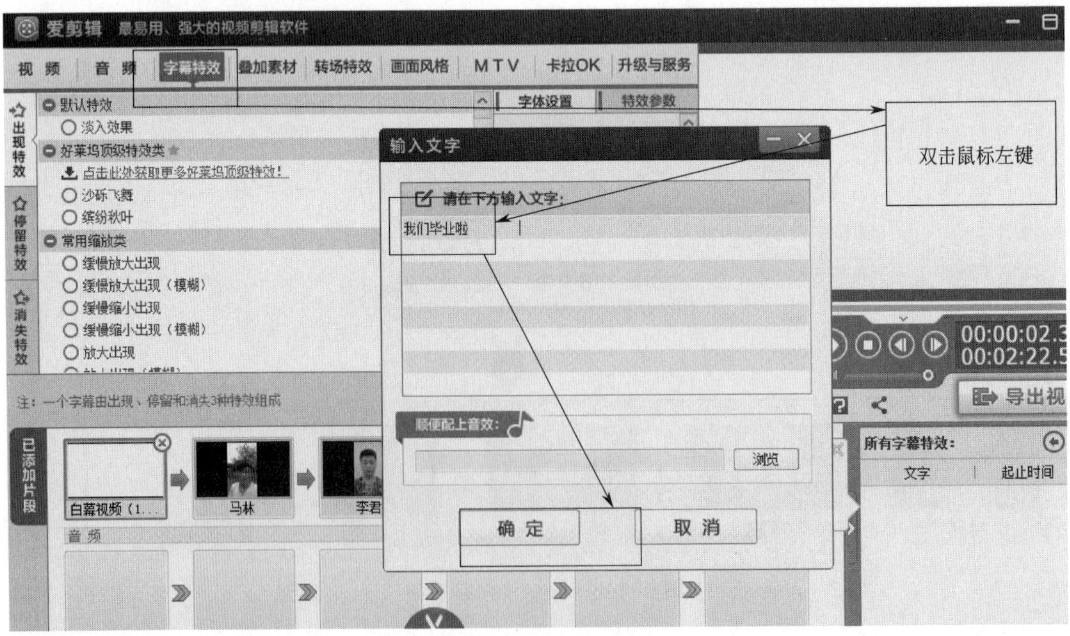

图 6-4-5　添加片头文字

（5）设置字体格式，如图 6-4-6 所示。

图 6-4-6　设置字体格式

（6）设置字幕特效。字幕特效设为“缤纷秋叶”，停留特效设为“好莱坞顶级特效类”选项中的“蓝红射光”，时长 2 秒，消失特效“酷炫动感类”选项中的“酷炫动感缩小（淡入淡出）”，时长 0.8 秒，如图 6-4-7 所示。

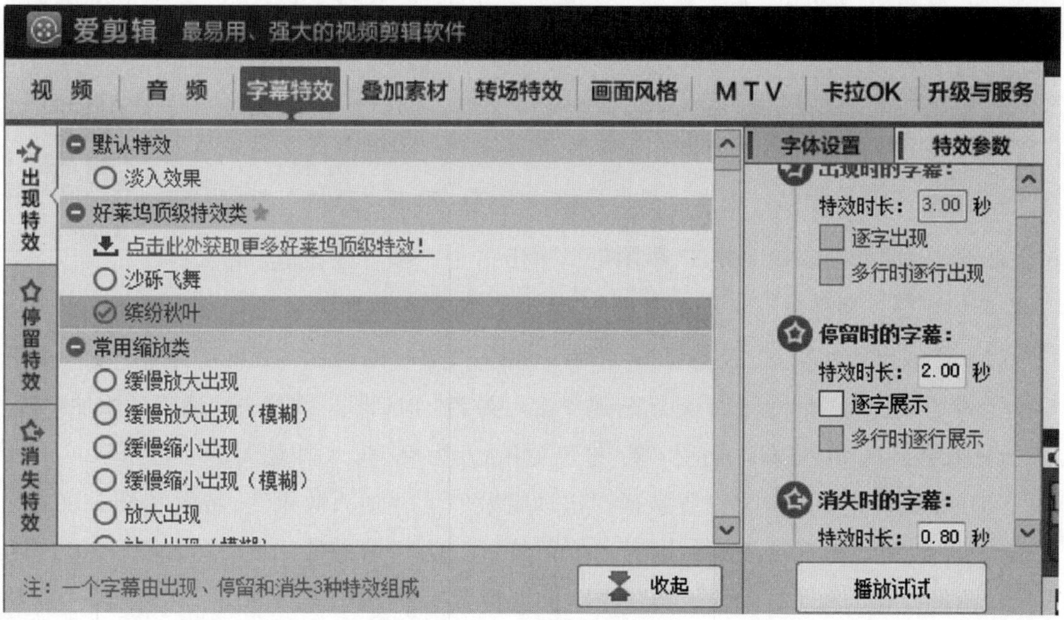

图 6-4-7　字幕特效设置

（7）根据字幕特效播放时长，截取白幕视频时长为 9.0 秒，如图 6-4-8 所示。

图 6-4-8　截取白幕视频

2. 制作片尾

（1）确定字幕播放开始时间。①添加黑幕视频。②单击“字幕特效”选项。③在视频预览框单击选择“黑幕视频”素材，单击“播放”按钮，将字幕插入时间点确定在 1 分 33 秒附近，单击“上一帧”按钮或“下一帧”按钮，精确定位插入时间为 1 分 33.400 秒。操作步骤如图 6-4-9 所示。

操作演示

（2）添加片尾文字。①双击视频，弹出“输入文字”对话框。②将素材选定文件夹中“片尾字幕.docx”文档，复制字幕粘贴到“输入文字”对话框。③单击“确定”添加字幕，移动调整字幕到视频预览窗口合适位置，设置文字大小为 36 号。效果如图 6-4-10 所示。

（3）完成视频合成。①设置字幕“出现特效”为“淡入效果”，特效时长 2.00 秒，勾选“多行时逐行出现”选项；设置“停留特效”为“静态展示”，特效时长 2.00 秒；设置“消失特效”为“拉幕特效类”中“向上拉幕”，特效时长 8.00 秒。②截取“黑幕视频”为 0~14.00 秒。视频合成效果如图 6-4-11 所示。

图 6-4-9　确定字幕播放开始时间

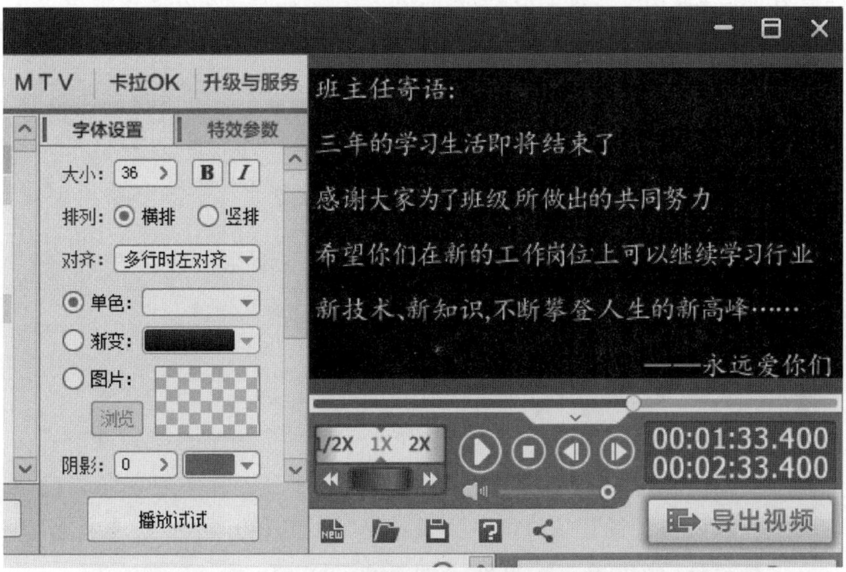

图 6-4-10　添加片尾文字

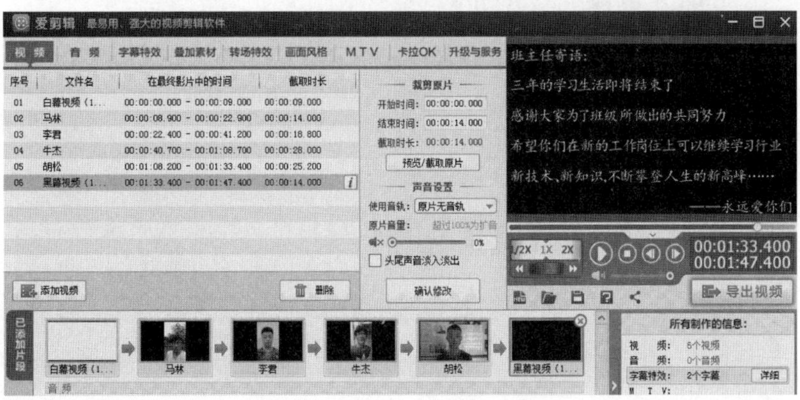

图 6-4-11　视频合成效果

活动 5　添加音频文件并保存

视频剪辑、合成后，许伟对视频文件进行了播放，感觉有些过于单调，他决定给视频添加背景音乐。操作流程如图 6-5-1 所示。

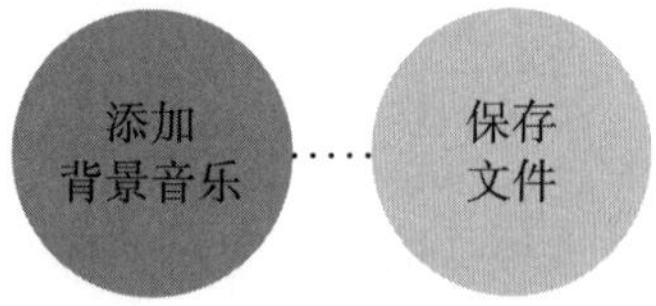

图 6-5-1　添加音频文件并保存流程

1. 添加背景音乐

①单击面板选项“音频”。②单击“添加音频”，再单击“添加背景音乐”。③选中“素材选定”文件夹中“背景音乐”文件，单击“打开”完成添加，如图 6-5-2 所示。

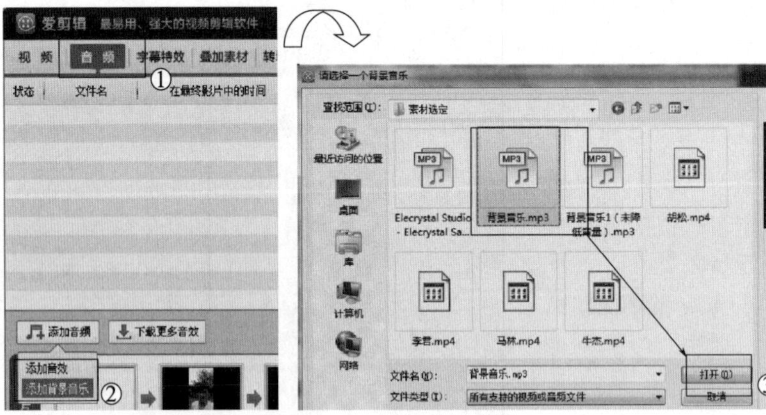

图 6-5-2　添加背景音乐

④单击确定，默认将背景音乐添加到“最终影片的 0 秒开始处”，如图 6-5-3 所示。

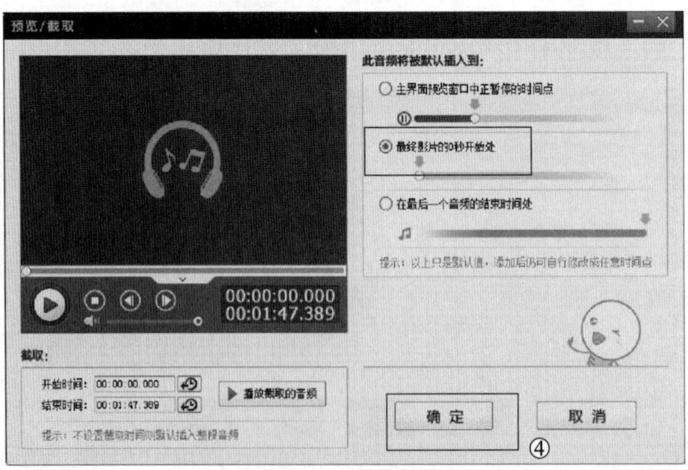

图 6-5-3　背景音乐添加时间设置

2. 保存文件

播放预览视频效果，满意后单击“导出视频”保存视频到指定文件夹，如图 6-5-4 所示。

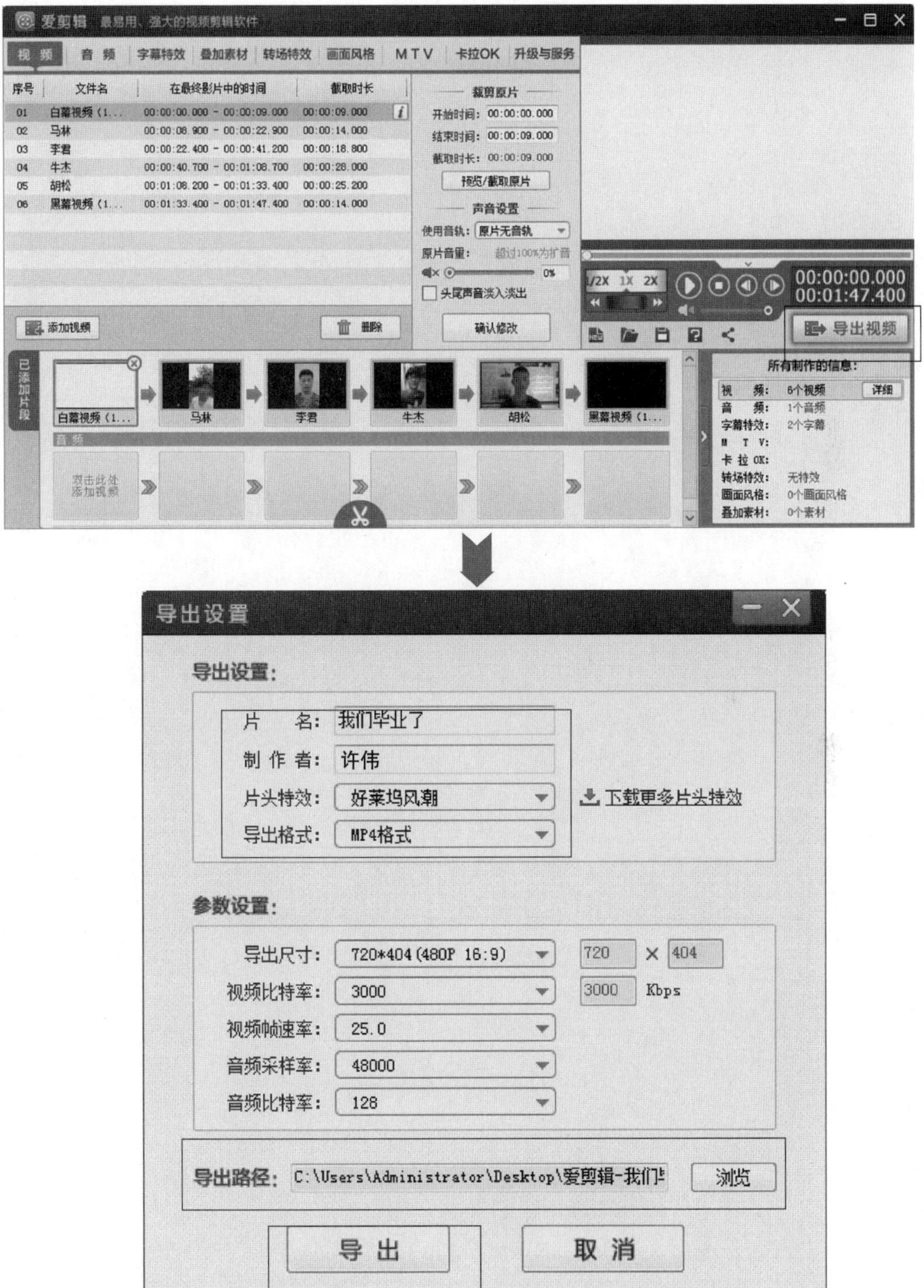

图 6-5-4　保存视频文件